マーケットイン型産地づくりとJA

農協共販の新段階への接近

板橋 衛 編著

筑波書房

はじめに

本書の問題意識と目的

　本書は、マーケットインに基づく産地づくりと農協共販のあり方を、JA営農販売事業の革新と生産部会の細分化再編に焦点を当てて論じるものである。

　「はじめに顧客ありき」を意味するマーケットインの考え方は、産地づくりや農協共販に関する学術的議論においても、またJAグループの営農販売事業においても、決して目新しいものではない。それでも本書がマーケットインに着目するのは、JA販売事業の「顧客」は誰かということを、いま一度考えねばならない実状があるためである。

　農協共販は農協を通じた農産物の共同販売方式であり、生産者・生産部会・JA（農協）から構成される農協共販組織によって運営される。この農協共販は、今、農産物流通を担うプレーヤーの変化に直面している。流通過程において加工業者や外食・中食業者、スーパーマーケットなどの実需者が存在感を高めるとともに、そのニーズは多様化している。これまで、JAの販売事業が顧客と認識し働きかけを行ってきたプレーヤーは、主として卸売業者であった。だが今後は、卸売市場流通か市場外流通かにかかわらず、卸売市場よりも川下側に位置する多様な実需者を顧客として認識し、彼らと直接的な関係性を築くことなしには、農協共販組織が競争力を発揮することは困難である。

　プレーヤーの変化は産地サイドにおいても進行している。かつては農業生産の大部分が同質的な家族経営によって担われていたが、農業者の世代交代期を迎え、経営体数の急激な減少とともに経営規模の階層分化が進んでいる。兼業化や後継者不在のため現状維持ないし漸次的な規模縮小を志向する農業経営体が、経営体数のうえでは今なお多数を占める一方で、面積や販売金額でみれば大規模層のシェアは拡大している。変化は規模だけでなく質的な面

にもおよんでいる。規模拡大を志向する経営体は、常用的雇用の拡大や経営管理の高度化を進めており、法人化を選択する経営体も増加している。また、生産過程において食の安全・安心や環境保全への配慮、卓越した糖度や外観の追求などに独自に取り組む経営体も少なくない。

　このように農業経営の異質性が高まるのに伴い、個々の経営体の行動様式やJA営農販売事業へのニーズも多様化している。例を挙げるならば、常用的雇用を導入している経営体の場合、賃金支払いのため市場相場に左右されない安定価格での取引を望み、生産面において独自のこだわりを有する経営体の場合は、そのこだわりが自身の手取りに公平に反映される取引を望むといったことがあるだろう。しかしながら、多くの農協共販組織では、家計用向けを前提とする一元的な栽培基準や出荷規格、無条件委託方式、卸売市場シェア追求一辺倒の販売、単一の共同計算など、農業経営の同質性を前提とするこれまでの農協共販のあり方が現在も踏襲されている。こうした画一的な共販では十分にニーズが満たされない経営体が、部会を離れて自ら販売を開始したり、同様の経営体が複数集まって販売の共同化に取り組むといったケースは少なくない。離脱に至らない場合も、経営体の農協共販組織との心理的なつながりが弱まり、部会活動や労働提供を通じた貢献の低下や、機会主義的な出荷行動を招くおそれがある。

　こうした内外における環境変化を受け、全国の農協共販組織では事業や組織の見直しが進められている。その中でも、JA（または連合会）が営業機能を強化し実需者へ直接的に働きかけを行うとともに、その実需者との取引への参加を望む経営体を小グループ化して、両者を結びつけることで契約的な取引を拡大させている農協共販組織が現れている。このように、実需者に対し受け身ではなく能動的に働きかけを行う農協共販組織は、実需者側からビジネスパートナーとして尊重され、マーケットにおいてその地位を高めていく可能性が拓かれるのではないか。また、異質化が進むなかでも、志やニーズを同じくする経営体同士での組織化に取り組む農協共販組織では、個々の経営体が生き生きと農協共販へ参加するとともに、その主体的な参画

や貢献が引き出されるのではないか。

　本書では、こうした仮説に基づき、前述のような先駆的な実践の事例を丁寧に描写するとともに、これらの取り組みに関する理論的検討と、新たに取り組もうとする農協共販組織に対する取り組み方向の提案を行うことを目的としている。なお、本書では青果物を念頭に置いて論を展開しているが、そのエッセンスは青果物以外の産地づくりや農協共販においても当てはまるものが多いと考えている。

本書の構成と用語の定義

　次に、本書の構成を概観しておこう。本書は、前半に理論編、後半に事例編を配する、研究書としてはいささか変則的な構成をとる。その理由は、事例分析の結果を含めた総合的な考察を終章で展開するオーソドックスな形式では、議論を十分に尽くせない可能性が高く、分量を十分に割き多角的に考察を行うためにはこのような形式が望ましいと判断したためである。

　理論編（第1～6章）では、マーケットイン型産地づくりについて、それがなぜ必要であるのか、その実践においては何を考えどのように取り組むのが良いか、その実践を通じてどのような効果が期待できるか、といった点について、事例編の分析結果も踏まえつつ論じる。

　第1章では、農協共販の歴史的展開を整理するとともに、そうした展開との関連において今日のマーケットイン型産地づくりの位置づけと意義を考察する。第2章と第3章は、今日の農協共販組織を取り巻く環境変化の分析を課題とする。第2章では、農産物流通環境の変化、特にJA販売事業の顧客となりうる、流通を担うプレーヤーの変化について、卸売市場より先の実需者を中心に論じる。第3章では、農業構造の変化、特に農業生産を担うプレーヤーの変化について分析を行い、農業生産においてどのような経営体が存在感を高めているか、そうした経営体は何を考えどのような行動をとっているかを論じる。

　マーケットイン型産地づくりを進めるうえで、JAはどのようなことを考え、

何をすべきであるのか。こうしたことを論じるのが、第4章および第5章の課題である。このうち第4章は事業面についての検討であり、前半において、マーケットインにかかるこれまでのJA営農販売事業の到達点を整理したうえで、後半において、顧客のニーズを的確に捉えそれに適応していくためのJA営農販売事業のあり方とその体制の発展方向を考察する。第5章は組織面についての検討であり、顧客のニーズに適応するとともに、生産者の経済的・心理的な結集を強めうるような農協共販組織の再編方向として、生産部会の細分化再編のあり方とその意義を論じる。また、マーケットイン型産地づくりは、JA販売事業の顧客と生産者とのコミュニケーション機会を増やしうるものである。こうしたコミュニケーションは生産者にどのような影響をもたらすのか。このことについて、学習と動機づけに着目して考察する試みが、第6章の課題である。

　事例編（第7～12章）では、マーケットイン型産地づくりの格好の実践事例と考えられる6つの取り組みについて検討を行う。第7章では、JA長野八ヶ岳の取り組みについて、強固な結集力を有する農協共販組織の実態に焦点を当てつつ論じる。第8章では、JAいぶすきの取り組みから、遠隔産地における、JAと連合会との機能分担によるマーケットイン型産地づくりの実態を検討する。第9章では、JAとぴあ浜松における野菜の契約的取引の取り組みを取り上げ、JAの営業機能を中心に検討を行う。第10章では、立地的な優位性をベースにサプライヤー機能を強化することで組合員メリットを追求している、JA富里市の特徴的な取り組みについて論じる。第11章では、JA紀州における、生産者の主体的な部会活動に基づく高い技術力を競争力の源泉とするブランド野菜産地づくりについて検討する。第12章では、JAとぴあ浜松における、生産者とJAが一体となって企画・実践する、新技術導入による高糖度ミカン産地づくりについて検討を行う。

　そして終章で、各章における議論の総括と残された課題の整理を行い、本書を締めくくる。なお、巻末には、マーケットイン型産地づくりの対応方向と取り組みに当たってのポイントを整理した資料（後述の平成30年度研究会

報告書の一部）を付録として付している。

　ここで、本書の全体を通じて使用されるいくつかの用語について、その定義を明確にしておこう。まず、本書のキーコンセプトである「マーケットイン型産地づくり」について、「卸売市場より川下に位置する実需者を顧客として認識し、そのニーズに主体的に働きかけるため、JAの営農販売事業や生産部会の見直しを図ること」と定義することとする。

　また、マーケットイン型産地づくりと密接に関わる「契約的取引」については、「価格・数量・品質などについて、産地側（JAや全農・経済連など）が実需者と直接的な交渉を行ったうえで実施する取引」とし、卸売市場を介さない直接取引だけでなく、代金回収や過剰・不足時のリスク回避などの観点から卸売市場を介する取引も含むこととする。

刊行の経緯と謝辞

　本書は、日本協同組合連携機構（JCA）と、その前身である旧・JC総研が設置した、愛媛大学・板橋衛教授を座長とする研究会の成果をベースとしている（平成29年度「マーケットインに対応した生産部会のあり方に関する研究会」（JA全中からの受託事業）、平成30年度「マーケットインに対応したJA営農関連事業のあり方に関する研究会」（同上）、令和元年度「マーケットインに対応した園芸産地づくりのあり方に関する研究会」）。巻末付録の「マーケットイン型産地づくりを目指して―対応方向とポイント―」は、JA全中からの受託事業である平成30年度研究会の成果の一部である。掲載を許可いただいたJA全中に記して感謝申し上げる。

　本書は、現地調査にご協力いただいたJA・連合会・連合会子会社、農業生産者の皆さま、そして、本書のベースとなった調査研究事業を委託いただくとともに、現場の声を踏まえた貴重なご意見をお寄せくださったJA全中の皆さまのご助力によって書き上げることができたものである。お力添えを賜った方々が多数におよぶため、おひとりずつのお名前を挙げることができないが、ここに厚く御礼を申し上げたい。

最後に、本書の出版をお引き受けいただいた筑波書房の鶴見治彦社長に深く感謝申し上げる。
　2020年8月

日本協同組合連携機構　研究会事務局

目 次

第Ⅰ部

理論編

第1章

農協共販の展開
—マーケットイン型産地づくりの歴史的考察—

板橋　衛

1．はじめに

　農協による青果物産地化は、卸売市場の整備・拡充と軌を一にし、都市部の需要を満たすことに寄与してきたが、卸売市場の地位低下、輸入農産物との競合激化の中で、その変化・再編が迫られてきた。需要側から見ると、大量規格化された農産物から質的多様化へ変化していく過程であり、供給側は国内での激しい産地間競争とそれにともなう産地移動、そして生鮮・加工野菜の輸入増加の中で国際競争にもさらされている。他方で、生鮮品における近年の堅調な価格動向もあり、農業後継者の就農、新規就農者や企業参入も注目される。また、各地で展開している農産物直売所の隆盛も見逃せない点ではある。しかし、青果物の価格高騰は、国産青果物生産量の減少を主たる要因としており、輸入青果物の再増加が示すように根本的な生産力減退は否めない。

　そのため農協による青果物産地化は、欠品ゼロの安定供給、差別化商品の提供、直売所やインショップの開設など、より実需者ニーズを意識したマーケットイン型産地づくりが求められている。それは、ロット確保による価格形成力の発揮のため拡大へと一途に邁進してきた産地規模を、需要供給両面の変化に対応することである。しかし、従来の農協の販売事業は卸売市場への規格品の大量出荷を基本とし、消費者・実需者の細かなニーズに即した農

産物供給には不備な面もある。また、従来通りの農協の生産部会組織を通した営農指導事業の展開では、技術の平準化に重点を置くために、意欲のある組合員のやる気を阻害している面もみられた。農協による販売取扱高の割合（農協共販率）の低下および実需者による生産者個々やグループ単位との直接的取引の増加はそのことを裏付けている。

　これに対して系統農協側は、2000年代における「経済事業改革」の中で販売先ごとに対応した販売形態の推進を図り、契約取引（買取・直販）、輸出の拡大、経済界・企業等との連携を具体的に進めている。また、実需に対応したマーケットインの販売重視の方針は第27回全国農協大会（2015年）決議にも反映され、「自己改革」の取り組みとして営農指導・販売事業の再編が進められており、その方針は第28回全国農協大会（2019年）に引き継がれている。他方、営農指導や販売事業などの農業関連事業は、信用・共済事業の黒字分で補われて事業展開を行ってきた実態がある。しかし、2018年に農林中金による農協への奨励金利率の引き下げが明らかにされ、農業関連事業存続の危機に直面している。そうした点からも営農指導・販売事業の再編を迫られる可能性が強まっている。

　こうしたことから系統農協側は、より実需者ニーズに即したマーケットイン型産地づくりのために営農指導・販売事業体制を再構築することに取り組んでいる。とはいえ、産地は実需者の製造工場ではないわけであり、産地における生産の特性と継続を考慮した産地側の主体的対応という点が課題である。また、実需者の要望に即した生産物の供給体制を整備するために、生産者である組合員を意図的に区別化することも必要であるが、それは協同組合としての農協の販売事業の理念とは矛盾する概念も包含している。つまり、農協販売事業なかんずく農協共販に対する理論が、従来の小生産者の協同により経済的利益の実現を図るという理念に対して、現実的対応を図るという点で矛盾する状態にある。そこでは、協同組合組織としての農協共販[1]のあり方が問われているのである。このことは、農協と生産者を結ぶ組織である生産部会のあり方とも関連しており、生産・流通構造の変化に伴って生産

4

部会の再編のあり方が現実的課題として浮かび上がっている。そのため、現実に再編されている農協共販構造の解明とそこにおける農協共販のあり方についての理論的考察が必要になっている。

　本章では、マーケットイン型産地づくりを進めるに当たって問われている農協共販のあり方について考察することを課題とする。そのために、戦後の農協共販の展開を振り返り、その展開の歴史的意味、位置づけを検討することを通して課題に迫る。

２．戦後農協設立期・再建整備期の農協共販（1945年〜1960年頃）

（１）戦後農協の成立期における営農指導事業の位置づけ

　今日の農協の前身の１つである産業組合は、信用・購買・販売・利用の４事業を主とし、営農指導事業は行っていなかった。農家への技術指導を主に行っていたのは農会であり、農業試験場との結びつきを有して多数の技術員を確保していた。そのため、青果物などの農家の出荷先は、技術指導を提供してくれる農会の販売斡旋事業に依拠した組織・団体であった。そこでは、農会や生産者独自による産業組合とは異なる生産者の組織化が図られ、各地で産地形成が行われる[2]。とはいえ、農家の青果物出荷先としては商人資本がメインであった。農家が生産する農産物を実質的に担保とし、生産資材や資金を農家に提供する、いわゆる仕込み商人の活動が活発であった。

　その後、戦時経済体制が強まる中で、1943年にあらゆる農業団体が結合する形で農業会が設立され、産業組合と農会の機能も一体化する。農業会は農会の技術員を吸収し営農指導事業を行うこととなり、統制経済の強化により

1）共販とは、共同販売の略称で、個人販売に対する語である。そして、共販は農業者が市場対応に際して用いる手段である。農協は販売事業を展開する中で、こうした共同販売の仕組みを整備してきた。以降、本章では、農協が取り組む販売事業の全てを共同販売と見なし、農協共販と記す。なお、農産物販売の協同化の理論に関しては、桂（1969）を参照。
2）農家による青果物販売斡旋活動に関しては、玉（1996）を参照。

青果物販売面における商人資本の自由な活動はみられなくなる。その結果、農業会に技術指導と販売事業が集中する。

　そうした農業会の資産や職員を引き継ぐ形で戦後農協が設立されることから、「農業会の看板の塗り替え」と揶揄される。しかし、全てが引き継がれたわけではなく、営農指導事業に関しては部分的に継承されたとみられる。営農指導事業が完全に引き継がれなかった要因の１つに財政問題がある。戦前の農会組織が受けていた指導事業費としての行政の補助金は得られなくなっていた。また、行政的には農業改良普及制度を整備し、全国に技術員を配置することとなり、その人材として農業会の技術指導員が重用されることになるが、戦後設立した農協の財政問題をして、農業会の技術指導員を農業改良普及員に転出せしめたとみることもできる。

　とはいえ、戦後の系統農協が営農指導事業を軽視していた訳ではなく、指導事業連合会も設立されている。ただ、財政的な問題を当初から有することとなり、そのことは農協経営が悪化した時に顕在化することとなる。

（２）再建整備期における営農指導事業の後退と米麦中心の農協共販

　その後、超デフレ政策による不況の中で、設立間もない農協は事業不振に陥る。この事業不振の中で、農協は営農指導事業を維持することが経営的に難しくなり、営農指導員を減少させることとなる。その状況は**表1-1**に示した通りであり、農協経営が悪化する中で職員数全体の減少も確認できるが、全職員中の営農指導員の割合が低下しているように、サービス部門としての位置づけである営農指導事業の縮小がみられた。

　また、農協共販に関しては、経営問題に加えて、後述する農畜産物に対する統制撤廃の動きとも関連し、価格が支持されている米麦中心の取り扱いに特化した事業展開を示す（**表1-2**参照）。当時の農業総産出高そのものが米麦を中心としていたとはいえ50％程度であり、1955年における青果物（野菜と果実の合計）の総産出高の割合は11.2％、1956年と1957年が13.4％であるのに対して大きな乖離がみられる。畜産物に関しても、総産出高でみると

表 1-1　再建整備期の農協営農指導員の推移

単位：農協数、人、％

	調査 農協数	全 職員数	営農指導員		
			職員数	職員比	1農協当たり
1951 年	11,659	134,272	7,087	5.28	0.61
1952 年	11,955	143,794	7,830	5.45	0.65
1953 年	11,870	134,732	7,072	5.25	0.60
1954 年	11,987	129,903	6,258	4.82	0.52
1955 年	11,716	129,536	6,143	4.74	0.52

資料：「総合農協統計表」

表 1-2　再建整備期の農協の作目別販売品取扱の推移

単位：百万円（合計）、％

	合計	米	麦	青果物	畜産物	その他
1953 年	347,499	58.6	11.0	4.0	2.7	23.7
1954 年	366,768	58.7	12.9	4.4	3.0	21.0
1955 年	441,768	66.9	9.4	4.2	4.4	15.1
1956 年	410,189	63.3	9.3	5.2	3.6	18.6
1957 年	451,110	63.8	8.2	5.7	4.5	17.8

資料：「総合農協統計表」

1955年が14.0％、1956年16.7％、1957年15.6％であり、同様に農協の取り扱い割合とは開きがある。米麦を中心とした農協共販の展開の中で、営農指導事業と結びついた青果物や畜産物の農協共販の取り組みは決定的に遅れていたのである。

（3）専門農協による販売事業の展開

　そうした中で、青果物や畜産物の販売取り扱いを積極的に行う専門農協の事業展開が注目される。当時の専門農協は、出資を伴わない任意組合が多く、小規模な組織が大半であったが、農業会の看板の塗り替え的に設立され硬直的な販売対応を行っていた戦後農協（総合農協）とは対照的な展開を示している。

　表1-3は1956年度における専門農協の販売実績を示している。総額では総合農協には及ばないが、1組合当たりの販売取扱高は、非出資の組合でも総

表1-3　専門農協における販売事業（1956年度）

単位：組合、千円

		販売実行組合数	販売取扱金額	1組合当たり販売取扱金額
養蚕	（出）	66	1,065,797	16,148
	（非）	4,985	12,735,974	2,555
畜産	（出）	62	1,410,724	22,753
	（非）	33	821,791	24,902
酪農	（出）	273	7,675,921	28,117
	（非）	28	228,759	8,170
養鶏	（出）	82	1,733,975	21,146
	（非）	9	257,953	28,661
園芸	（出）	142	6,082,958	42,838
	（非）	46	422,330	9,181

資料：『農業協同組合年鑑 1955〜1960年』
注：1）原資料は農水省「特殊農協に関する調査」である。
　　2）（出）は出資組合の略、（非）は非出資組合の略である。

合農協の1農協平均を大きく上回っている。例えば、園芸（青果物）品目を取り扱っている出資組合である専門農協の1組合当たりの販売取扱高4,284万円は、総合農協のそれと比較して20倍以上である[3]。

　こうした販売取扱実績の要因として、積極的な営農指導事業の展開が考えられる。専門農協の事業内容をみると、調査農協の中で指導事業を実施している農協が62.4％であり、非出資の小規模農協でも広範に取り組まれていた。経営不振からの回復期にあった同時期の総合農協においては、営農指導員を設置していない農協が59.2％であり、営農指導員が複数いる農協は10％程度であった。

　専門農協の取り扱う販売品目の中には、商品性の高い作目が多く、生産技術指導と販売を密接に関連させて事業展開を行う必要があった。それを実践していたことが表1-3にみられた販売事業の実績につながっていると考えられる。

3）専門農協の統計が販売事業を実際に行っている農協の平均であり、総合農協は調査農協全体の平均であるため単純に比較することはできない。詳細に関しては、農業協同組合制度史編纂委員会（1968）、第5章第3節を参照。

（4）「共販三原則」の成立と農協共販

　戦後農協の販売事業は、当初は多くの農産物が統制下にあったため、組合員の事業利用率は、1948年度で米95.0％、麦94.9％、いも類91.6％、青果23.2％、畜産60.0％であり、比較的高かったとみられる[4]。しかし、1949年から始まった統制撤廃により、農協共販は商人との競争に直面し、1950年度では、米と麦はそれぞれ94.4％、93.1％で高い値であるが、いも類24.4％、青果10.5％、畜産6.3％へと軒並み組合員の利用率を下げている。農協の販売力が商人のそれに対して劣っていたのに加えて、買取販売が一般的であったため、在庫品の値下がりや販売代金の回収などで損失を生じていたとみられ、折からの経営悪化の中でより消極的な販売事業対応に陥っていたとみられる。

　そうした中で、**表1-2**でみたように農協の販売取扱高も大きい麦類の統制撤廃問題が1952年に生じたことにより、危機感を強くした系統農協が本格的に農協共販体制確立のための取り組みを開始することとなる。そのため、全国指導農協連内に「共販体制確立運動中央本部」を設置して検討を行い、「農業協同組合共同販売体制確立運動要綱」を定め、それに方向づけられた運動が実行に移される。

　ここでの共同販売の目的には、①農家の適正手取り価格の実現、②価格の季節的変動の調整、③商工業資本による不当な中間利潤の排除、④販売代金の貯蓄奨励による生産、販売、購買資金の増強があげられている。そして、その対策のために、無条件委託、平均売り、共同計算、いわゆる「共販三原則」が定められ、その実行を運動の中心とした。麦類の集荷販売を確保することが、農協共販ひいては農協経営を存立させるためにきわめて重要な事と認識されていたためであり、当初はあくまで運動の形で展開されていたとみることができる[5]。

---

4 ）農業協同組合制度史編纂委員会（1968）、199頁による。なお、1948年度における青果の組合員利用23.2％は、決して高い値ではないが、1937年度の産業組合における組合員利用率10.8％と比較すると高いとみられる。

　しかし、こうした共販運動は、政策的に農協経営にテコ入れを行って、連合会を再建整備する対策に取り組む中で、農協を事業面から改善する手段として意図的に用いられることになる。そこでは、共同販売の目的を理念化し、農民個々では零細な単位に過ぎない農産物を農協に持ち込み、大量化して計画的に販売することにより、共販目的が達成できるということを強調している。つまり、農協経営改善のために農協共販の拡大を企図し、それを系統農協間で積み上げていくことが目的となったのである[6]。

　とはいえ、再建整備期においては、先にみたように農協は営農指導事業を縮小していたため、組合員の新たなニーズに対応した作物振興などは難しかった。また、経営的な安定性を重視した農協共販の展開により、青果物や畜産物などの需要が拡大しつつあった品目の取り扱いには消極的になっていた。共同販売の理念や共販三原則が重視されたが[7]、それを実現するための農協の営農指導・販売体制がきわめて不備な状態であることは明白である。そのため、販売取扱高や農協共販率の面での成果を示すことは不可能であり、先の**表1-2**に示した実績にとどまっていたのである。

3．農協経営拡大期の農協共販（1960年～1975年頃）

（1）系統農協による営農団地造成運動の展開

　系統農協は、1960年頃より体質改善運動を全国展開し、特に青果物と畜産物の販売事業の強化を図る[8]。そうした中で系統農協は、企業によるインテグレーションに対抗する系統農協主体の畜産事業のあり方をまとめ、1958年に畜産団地構想を示していた。また、青果物に関しては、先進的農協におい

5）農業協同組合制度史編纂委員会（1968）、第2章第1節を参照。
6）桑原正信監修・藤谷築次責任編集（1969）、第4章参照。
7）次節で紹介する「農協共販の再検討」の中では、共販理念や共販三原則そのものが問題であるとの分析も行われている。詳しくは、桑原正信監修・若林秀泰責任編集（1970）、第2章参照のこと。

て、作目別の生産者を組織化して産地形成を図り農協共販を拡大する動きがみられた[9]。そうした取り組みを基礎として1964年開催の第10回全国農協大会決議の重点項目に営農団地造成推進が示される。そして、系統農協として本格的に青果物や畜産物に対する営農指導・販売事業に取り組んでいくことになる。

　営農団地造成運動では、まとまった地域を生産・流通の合理的な1つの単位（産地）として「営農団地」と位置づける。そして、その産地に対して、系統農協各段階が、営農指導、資金、生産資材供給、生産物の集出荷の事業機能を発揮して支援・育成を進めていくことを事業目標としている。そういった点では、系統農協側の事業展開としての側面もあるが、これにより組合員農家の経営安定、所得増大が図られることを企図したものである。

　特に1967年に開催された第11回全国農協大会では、「農業基本構想」が決議され、農協としての農業に対する基本的政策の方向性が示されているが、その具体策の第一に営農団地を基本とする生産対策があげられている点が注目される。そこでは、営農団地を全国的に広げ、これを基礎として需給調整や加工・流通分野への進出を図っていく必要があるとしている。そのために農協は、営農指導員の充実的体制整備や販売体制の確立が必要であるとして、営農指導・販売事業体制の強化を進めていく。

（2）営農団地造成運動の成果と農協共販

　この営農団地造成運動を通して、農協は食管制度に依存したいわゆる「米麦農協」的体質からの脱却がみられる。1960年代においては、青果物や畜産物の販売取扱高は高い伸びを示している。総合農協がそれら農畜産物に対す

8）1954年に発足した全国農協中央会による総合計画樹立運動を通して、農協経営刷新運動が行われていた。1957年の全国農協大会決議による「農協刷新拡充3カ年計画」では、農協共販体制の確立も入っており、北海道や長野県における農協共販では大きな成果がみられたといわれる。この点に関しては、太田原（2016）、第2章を参照のこと。

9）山口（1964）を参照。

る生産指導と販売体制を整えたことにより、そうした成果に結びついたとみることができる。それは、国の政策を利用した形でもあるが、農協が主体となり集出荷選別施設などの整備を進めたためでもあり、それら事業体制の確立を梃子として農協が産地形成を促進したためである。

　とはいえ、それらは同時に国の構造改善事業の受け皿としての営農団地造成であったとみることもできる。すなわち、国の政策である、いわゆる「近代化」「装置化・システム化」に基づいた単作的な作付規模拡大による大型産地形成が、大規模集出荷施設整備を随伴しつつ進められたのである[10]。

　さらに、法制度の整備もそうした単作的大規模産地形成を促した背景にある。1966年施行の野菜生産出荷安定法による指定団地制度は、その要件として産地規模、共同出荷組織による集出荷、指定消費地への出荷数量を義務づけている。このことが、遠隔地を中心とした総合農協による野菜産地形成を後押しする形となった。また、1966年改正の果樹農業振興特別措置法では、生産の安定的な拡大と流通の合理化を推進する果樹濃密生産団地の形成方針を定めている。さらに、1971年には卸売市場法が制定され、卸売市場体系が整備されたことも大産地による大消費地への青果物出荷を促進することとなる。

　この時期における青果物の量単位での集出荷取り扱い機関別の割合を示したのが**表1-4**である。1970年代に入ると農協系統の割合が上昇傾向にあるとみられるが、1977年の総合農協のシェアは、野菜で38.5％、果実で41.5％[11]であり、特別に高い値とはみられない。青果物に関する農協共販は個人出荷や集出荷業者との競合関係にあったとみられる。農協は、政策的なバック

---

10) 後に系統農協も営農団地造成運動に対して自己批判を行っている。そこでは、「営農団地はその展開過程で農家組合員の個別経営を守ってゆくということからはずれ、行政の構造改善事業と一体となって、物量増産、即営農団地ということになってしまった。またこのことが農協の利害とも一致し、営農団地が系統農協の物集め組織にかわっていったということがいえないでもない」と述べられている。詳しくは、全国農業協同組合中央会（1977）を参照。

表1-4 産地段階における青果物の集出荷状況

単位：千t（合計）、%

野菜	1968年	1971年	1974年	1977年	1980年
総合農協	32.2	31.2	34.6	38.5	43.0
専門農協	0.8	1.1	1.0	0.9	1.0
任意団体	6.7	5.6	4.9	5.0	4.4
集出荷業者	8.2	11.9	11.2	12.8	10.5
産地集荷市場	2.2	2.8	2.3	1.7	1.7
個人出荷	50.0	47.5	46.0	41.1	39.4
合計	10,532	11,138	11,967	13,178	13,817

果実	1968年	1971年	1974年	1977年	1980年
総合農協	45.6	44.1	44.6	41.5	47.5
専門農協	10.2	9.4	13.7	12.1	11.2
任意団体	9.0	6.5	4.9	5.7	5.4
集出荷業者	18.2	20.1	19.1	18.8	17.2
産地集荷市場	1.1	1.5	1.3	1.2	1.1
個人出荷	16.0	18.4	16.5	20.6	17.6
合計	4,283	4,570	5,725	5,550	6,401

資料：「青果物集出荷機構調査報告」

アップを受けつつ、経営的拡大を背景とし、営農指導・販売事業を充実させて、青果物の指導販売体制を整備してきた。しかしそれは、農業基本法による選択的拡大への対応を目的とした制度的な整備に留まっていて、生産者との協同による産地づくりまでには十分に至っていなかったことが、これら農協共販率の動向からは浮かび上がる。

なお、卸売市場体系とは別に、系統農協が大都市に設置する生鮮食料品集配センターを核とした流通再編の取り組みに着手した点を見逃してはならないと考えられる。その流通体制を整えるために産地段階では農協による野菜団地すなわち営農団地の高度な機能が期待されていた。その具体化のために、

---

11) 果実は専門農協のシェアが12.1％と一定程度を占めている点も注目する必要がある。1977年における同統計書による数値によると愛媛県のみかんは70％以上が専門農協による集出荷である。

13

1968年には東京生鮮食品集配センターが業務を開始している。

（3）農協共販の再検討

　この時期における農協共販理論として、前節でみた共販三原則を批判的に検討し、積極的なマーケティング戦略の導入が必要であると主張した「農協共販の再検討」が注目される[12]。

　そこでは、まず農協共販の再検討の背景として、農産物の価格・流通政策、農産物需要構造、農産物供給構造、農産物流通構造、農産物需給バランスのそれぞれの変化について分析が行われている。農産物需給バランスの変化の局面としては、すでに農産物過剰時代の到来を意識している。そして、零細需要に対する零細供給の間で出荷組織としての機能を果たし、それなりのメリットを示してきたこれまでの農協共販では変化に取り残され、大量消費に対する大量供給体制の確立への抜本的な農協共販の再検討が必要であるとしている。ここでは、共販理念、原則、方式について再検討が行われ、「共販三原則」に関しては、大部分が理論的妥当性を欠いているとして、再構成の必要性が示される。その検討の中では、買取販売の必要性の指摘や、当時専門農協的運営を行っていた愛媛県の青果物における農協共販体制の分析がみられる。

　あるべき農協共販の再構成の論理については、機能論、組織論、経営論の立場から検討が行われている。農協共販の機能面をスムーズに運営するために農協の組織と経営があるとの考え方から機能面の分析に重点がおかれ、マーケティング戦略の導入が必要であるとしている。農協がとるべきマーケティング手段としては、①市場調査、②流通情報の収集と分析、③製品計画、④生産調整、⑤広告、⑥市場選択ならびに新しい流通経路の開拓、⑦新しい物的流通手段の開発、⑧危険負担が重要であるとしている。

　ここでは、マーケットイン型産地づくりの考え方が示されており、農協主

12）桑原正信監修・若林秀泰責任編集（1970）第2章を参照。

導による販売先とのシビアな関係構築が示唆されている点が注目される。とはいえ、こうした理論に対しては、マーケティング論を農業に適応することの問題点[13]や協同組合組織としての農協のあり方との整合性などの課題がみられる。しかし、今日的マーケットイン型産地づくりを検討するに当たって、大いに示唆に富む論点を提示しているとみられ、当時からこうした課題が散見されていたとことが注目される。

4．農協組織経営安定期の農協共販（1975年～1985年頃）

（1）農産物過剰の常態化と青果物産地

　拡大する商品需要に対応した農業基本法による選択的拡大政策は、一部農産物の供給過剰問題を引き起こすことになる。その中で、米に関しては他の農産物の自主的な供給調整とは異なり、政策による強力な生産調整が実施されることになり、1970年から本格的に作付面積の制限（減反）政策が行われる。

　水稲単作地帯においては、米の生産調整を契機として他作目の振興が図られ、青果物品目が選択されるケースもみられる。とはいえ、食管制度に依存した「米麦農協」では、米の縮小が農協の経営基盤の縮小になることが危惧された。その打開の方向性は農協機能の全面発揮にあるとして、米を基幹作目としつつ、米以外の作目の導入による農業経営と地域農業の複合化が課題とされた[14]。これは、農法的な問題を含めた野菜単作産地化への反省でもあり、各地で取り組まれていた地域農業の複合化の中で、青果物産地化が図られた[15]。

　また系統農協は、1979年に開催された第15回全国農協大会で、「1980年代日本農業の課題と農協の対策（80年代対策）」を決定している。そこで描か

13）桑原正信監修・藤谷築次責任編集（1969）第4章を参照。
14）太田原（1981）を参照。

れている地域農業構造の姿は、①米の生産調整面積の拡大を前提に米から土地利用型作物への転換（生産再編）、②生産再編を担う経営主体を形成するために兼業農家の農地利用権を専業農家や専業的農家層が構成する生産組織に結集、③系統農協としての需給調整機能を強化して生産再編の誘導と専業的農家層の所得確保を図ること、であった。そして、この80年代対策を地域レベルで促進するために、全農協で地域農業振興計画の策定・実践を図ることとしている。こうした系統農協全体の運動方針に即して農協単位で主体的に青果物産地化が図られることにも注目する必要がある。

（2）青果物需給調整事業の展開と系統農協

　青果物に関して、系統農協による自主的な需給調整機能が図られる背景には、野菜価格の動向が消費者の強い関心事であった1975年頃までの状況と異なり、行政支援の国民的合意を図ることが難しくなっていたこともある。他方、行政的には1972年から秋冬期重要野菜計画生産出荷特別事業をスタートしていたが、供給抑制的調整局面の中では、行政助言という予算負担の少ない方向が示されていた。そうした中で、1980年には重要野菜需給特別事業が行政通達として開始されることとなる。

　重要野菜需給特別事業は、生産出荷計画樹立段階と生産出荷計画実施段階で組み立てられており、その両方の段階において系統農協が関わることとなる。その中で、需給調整の見通しの結果、どうしても産地廃棄処分が必要な場合は、対象野菜の補填価格の2分の1は行政が負担するが、残りは生産者や系統農協の負担とされた。そうしたことからも、行政的には系統農協の自主的な取り組みを期待し、系統農協側としても結集力を活かした需給調整機能の発揮が図られるとして積極的に取り組んだ。そして、これに即して1977年に全農が系統農協全体に全国需給調整路線の方針を呼びかけた。しかし、

---

15) この点に関しては定性的評価が中心となるが、太田原（1976）、沢辺ほか（1979）、吉田ほか（1980）、佐藤（1980）、御園（1989）、永田（1994）、などを参照。

実際の需給調整の段階になると利害調整が難しく、どの県連が産地廃棄まで
を実行するかを決断することは困難をきわめた。しかも参加した県連は12に
留まり、主要産地による調整に限定された[16]。

　他方、果実に関しては、日米農産物協議によって、生鮮オレンジおよびオ
レンジ果汁の輸入枠の拡大が進み、国内果樹農業を中心とした需給調整対応
を圧迫する方向になってきた。そのため、国内果樹農業対策は、輸入果実を
前提としたものとならざるを得なくなり、柑橘類に関しては、温州みかん園
の転換事業が進むことになる[17]。

（3）青果物に関する農協共販の到達点

　需給調整機能は、マクロ的には行政との協力により実施せざるを得ないが、
ミクロ的には産地内における農協と生産者との協力関係が重要になる。その
ためには、農協が品目別に生産者を生産部会に組織化し、品種の選定・統一、
使用する生産資材の限定、集出荷販売計画に即した作型別の作付面積把握・
調整、集出荷時における農産物の等階級・規格基準の検査、精算方法など、
厳選品出荷のために生産から販売面に至る取り決めを定め、履行する必要が
ある。そして、出荷時における需給動向により、品目によっては貯蔵や加工
による調整も可能であるが、場合によっては産地廃棄を決断しなければなら
ない。組合員への販売代金精算時においては、そうしたことによる不公平が
生じない仕組みが求められる。

　農協が、このような需給調整機能を有した産地体制を整えるためには、組
織内における結集力の強化と事業面における営農指導体制と販売事業・生産
資材購買事業との関係強化が必要である。組織的には、1975年から1985年に
かけては、農協合併が行われるケースが少なかったことも背景にあり、自治
体のエリアと一体となる場合が多かった[18]。そのことが、組織内における
結集を高め、米の生産調整・一村一品運動などを進める自治体との協力によ

16）三島（1982）、上路（1984）、を参照。
17）麻野（1995）を参照。

単位：億円　　　　　　　　　　　　　　　　　　　　　単位：％

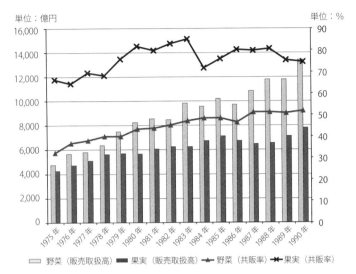

図1-1　果物に関する農協の販売取扱高と共販率の推移（1975年～1990年）

資料：「生産農業所得統計」、「総合農協統計表」
注：1）共販率は、農協販売取扱高／総産出高であり、推計である。
　　2）この時期の総合農協統計表では果実的野菜（メロンなど）が果実の販売取扱高にカウントされている。
　　　　そのため、果実の共販率は実際よりも高く、野菜の共販率は実際よりも低くなっているとみられる。

る作目振興に優位に働いたとみることができる。その中からは、今日におけ
る地域ブランドにもつながる銘柄産地が形成されている。また、当期損失金
を発生する農協数も限定的であり、農協経営的にも安定していた。こうした
要因も作用して営農指導員の増加が図られて、営農指導と販売事業の拡充が
進められた。

　その結果、図1-1に示したように、青果物に関しての販売取扱高の増加と
農協共販率の上昇がみられるのである。農協が事業体制を整備し、需給調整
機能に取り組むことを通して生産者との協力関係を強化したことにより、農

18）農業協同組合等現在数統計によると、1975年から1985年までの10年間の農協
　　数の減少率は12.9％であり、毎年3％以下の減少率であった。ちなみに、1965
　　年から1975年までの10年間の農協数の減少率は45.9％であり、1985年から1995
　　年のそれは38.8％、1995年から2005年は64.7％である。また、農協のエリアに
　　関する考察に関しては、太田原（1991）を参照。

協への結集力を有した販売事業の拡充が実現したとみることができる。これは、農協共販の1つの到達点とみることができる[19]。

5．系統農協組織再編期の農協共販（1985年〜2000年頃）

（1）農協販売事業再編の背景

このように、農協と生産者および生産者組織（生産部会）が協力して形成された青果物産地は、1980年代後半からの農業と農協を取り巻く環境・情勢変化の中で再編を余儀なくされる。その変化の局面に関しての分析は第2章から第5章でも詳しく述べられるので、ここでは簡単に整理しておこう。

生産構造の変化としては、高齢化に伴う労働力不足による青果物産地への影響がきわめて大きい。そのため、農協はこれまで以上に生産段階への支援を直接的に行う必要が生じており、集出荷選別施設の整備や労働力の派遣などの農作業支援を実施している。それでも従来の産地規模を維持することは容易ではなく、相対的に労働力が軽微である作目への転換や農協に出荷することを断念する生産者も増加している。今日では、各地で盛況である農産物直売所が、そうした農協共販基準での販売に満たない農産物を生産する組合員の受け皿になっているケースもみられるが、当初は明らかに産地の規模縮小につながっていた。そのため、販売先への対応や集出荷選別施設の維持を目的に、それまでの産地規模を確保するために、産地の統合すなわち生産部会の統合が進められることになる。

流通構造の変化は多様であるが、小売業や加工業者など実需者による価格形成力が強化される中で、小売業界のグループ化による取引ロットの拡大と他方によるPB商品や差別化商品戦略による商品としての農産物販売単位の

---

19) 需給調整に取り組むことにより需給バランスが改善され、農産物の価格が安定・上昇して農業所得が増加することへの組合員の期待が基本にある。他方、相対的な価格下落が深刻であった九州における新興の温州みかん産地などでは、深刻な農協共販離れが生じていた。詳細は、梅木（1988）を参照。

細分化要望が強まっている。そのため、従来の産地単位（生産部会や農協）のままでは実需者の要望には十分にこたえることが難しくなっており、商品単位に対応した産地[20] の再編制の必要性があり、その対応が農協や生産部会に求められている。

（2）系統農協組織再編と農協共販の展開

　こうした生産と流通構造の変化に加えて、系統農協組織の再編が直接的な契機となり、産地と農協共販の再編が進んできたのが1980年代後半からの動向である。

　図1-2は、総合農協統計表における業種別生産者組織（生産部会）のデータから、野菜と果樹の生産部会に絞ってその動向を示したものである。集計農協数は、農協合併により減少しているが、生産部会を有する農協数は、図1-2からも確認できるように、果樹が1985年、野菜は1986年まで増加する。また、生産部会数も野菜・果樹ともに1989年まで増加している。つまり、農協が生産部会を組織化して産地形成を図る動きは、1980年代後半までは全般的に拡大する方向で進んでいたとみることができる。しかし、その後は農協合併の進展に伴って、生産部会のある農協数、生産部会数ともに減少している。ただ、1農協当たりの生産部会数は増加している。これは、地域的に拡大した合併農協の単位として、多くの作目別の生産部会を包含することとなったため、既存の生産部会組織が統合されずに残存しているケース、先にみた流通構造の変化に即して実需者の差別化商品に対応した多様な生産部会の組織化がみられるため、などが考えられる[21]。なお、この点に関しては、本書の産地を事例とした実態分析（第 II 部事例編）を通して終章で再検討してみたいと考える。

20）ここにおける「産地」とは、単なる地理的概念ではなく、生産・販売の意志が統一されている単位を表している。この点に関しては、麻野（1987）、23頁参照。

21）合併農協における生産部会の再編として、部会の統一と販売チャネル別の部会設置の実態を分析したものとして、尾高（2008）を参照。

単位：農協数　　　　　　　　　　　　　　　　　　　　単位：生産部会数

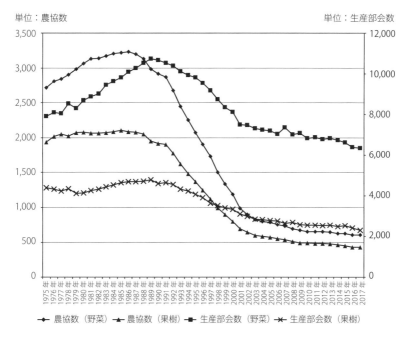

図1-2　農協における野菜と果樹の業種別生産者組織（生産部会）の動向

資料：「総合農協統計表」

　このように、生産と流通構造の変化に対し、系統農協組織再編という直接
的な変革を契機として、産地再編が進んできたとみられる。とはいえ、それ
は1985年頃までの営農指導と販売事業を拡充させつつの農協共販展開ではな
く、営農指導事業の縮小的再編を伴って進められてきた。**表1-5**は営農指導
員の配置からそのことをみたものである。農協合併が進展し、従来の本所在
住の営農指導員が、合併農協では1990年代に支所に位置づいてきたことがわ
かる。さらに全般的に減少する営農指導員の合理的な合併農協単位としての
再編の中で、他事業所（営農センター等）への集約化を進めていることが確
認できる。

　こうした営農指導と販売事業の縮小化の中でも、**図1-1**と後にみる**図1-4**

表 1-5　営農指導員の配置（場所別営農指導員数とその割合）

単位：人、%

	合計	本所		支所		出張所		他事業所	
	人	人	%	人	%	人	%	人	%
1985 年	19,001	14,100	74.2	4,055	21.3	74	0.4	772	4.1
1990 年	18,938	13,271	70.1	4,597	24.3	46	0.2	1,024	5.4
1995 年	17,242	10,189	59.1	5,185	30.1	56	0.3	1,812	10.5
2000 年	16,216	7,282	44.9	5,648	34.8	160	1.0	3,126	19.3
2005 年	14,385	5,504	38.3	3,633	25.3	84	0.6	5,164	35.9
2010 年	14,459	5,169	35.7	3,638	25.2	-	-	5,662	39.2
2015 年	13,893	4,712	33.9	3,190	23.0	-	-	5,991	43.1

資料：「総合農協統計表」
注：2007 年からの出張所のデータはなく、支所に加えられている。

　からわかるように、青果物の農協共販率は2000年頃までは上昇傾向を示していた。これは、卸売市場への出荷を中心として農協共販率が比較的高い北海道や九州等の遠隔産地化がさらに進展したためとみられる[22]。とはいえ、前項の農協共販再編の背景でみたように、内外からのニーズは多様化しており、そのことへの対応も必要であった。それに対して、合併農協における営農指導事業と販売事業の再編過程では、営農指導事業の合理化的再編にみられるように、少なからぬ混乱を生じており、多様なニーズに十分に応えることは難しかったのが現実ではなかったかと考えられる。

　表1-6は、青果物集出荷機構と野菜および果樹の生産出荷統計表から作成した生産者の出荷先の割合の変化である。個人出荷が推計値となるので正確な分析とすることには限界があるが、需給調整機能を通して高まった共販率をキープしつつも、実需者による直接的な産地掌握が個人出荷の割合の上昇となって現れていることが読み取れる。農協共販の競争相手として、集出荷業者いわゆる産地商人ではなく、実需者と結合した個人出荷との競争へと構造が変化したことにも注目する必要がある。

---

22) 1985年の野菜の農業産出高の全国合計に占める北海道と九州（沖縄を除く）の割合は、それぞれ北海道4.8%、九州13.0％であったが、2000年におけるそれは、北海道7.8％、九州18.0％である。

表1-6　青果物の集出荷組織別取扱および個人出荷の割合

単位：千t（合計）、％

野菜

	1980年	1985年	1991年	1996年	2001年	2006年
総合農協	50.0	54.8	57.5	48.2	53.1	47.0
専門農協	1.1	0.7	0.9	0.7	1.7	0.7
任意組合	5.1	4.7	4.4	2.8	2.0	1.0
集出荷業者	12.2	12.5	13.1	11.6	11.0	8.4
産地集荷市場	2.0	2.5	2.3	2.8	2.6	2.8
個人出荷	29.5	24.8	21.9	33.9	29.6	40.1
合計	11,873	11,930	11,576	13,563	12,694	11,910

果実

	1980年	1985年	1991年	1996年	2001年	2006年
総合農協	49.5	45.9	46.6	50.1	51.3	46.9
専門農協	11.6	9.2	9.8	6.2	3.4	2.8
任意組合	5.7	5.6	4.4	3.7	3.0	2.8
集出荷業者	17.9	19.0	16.7	15.7	12.9	12.3
産地集荷市場	1.1	2.4	2.7	5.6	1.9	1.8
個人出荷	14.2	17.9	19.8	18.6	27.5	33.4
合計	6,143	4,573	4,248	3,633	3,260	3,093

資料：「青果物集出荷機構調査報告」「野菜生産出荷統計」「果樹生産出荷統計」
注：1）集出荷組織別の集出荷量は「青果物集出荷機構調査報告」により、合計数量
　　　は「野菜生産出荷統計」と「果樹生産出荷統計」の出荷量である。
　　2）個人出荷量は「野菜生産出荷統計」「果樹生産出荷統計」による出荷量と「青
　　　果物集出荷機構調査報告」における集出荷量との差による。よって、個人出
　　　荷は推計の値である。
　　3）年次は「青果物集出荷機構調査報告」によるもので、収穫年次は前年である
　　　ため、「野菜生産出荷統計」と「果樹生産出荷統計」の数値は、表の年次の
　　　前年の数値を用いている。
　　4）ここでの専門農協の中には、農業協同組合法で定められた農事組合法人で青
　　　果物を出荷している法人も含まれている。
　　5）1980年の数値は、先の表1-4と異なる割合になっているのは、合計を注1）
　　　で算出したためである。

　そうした状況を憂いた議論として、次にみる『これからの農協産直』がま
とめられている[23]。

23）今野ほか（2000）。

（3）『これからの農協産直』にみる農協共販再編のかたち

　本書は2000年2月に出版されており、1990年代後半における農協共販のあり方を考察するに当たり、従来の「産直」について農協事業の視点から再検討を試みたものである。つまり、農協事業としての「産直」（農協による農産物の直接販売）の可能性・あり方・事業方式を検討したものである。こうした問題意識・課題設定の背景には、1980年代後半から急展開する系統農協組織・事業再編なかんずく農協合併がある。その合併農協のもとで優先される通常の農協共販の合理的再編の中で、これまで築いてきた「産直」事業の位置づけがあいまいになっている状況がみられたのである。そうした状況の中で、従来型の農協共販と「産直」事業の共存可能性を課題としている[24]。

　第1部では、「一国二制度」論的事業方式論の理論的検討が行われている。ここでは、これまでの主に生協との提携による農協の産直事業の取り組みを振り返り、必ずしも十分に農協事業に取り込めていなかったことが組合員の農協利用離れにつながったとみている。しかし、新農業基本法にみられるように、農協の制度的な位置づけは政策的に後退し、大都市への大量需要に対応した卸売市場を中心とした農産物システムも変化しつつあるとみて、既存の共販部門とは異なる販売事業方式の必要性が示されている。

　その方向性は従来の商品の差別化戦略という考え方ではなく、新しい商品政策としている。つまり、期待される食の安全性と環境負荷の軽減に対応した生産物の商品化であり、その全般的な情報開示が必要であると述べている。そこでは、品目毎に農協で一本化された農協共販のみではなく、そうした新たな商品政策に対応した別組織の共販（別生産部会組織）を形成することが検討されるべきとしている。

　次に第2部（系統農協における産直提携事業の展開事例）においては、豊富な実践事例が紹介・分析されている。そこでは、生産と需要の多様性を踏

24）折りからの香港の中国返還にかかる「一国二制度論」（一国多制度論）に、望ましい農協事業のあり方をなぞらえて副題がもうけられている。

まえ、両者を結ぶ農協事業のあり方、生産者の主体性・イニシアティブが確保された組織と農協事業のあり方、運動的側面が強い産直事業を農協事業として支援するあり方、農協事業としての採算性のあり方など、実践を通した多様な課題が示されている。

　そして、第3部（系統農協の産直提携事業についての考案）として、改めて歴史的に農協の共販事業と「産直」事業の展開を整理し、農協事業としての位置づけと現実的可能性について言及している。そこでは、系統農協が産直事業に取り組むために必要な事項を5つにまとめている。それは、①産直商品の買い手の発見、②産地の身の丈にあった産直商品の開発、③確実な代金決済方法と資金繰り、④産直商品に関する信頼性の担保と情報公開、⑤産直事業を農協共販の中に位置づけること、である。

　全体として、従来の産消提携的に取り組まれてきた農協運動論としての「産直」のあり方をベースとして、農協共販のあり方が検討されている。農協共販の枠組みの再編と関連して検討すべきというよりは、別枠として「産直」事業を位置づけることが主張されている。とはいえ、農協の事業・経営論的な分析としては、営農指導事業や販売事業の事業体制や農協経営収支の点にまでは至らず、課題として残している。農協の事業利益が大幅に低下した当時[25]においては、そうした農協事業・経営論と関連した農協共販のあり方の検討を抜きに「産直」の必要性を強調しても、現実の農協の対応としては難しかったのではないかと考えられる。このことは、2000年代における系統農協として取り組む「経済事業改革」の課題ともつながっているとみられる。

25）板橋（2002）を参照。

6．経済事業改革と農協共販（2000年〜2015年頃）

（1）JAバンクシステムと営農経済事業改革

　農協は1990年代において合併を進め、1農協当たりの貯金量を飛躍的に増加させて、金融機関としての資金力は拡大した。しかし、金融ビッグバンの進展の中で、都市銀行が再編され、ペイオフ解禁が近づくなど、さらなる金融情勢の劇的な変化がみられた。それに対して行政側は、金融機関としての農協における組織・事業・経営面の改革が遅れているとみていた。

　そこで、農林中金を頂点とする「ひとつの金融機関」として機能する新たな農協金融システム構築の方向性を示す。その中で営農経済事業については、地域農業の司令塔として機能する必要性が指摘されている。また、JAバンクシステムの足手まといとならないため、2期連続の事業赤字を出さないことが明記された。しかし、その具体的な取り組みは、2002年9月発足の「農協のあり方についての研究会」が取りまとめた「農協改革の基本方向」（2003年3月発表）に基づき、第23回全国農協大会（2003年）の決議を経て設立された「経済事業改革中央本部」が中心となり進める「経済事業改革」の中で事業と財務の目標が示され進められる。

　事業目標としては、①消費者接近のための農産物販売戦略の見直し、②生産者とりわけ担い手に実感される生産資材価格の引き下げ、③拠点型事業（物流・農機・SS・Aコープ）の収支改善と競争力の強化が示された。また、特に重視されたのは財務目標であり、①経済事業（農業、生活その他事業）部門の収支均衡、②経済事業子会社の収支改善、③経済事業の財務改善、が示された。そこでは、農業関連事業は共通管理費配布前の事業利益段階で、原則3年以内に収支均衡を図ることを目標とした。

　営農経済事業改革の成果については、全中が2009年12月に取りまとめた「経済事業改革の取組みにかかる総括について」でみることができる。詳しくは次項で分析を行うが、財務目標が重視されたため、コストを削減して事

表 1-7　農協職員の担当業務別職員数の変化

単位：農協数、人

	集計農協数	職員合計	うち営農指導員	職員の業務担当（正職員）						
				信用	共済	購買	販売	指導	その他	うち管理
1985 年	4,242	297,095	19,001	78,169	19,904	98,319	19,299	22,719	58,685	
1990 年	3,591	297,459	18,938	77,187	22,866	98,836	19,299	22,603	56,668	
1995 年	2,457	297,632	17,242	75,806	28,491	98,030	19,686	19,973	55,646	
2000 年	1,424	269,208	16,216	69,234	33,838	79,720	17,905	18,327	50,184	
2005 年	886	232,981	14,385	61,290	38,686	58,539	16,493	15,566	42,407	
2010 年	725	220,781	14,459	58,647	40,126	46,986	16,443	15,917	42,662	
2015 年	686	204,516	13,893	55,776	38,452	38,138	15,968	15,364	40,818	20,934

資料：「総合農協統計表」

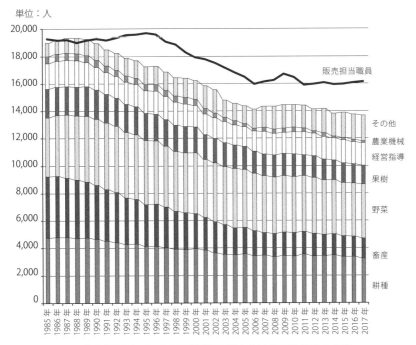

図 1-3　営農指導員における種類別従事数と販売担当職員数の推移

資料：「総合農協統計表」
注：畜産担当職員数には養蚕担当職員数を含む。ただし 2006 年まで。

業利益を確保するための改革であった側面が浮かび上がる。**表1-7**に示したように、営農経済関連の職員数は、この間に大幅に減少している。営農指導員に関しては、2000年代後半から一定数を維持しているが、**図1-3**に示したように、部門別にみると経営担当やその他担当が増加する一方で、作目担当であるいわゆる技術指導員は減少している。また、前節でもみたように、営農指導員の配置では、支店・支所への配置が減少し営農センター等の事業所配置が増加している。支店・支所が統廃合されてきたこととそこが金融店舗に特化してきたためであり、そのことが農協と組合員との関係性を疎遠化させた面が指摘された。そうした反省から、2012年開催の第26回全国農協大会では支店重視の方針が示されたとみられる。

（2）「経済事業改革」下の農協共販

1）「担い手」対策としての営農指導機能の強化

　経済事業改革における営農指導事業の位置づけは、当初は直接的な事業目標の対象ではなかった。しかし、経済事業改革を実践する上では、営農指導事業機能の強化が不可欠の課題と考え、2005年4月の経済事業改革指針改定で「営農指導機能強化」を事業目標の第一に位置づける。その主な取り組むべき課題として、営農指導事業の目標の明確化があり、担当する作目の作付面積や販売取扱高などをその指標とするケースもあった。また、農業者が分化していることへの対応として、営農指導員を階層化して、営農相談員、営農指導員、専門営農指導員と担当者を位置づけることが示された。さらに、指導組織の見直し・研修体系や営農指導のための予算の明確化が課題とされた。

　とはいえ、営農指導事業に関しては、これらの具体的な取り組みを前にして、国の品目横断経営安定対策による「担い手」対策が重要な位置づけとなる。そこでは、系統農協が大規模経営農家や法人経営体を「担い手」と位置づけて支援策を集中的に実施する方針が示された。全農が開発したシステム（TACシステム）に登録した訪問先を「担い手」として、資材価格の引き下げなどの事業提案を営農指導事業として実施することが進められた。そこで

は、かつての生産部会などへの集団的な産地形成指導から個別経営体対応と
いう方針が、「担い手対策」として明確に示されているのが特徴である。

２）消費者接近と農家手取り向上のための販売事業の見直し

　販売事業に関しては、2005年12月開催の第14回経済事業改革中央本部委員
会で販売事業の改革案がとりまとめられ、園芸事業改革の具体策としては、
直接販売機能の強化および多様な販売方式と機能別の手数料の導入が示され
ている。実際に機能別の手数料方式を導入した農協の割合は、野菜で2007年
10.5％から2009年12.3％へ、果樹では2007年6.5％から2009年7.2％へと増加し
ているが、導入する予定がない農協も2007年33.0％から2009年34.5％に拡大
していた。他方、販売機能発揮のための企画担当者や取引先への営業活動を
行う担当者の配置に関しては、兼務としての配置も含めて2009年では80％以
上の農協で実施され、その割合も増加していた[26]。

　販売事業部門の収支に関しては、2008事業年度決算で、共通管理費配布前
で61.4％の農協が黒字であるが、配布後の事業利益では44.5％、営農指導事
業費配布後の純損益では38.2％に留まっていた。これらの数値について、全
中取りまとめの報告書では経済事業改革期に改善傾向にあるとみているが、
数値的には大きな変化はみられていない。また、品目的には、米穀事業では
共通管理費配布前で60％以上の農協が黒字であるが、園芸事業と畜産事業に
関しては50％を下回っていた。

　販売事業では、直接販売強化の方針を明確化し、多様は販売方式に伴った
機能別手数料の決定を示したことが今までの農協共販の方針にはない新しい
こととみられる。これは、先に見た営農指導事業の改革と同様に、「担い手」
へのメリット還元を明確化すると同時に、販売事業としての事業収益確保を
強く意識した取り組みとみることができる。

---

26) 全中「経済事業改革のこれまでの経過と今後の取り組み方向について」2007
　　年12月、および全中「経済事業改革の取組みにかかる総括について」2009年
　　12月、による。以下同様。

3）農協共販の実態

　図1-4は、1990年から2017年までの、農協の青果物共販における系統利用率、販売手数料率、共販率の推移を示したものである。

　連合会に依存しない自己完結型の事業展開を目標として進められた農協合併は、1990年代に急展開を示すが、**図1-4**から確認できるように、農協の連合会利用率を示す系統利用率は90％以上の高い水準を維持しており、農協による完全な独自販売は限定的であったことがうかがい知れる。また、前節でみたように、農協内における多様な組合員対応や販売先の多様なニーズに対

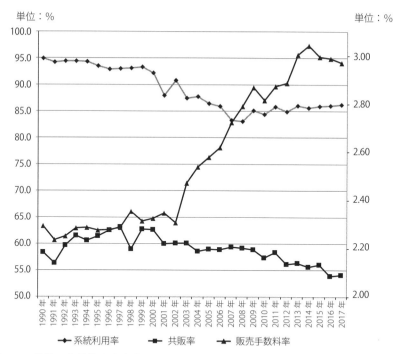

図 1-4　農協の青果物販売事業における系統利用率・販売手数料率・共販率の推移

資料：「総合農協統計表」、「生産農業所得統計」
注：系統利用率＝系統利用高／当期販売取扱高、販売手数料率＝販売手数料／当期販売取扱高、
　　共販率＝当期販売取扱高／農業総産出額（青果物）、である。

応した事業展開には課題を有していたが、共販率は60%水準を維持していた。しかし、その状況は2000年代になると変化を示すことになる。

　系統利用率は80%台に下落している。これには、1県1農協への農協合併が実施され、連合会と農協が一体化したことによる県連利用がない農協のデータが反映されている側面もある。しかし、自主的に県連を利用しないことを選択し、農協独自による販売が直接販売として展開したことが関係しているとみられ、農協段階の直売所の開設が広範囲に見られたことも系統利用率の低下の数値に反映されているとみられる。

　このことは、手数料率の動向にも関係している。1990年代に2%台前半で推移していた販売手数料率が急上昇し、近年では3%水準に達している。販売手数料の変化は1ポイント以下の小さなものではあるが、これまでにない大きな変化として注目することができる。財務目標を重視した経済事業改革の取り組みにより、販売事業の採算性を考慮して手数料を引き上げた農協もみられたが、農産物価格が低迷して農家経済が苦しい中での手数料引き上げは組合員からの反発も強く、実施できた農協は限定的とみられる。それでも手数料率が上昇した要因としては、1県1農協による連合会の手数料が農協段階に付加されたこと、直売所の手数料の反映、そして直接販売として買取販売を実施したことによる名目的な販売手数料の上昇[27] が考えられる。つまり、農協独自による買取販売を含んだ直接販売の積極的な展開が行われていたのである。

　とはいえ、**図1-4**からもわかるように、共販率は60%を下回るようになり、2010年代になると明らかに低下傾向を示している。そのため、農協独自による積極的な農協共販の展開と農協共販率の変化の因果関係を検討する必要がある。傾向的には都市近郊の都府県で共販率の向上につながっているという多少の相関傾向がみられた。しかし、それらの都府県はもともと共販率が低いことや消費地に近いことから買取販売や契約取引の実施および直売所の展

27）尾高（2015）を参照。

開による効果が高くでる傾向がある。また、共販率が高い遠隔青果物産地を有する道県の傾向はまちまちであり、連合会機能による影響も考えられる[28]。

7．おわりに
―農協改革（自己改革）の展開とマーケットイン型産地づくり―

（1）第27回全国農協大会と農協共販の課題

　第27回全国農協大会では、重点課題として「農業者の所得増大」「農業生産の拡大」を決議している。農業者の所得増大は、経済事業改革の中で、農家手取り向上のための販売事業改革や生産資材価格の引き下げなどを通して追求されてきた課題であり、遡れば営農団地構想の中でも農業所得の向上は農協の事業目標になっている。しかし、今回の方針決定の背景には、政府による「農林水産業・地域活力創造プラン」があり、2015年農協法改正により「農業所得の増大に最大限の配慮」と条文化されていることと無関係ではない。

　その農業所得増大と生産拡大を達成するために、農協大会では7つの重点分野が示された。①担い手経営体のニーズに応える個別対応、②マーケットインに基づく生産・販売事業方式への転換、③付加価値の増大と新たな需要開拓への挑戦、④生産資材価格の引き下げと低コスト生産技術の確立・普及、⑤新たな担い手の育成や担い手のレベルアップ対策、⑥営農・経済事業への経営資源のシフト、⑦自己改革の実現を支える経営基盤の確立、である。農畜産物の有利販売を通して単価アップを図ること、担い手対応や生産基盤の体制を整えることでコスト削減を図ることが読みとれる。その結果として、農業所得の拡大を実現することを狙いとしているとみられる。

　農協共販との関係では、特に②と③が注目され、それらの取り組みを通して、有利な販売を実現し、農協の事業収益と組合員の所得増加を達成するこ

28）板橋（2014）を参照。

ととしている。これまでのプロダクトアウト的な生産販売方針を見直して、業務用の需要が拡大している米や青果物に関しては、事業方式を転換することが明記されている。つまり、業務用や加工用の実需者ニーズに即した取り組みを重視、契約栽培・取引や買取販売を行う方針が示されている。

　さらに、農協の生産部会のあり方に関しても言及されている。これは、これまでにはない点として注目すべきことである。そこでは、該当する作目に関して農協管内生産者全体で構成される従来の生産部会体制から、販路先や生産条件によって細分化した組織体制への再構成が示され、共同計算の単位もそれに即した複数共計の導入が示唆されている。また、目標数値を定めて販売取り扱い金額の一定程度を買取販売にすることも示された。

　このように、これまでの農協共販とは明らかに異なる方針が示されているのが第27回全国農協大会の特徴である。また、こうした展開は、**図1-4**でみたように、すでに農協共販の中でも取り組まれてきたものでもある。しかし、そのことで共販率は上向いてはいなかった。また、農協の米に関する共販展開からは、生産者の要望を汲み取る形で、青果物以上に連合会に頼らない農協独自の販売を強化し、量販店との独自契約を進め、買取販売も強化してきた。しかしながら、全体の需給バランスとの関係もあるが、安売り競争的な構造にもなっており、農協への結集率を高めたかどうかは疑問である[29]。

　系統農協が消費者や実需者の要望を受け止め、生産や販売対応に取り組むことは絶対的に必要なことである。しかし、実需者側の要望に応えるのみでは、特色ある農業生産条件をベースにして生産した農産物商品の価値を伝えることはできないだろう。また、多様化する組合員の要望に応えた生産・販売対策も重要な課題であるが、多様な組合員の要望に応えつつも地域農業全体を考慮した事業展開が求められる。それが協同組合としての農協の使命であり、多くの組合員が結集できる農協共販のあり方が問われているのである。

---

29) 板橋（2015）を参照。

（2）マーケットイン型産地づくりの歴史的位相

　以上、戦後の農協共販の展開についてみてきた。「マーケットイン型産地づくり」のあり方を考えるという視点でみると、2015年開催の第27回全国農協大会で、マーケットインに基づいた生産・販売事業に転換することが強調された点が注目される。買取販売や生産部会の細分化にも言及されており、これまでにない新しい取り組み課題である。そしてこの方針は、2019年開催の第28回全国農協大会でも継続され、今日に至っている。

　しかし、本章でみてきたように、戦後の農協共販の展開と議論を振り返ると、「農協共販の再検討」において、すでに需要に即した生産販売のあり方は示されていた。それは、青果物や畜産物など、基本法農政で成長農産物に位置づけられた品目、すなわち拡大する需要に対応した農協共販のあり方として検討されたものである。そうした取り組みは、農産物の過剰問題を契機としてではあるが、産地（農協）段階で需給調整を意識した販売事業の展開につながり、銘柄産地を形成する基礎にもなっている。また、量販店を中心とした小売業の価格交渉力が高まる中で、その実需者の要望を産地（農協）段階に直接つなぎ、需要に即した販売事業の展開を促した生鮮食料品集配センターの設置に、系統農協側としてのマーケットイン型産地づくりの取り組みが垣間見られた。

　他方、運動的性格を強く有する産直事業を農協事業に取り込むための農協の課題も議論されていた。系統農協として取り組んだ「経済事業改革」の中では、これまで農協事業を利用していなかった生産者を「担い手」と位置づけ、農協事業に取り込むことが１つの課題となった。多様な組合員の要望を農協事業に活かす事業のあり方が、系統農協全体の営農指導事業と販売事業のあり方として課題となり、それへの取り組みでもある。

　このように、それぞれの時期でマーケットイン型産地づくりや多様な組合員対応が課題となり取り組まれてきた経緯がある。それは、その時々における農業生産と農産物流通を取り巻く環境の中で検討され実践されてきたこと

である。そのため、今日あらためてマーケットイン型産地づくりに取り組むに当たり、これまでの取り組みの意義と課題について、その背景と関連させて再検討する意味があると考えられる。

（3）マーケットイン型産地づくりのための農協事業体制

また本章では、マーケットイン型産地づくりの取り組みおよび議論と合わせて、系統農協の青果物共販の実績・成果についてもみてきた。そこでは、マーケットイン型産地づくりに取り組む主体としての農協の事業展開のあり方が強く関係していた。つまり、営農指導事業と販売事業を農協の中でどう位置づけて農協共販に取り組んでいたかが、実績としての農協共販の成果（販売取扱高、農協共販率）につながっていた。

戦後間もなく農協の経営が悪化した時期には、農協共販に関して「共販三原則」に基づいた共販理念が強調された。しかし、農協の営農指導事業と販売事業が十分に機能発揮していなかったため、農協に青果物が集まることはなかったのである。そして、その後農協は営農指導と販売事業体制を整備する営農団地造成運動を通して、青果物の販売取り扱いを増加させていくのである。とはいえ、施設投資と大都市の大量需要に対応した行政の方針に即しただけの青果物産地づくりでは、産地すなわち農協側の主体性に不十分な面があった点は否めなかった。そのことは、共販率の推移にも反映していたとみられる。

その後、行政の政策の欠陥があるとはいえ、系統農協側が自ら農産物の需給調整に取り組む。その過程は、産地段階では生産者を生産部会に組織することを図り、農協と生産者の協力体制を確立することである。そのことが農協への結集率の強化につながり、共販率の向上につながっていた。当時は、農協組織と経営が安定していたことも見逃せない。そのため、サービス部門的位置づけの営農指導事業と経営収支的には黒字化が難しい販売事業の拡充を図ることができた。このように、農協による営農指導・販売事業の充実を基礎とし、生産者である組合員との協力関係を構築する主体的な取り組みが、

農協共販の拡大と農協への結集力強化のポイントであった。また、生産者の意識としては、需給調整に協力することを通して、農産物の価格向上や安定につながるという期待が農協への結集を促したともみられる。

　それが、農協の経営問題を1つの要因として進められる系統農協組織再編の中で、産地においては農協合併が進展し、農協の営農指導事業と販売事業が少なからず混乱した。また、そうした混乱も起因したさらなる経営悪化の中で、営農指導事業と販売事業の縮小化が余儀なくされた。系統農協としては、そうしたなし崩し的な農業関連事業の縮小化を阻止すべく、新たな事業モデルを構築することを目的に「経済事業改革」に取り組んできたが、営農指導事業と販売事業の合理化的な再編であった点は否めない。それらのことも関係して、2000年代になると農協共販が低迷し青果物の共販率は低下していったのである。

　こうした状況を打破するためにも系統農協は自己改革に取り組んでいる。そこでは、第27回全国農協大会決議で示された重点分野でもある「営農・経済事業への経営資源のシフト」を進め、営農指導事業と販売事業を充実させる方針である[30]。そして農協共販の課題としては、マーケットイン型産地づくりとそれに対応した農協の体制整備がある。この点に関しては、本書の事例を通して実態分析から検討を深め、考察していきたいと考えている。

引用・参考文献

麻野尚延（1987）『みかん産業と農協』農林統計協会.

麻野尚延（1995）「果汁輸入自由化と国内柑橘産業の動向」『農業市場研究』第3巻第2号.

板橋衛（2002）「統計から見た農協の姿─組織・事業・経営─」『農業と経済』第68巻第5号.

板橋衛（2014）「農協の販売事業のあり方として"共販"の意味を問い直す」『協同組合研究誌「にじ」』2014年冬号（No.648）.

板橋衛（2015）「産地の販売組織である農協・生産者組織の側面から農協共販の未

30）実態としても営農・経済事業への経営資源のシフトは進んでいると分析されている。この点に関しては、尾高（2018）を参照。

来を考える」『農業市場研究』第24巻第 3 号.

上路利雄（1984）「全農の需給調整の取り組みとその課題」河野敏明・森昭共編著
　　『野菜の産地再編と市場対応』明文書房.

梅木利巳（1988）『食料・農業問題全集⒀　多様化する農産物市場』農山漁村文化
　　協会.

太田原高昭（1976）「農民的複合経営の意義と展望」川村琢・湯沢誠編『現代農業
　　と市場問題』北海道大学図書刊行会.

太田原高昭（1981）「水田モノカルチャーと総合農協」矢島武編著『日本稲作の基
　　本問題』北海道大学図書刊行会.

太田原高昭（1991）「農協の適正規模についての領域論的考察」飯島源次郎編著
　　『転換期の協同組合』筑波書房.

太田原高昭（2016）『新明日の農協』農山漁村文化協会.

尾高恵美（2008）「農協生産部会に関する環境変化と再編方向」『農林金融』第61
　　巻第 5 号.

尾高恵美（2015）「JAによる農産物買取販売の課題」『農中総研　調査と情報』第
　　49号.

尾高恵美（2018）「2016年度における農協の経営動向」『農林金融』第71巻第10号.

桂瑛一（1969）「農産物共販の展開構造」桑原正信監修・藤谷築次編『講座現代農
　　産物流通論 1 巻　農産物流通の基本問題』家の光協会.

桑原正信監修・藤谷築次責任編集（1969）『講座現代農産物流通論 1 巻　農産物流
　　通の基本問題』家の光協会.

桑原正信監修・若林秀泰責任編集（1970）『講座・現代農産物流通論第 5 巻　農産
　　物流通の基本問題』家の光協会.

今野聰・野見山敏雄編著（2000）『これからの農協産直—その「一国二制度」的展
　　開』家の光協会.

佐藤正（1980）『地域農政の指針—地域農業のあり方と農協—』農山漁村文化協会.

沢辺恵外雄・木下幸考（1979）『地域複合農業の構造と展開』農林統計協会.

全国農業協同組合中央会（1977）『農業協同組合年鑑（1978年版）』.

玉真之介（1996）『主産地形成と農業団体—戦間期日本の農業と系統農会—』農山
　　漁村文化協会.

永田恵十郎（1994）『水田農業の総合的再編』農林統計協会.

農業協同組合制度史編纂委員会（1968）『農業協同組合制度史 2 』協同組合経営研
　　究所.

三島徳三（1982）「野菜需給調整の現実と課題」『農経論叢』第38集.

御園喜博（1989）『地域農業の総合的再編—生産・加工・流通・消費—』農林統計
　　協会.

山口一門（1964）『玉川農協の実践』農山漁村文化協会.

吉田寛一・佐藤正・綱島不二雄（1980）『日本農業の課題と複合経営』農山漁村文
　　化協会.

第2章

流通構造の変化と産地への影響

坂　知樹

1．はじめに

　青果物おいてマーケットイン型の生産・販売が求められる背景には、中食や外食、カット野菜など消費形態が多様化したからである。それに伴い流通構造も、次の4点のように変化した。①中食や外食、加工業界が発展し、流通に関わるプレイヤーの力が強まった。②それらのプレイヤーは市場からの仕入れだけでは満足できず、市場外流通が増加したことによって流通経路が多様化した。③市場外流通によって産地と実需者との契約取引を求められるなど、取引形態が変質した。④コンテナ出荷や、加工に適した規格や品質、カットや皮を取り除いて一次加工するなど、流通形態が変化していった。つまり、従来の卸売市場を想定した生産・販売では対応できなくなっている。

　本章の構成は、主要青果物の生産量と価格の動向を踏まえた上で、流通の主要部分である卸売市場、スーパーを中心とした小売業、中食・外食業者に対応した加工・業務用青果物の動向について述べていき、最後に産地の影響と対応策を考察する。

2．現在の青果物の生産と取引構造の傾向

（1）国内産地の動向

　主要青果物の生産量を1985年〜87年の3カ年の平均値を100としてみると、

表2-1　主要野菜の生産量、卸売市場取扱量、卸売価格の３カ年平均値の推移

	生産量			卸売市場取扱量			卸売価格		
	1985~87年	2000~02年	15~17年	1985~87年	2000~02年	15~17年	1985~87年	2000~02年	15~17年
ダイコン	100	71	53	100	97	73	100	112	130
タマネギ	100	97	96	100	99	91	100	109	149
ニンジン	100	101	90	100	106	86	100	103	128
バレイショ	100	76	60	100	83	64	100	110	166
キャベツ	100	87	90	100	91	83	100	110	143
ハクサイ	100	70	62	100	85	64	100	126	185
レタス	100	113	119	100	114	103	100	100	116
ネギ	100	94	83	100	109	74	100	147	205
トマト	100	97	90	100	110	73	100	125	151
ホウレンソウ	100	81	64	100	72	36	100	146	209
キュウリ	100	72	54	100	76	52	100	116	149
ナス	100	75	51	100	94	55	100	110	147
ピーマン	100	94	83	100	100	86	100	105	146

資料：農林水産省「食料需給表」、「野菜出荷統計」、「青果物卸売市場調査」より筆者作成
注：それぞれの品目で、1985～87年の平均値を100としたときの指数で表している。

表2-2　主要果実の生産量、卸売市場取扱量、卸売価格の３カ年平均値の推移

	生産量			卸売市場取扱量			卸売価格		
	1985~87年	2000~02年	15~17年	1985~87年	2000~02年	15~17年	1985~87年	2000~02年	15~17年
ミカン	100	50	32	100	64	32	100	123	172
リンゴ	100	92	80	100	87	57	100	89	114
ニホンナシ	100	85	58	100	74	36	100	104	124
カキ	100	95	80	100	93	66	100	98	116
モモ	100	81	58	100	84	50	100	134	166
ブドウ	100	75	58	100	63	38	100	126	182
イチゴ	100	103	81	100	98	64	100	127	145
スイカ	100	67	40	100	67	36	100	119	155

資料：農林水産省「食料需給表」、「青果物卸売市場調査」より筆者作成
注：1）それぞれの品目で、1985～87年の平均値を100としたときの指数で表している。
　　2）イチゴ、スイカなどの果実的野菜は便宜的に果実としている。

レタスのみ増加、タマネギ・ニンジン・キャベツ・トマトは微減、その他は野菜・果実どちらも生産量が低下している（**表2-1、2-2**）。

　野菜については、ダイコン、ハクサイ、キュウリ、ナスは４～５割減少している。その一因は漬物消費の減少があげられ、「家計調査」の一世帯あたり年間のダイコン漬けとハクサイ漬けの購入金額・数量が大きく減っているこ

とが確認できる。果実についても、リンゴ、カキ、イチゴは2割の減少にとどまっているが、ミカン、スイカなどは4～7割の減少と落ち込みが大きい。

　そして、産地の変化としては、産地の立地と担い手が変化している。野菜については高度経済成長期に都市近郊産地から遠隔地への移動が進むとともに、関東・東山と、北海道、九州・沖縄といった、特定産地への生産集中が進んだ[1]。それと同時に、大規模な経営体に生産が集中していき、2015年では露地野菜の作付面積2ha以上の経営体は8.0％しかいないが、作付面積は58.3％を占めている。また、施設野菜も同様に、2ha以上の経営体は全体で1.4％だが、作付面積は18.6％となっている。一方で規模の小さい農家の離農が多く、大規模層がその減少分のすべてを引き受けられず、総作付面積は減少している[2]。

　一方で、輸入野菜は増加してきている。これは、国内の野菜生産量の減少を補う面もあるが、国内産地で対応できていない加工・業務用での消費が拡大したからである。

（2）青果物流通の動向

　国内生産量が減少していく中で、青果物流通の中心である卸売市場の取扱量と価格についてみていく（表2-1、2-2）。

　取り扱い重量をみると、生産量の減少の影響を受けて、野菜と果実のどちらも減少していることが確認できる。生産量は自家消費も含むので、市場扱量と単純に比較はできないかもしれないが、生産量の減少以上に市場扱量の減少率が高い品目がある。野菜について、ホウレンソウの生産量は、1985～87年の平均値と比べて2015～17年は64％に減少しているが、卸売市場取扱量は同じ期間に36％とより大きく減少している。トマトは生産量90％に対して、卸売市場取扱量73％となっており、市場を経由しない契約的取引が増えていると思われる。一方、ダイコンは生産量53％に対して、市場取扱量73％と市

1）香月敏孝（2005）、23-122頁を参照。
2）徳田博美（2018）、4-15頁を参照。

場の流通割合が増えており、漬物などでの自家消費が減ったと推察される。

　果実については、リンゴは生産量80％に対して市場取扱量は57％、同様に二ホンナシ58％：36％、カキ80％：66％、ブドウ58％：38％、イチゴ81％：64％と、生産量より市場扱量の減少率が高い品目が多い。この要因として、インターネット販売の普及など流通が多様化したことにより、個人取引が増えていると推察される。

　一方の価格をみると、すべての品目で上昇しており、ネギやホウレンソウなど2倍以上値上がりしたものもある。

（3）卸売市場の現状

　農産物の生産は、規模が零細で地域的に偏在し、一産地では季節的な供給となっている。一方、消費は広域に分散し、必需財として日々、小ロットで多頻度購買されることが一般的である。こうした特徴を持つ農産物・食品の生産と消費を合理的に接合するために、卸売市場は広く世界的に形成されてきた[3]。そのため、①集荷・分荷機能、②価格形成機能、③代金決済機能、④情報受発信機能などを担い、食料供給のインフラと位置づけられている。

　しかし、国内における青果物の市場経由率は、年々低下傾向にある（図2-1）。青果をみると、1989年には83％が市場を経由していたが、2015年には58％にまで低下している。この原因となっているのは、外食産業や、加工・業務用向けの食品製造業で使用される割合が年々高まっているからである。年度は異なるが、2005年に行った「食品流通構造調査」によると、これらの食品産業における青果物仕入れ経路は、食品小売業では卸売市場からの仕入れが83％であるのに対し、外食産業は31％、食品製造業は12％にとどまっており、さらに食品製造業では生産者・集出荷団体からの仕入れが51％と最大になっている[4]。

3）木立真直（2019）、36-47項を参照。
4）農林水産省（2006）「食品流通構造調査」による。

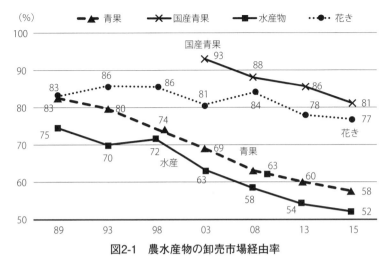

図2-1　農水産物の卸売市場経由率

出典：農林水産省「卸売市場をめぐる情勢について」平成30年7月
資料：農林水産省「食料需給表」、「青果物卸売市場調査報告書」などにより推計

　ただし、国産青果の市場経由率は、15年では81％と青果全体と比べると高い水準となっている。つまり、輸入青果物が市場を経由せずに食品産業などで使用される割合が増えていることにより、青果物全体の経由率が低下していると言える。その証左として、加工の要求度の低い花きは、高い市場経由率を維持している。

　つづいて、卸売市場内の取引構造についてみていく（**図2-2**）。中央卸売市場への出荷者は農協系統団体が57.6％と最も多く、商社、産地出荷業者となっている。卸売業者は委託での取り扱いが60.1％、買付が39.9％となっており、そのうち90.5％を市場内の仲卸業者や買参人に販売している。残りの9.5％は、いわゆる第三者販売となっている。一方、仲卸業者や買参人は、市場内の卸売業者からの仕入れが78.7％で、そのうち89.5％が相対取引、せり・入札は10.5％となっている。また、仕入れの21.3％は産地からの直荷引きである。

　卸売業者の仕入れは出荷者からの無条件委託、販売先は仲卸業者や買参人、

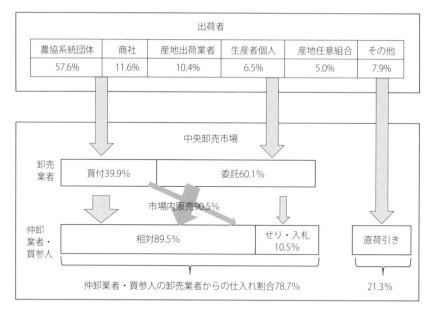

図2-2　中央卸売市場における青果物の扱い
資料：農林水産省「卸売市場をめぐる情勢について」平成30年7月より作成

　仲卸業者や買参人は卸売業者からの仕入れを原則としている。しかし、小売店のバイイングパワーが強くなり、価格や量、産地の指定、品質のこだわりなどを反映させやすい相対取引が進展したことなどにより、卸売業者の買付仕入れは、1980年度では16.3％であったが、約4割まで増加し、第三者販売は90年度の4.0％から9.6％となっている[5]。また、仲卸業者は卸売業者を経由しない直荷引きの割合を90年度の9.9％から21.3％へ増加した。

　こうした状況の中で、2018年には改正卸売市場法が成立し、卸の第三者販売、仲卸の直荷引き、商物一致の原則、卸売業者の自己買受などの規制が緩和された。卸の第三者販売や仲卸の直荷引きが過剰に行われると、卸売市場自体の衰退につながるため、ある程度制限される可能性は高い。しかし、市

5）農林水産省「卸売市場の現状と課題」、「卸売市場データ集」による。

場ごとにそれらのルールを設定できるため、市場の特徴に合わせた産地の出荷体制を整える必要がある。

3．スーパーマーケット業界の動向

（1）業界の現状

　日本では1950年代に現在のスーパーマーケットが誕生したと言われ、全国に急速に普及していった。1974年には売場面積500m²以上の出店を規制する大規模小売店舗法が施行されたため、中小型店が多く誕生した。その後、次第に品揃えを充実させて競争力を高めるという動きがあり、店舗の大規模化が進む。2000年には売場面積1,000m²以上を規制する大規模小売店舗立地法が施行する代わりに、大規模小売店舗法が廃止されたことで中大型店が増加した。

　それでは、スーパーマーケット業界の全体像を把握するため、売上規模と店舗数の推移をみていく（**図2-3**）。なお、スーパーの統計は経済産業省「商業統計」など複数あるが、最も業界全体を捉えていると思われる（一社）全国スーパーマーケット協会の資料を基にする。

　売上をみると、1998年は27.8兆円であったが、消費税の導入や金融不安、デフレスパイラルの深刻化、スーパー間の価格競争により、2002年には26.5兆円に低下した。その後、景気が回復基調となり、08年まで売上は緩やかに上昇していった。しかし、リーマン・ショックが発生したため急落したが、14年から食品価格の上昇に伴い拡大を続け、17年には29.7兆円に達している。一方店舗数については、98年の14,329店から17年の18,200店へと、ほぼ一貫して増加傾向にある。

　つづいて、売上の上位企業への集中度合いをみていく。一般にスーパーの特徴でもあるチェーンストアは、規模の経済を追求する経済モデルのため、自ずとトップ企業による寡占化が進みやすいと考えられる。実際、イギリスのスーパー業界では、上位5社で食料・飲料小売市場の過半数を占めている。

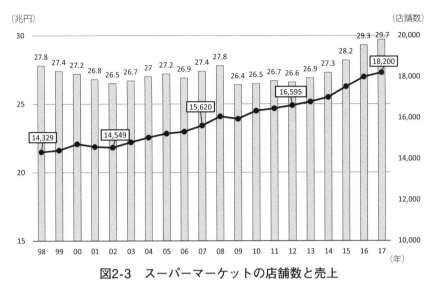

図2-3　スーパーマーケットの店舗数と売上

資料：全国スーパーマーケット協会「2019年版スーパーマーケット白書」より作成

　しかし、日本の食品スーパー業界は大手主導型の寡占化という傾向はみられない（**表2-3**）。業界内の総売上高と構成割合をみると、98年には上位10社で9.2兆円（33％）であったが、17年には6.8兆円（23％）と、どちらも減少している[6]。一方で、上位11〜50社はこの間、5.7兆円（21％）から9.3兆円（31％）へと大きく拡大しいる。上位51〜100社についても同様である。つまり、地方の大手スーパーなどが健闘しているといえる。

　また、食品売上高シェアに限ってみると、98年には上位10社は4.1兆円（23％）であったが、17年には4.7兆円（20％）となっている（**表2-4**）。業界でのシェアは低下しているが、売上は伸びており、大手企業が食品販売に力を注いでいることが伺える。

　ここで、業界最大手であるイオンについて触れておく。14年2月期の連結売上高は6兆3,951億円、そのうちGMS（総合スーパー）事業が3兆3,556億

6）各社の単独決算に基づく。連結決算ではイオングループやセブン＆アイHDなどのビッグプレイヤーがいる。

表2-3 スーパーマーケット業界内の総売上高とシェア割合

	上位10社	上位11〜50社	上位51〜100社	上位101社以降	全体
1998年	9.2兆円（33%）	5.7兆円（21%）	3.2兆円（11%）	9.7兆円（35%）	27.8兆円
2017年	6.8兆円（23%）	9.3兆円（31%）	4.5兆円（15%）	9.2兆円（31%）	29.7兆円

資料：全国スーパーマーケット協会「2019年版スーパーマーケット白書」より作成

表2-4 スーパーマーケット業界内の食品売上高とシェア割合

	上位10社	上位11〜50社	上位51〜100社	上位101社以降	全体
1998年	4.1兆円（23%）	3.7兆円（21%）	2.1兆円（12%）	7.8兆円（44%）	17.7兆円
2017年	4.7兆円（20%）	6.8兆円（29%）	3.8兆円（16%）	7.8兆円（34%）	23.1兆円

資料：全国スーパーマーケット協会「2019年版スーパーマーケット白書」より作成

円、SM（スーパーマーケット）事業が2兆1,613億円であった。一方、連結営業利益は1,714億円、そのうちSM事業は85億円、GMS事業は−16億円となっている。また、イオンは多数のグループ会社を抱えており、GMS事業を行うイオンリテール、イオン北海道など、SM事業を行うマックスバリュ、ダイエー、ユナイテッド・スーパーマーケット・HD、光陽、マルナカ、イオンマーケットなどの子会社、いなげや、ベルクなどと業務提携をしている。

（2）業界の再編

　スーパーは地域性の高い食品を扱うため、地域ごとに有力な企業が林立する傾向が強かった。しかし、不況や営業利益の悪化、スーパー間の競争激化によって経営が立ちいかなくなる企業が発生したため、業務・資本提携や合併を繰り返したことで、業界の再編が起こった。そうした例を、多数のグループ会社を抱えるイオンが象徴的に行っているため、合併再編の動きに触れておく（表2-5）。

　イオンは、初代岡田惣左衛門が1758年に四日市市で太物・小間物商として創業し、1959年にスーパー事業に本格参入した。そして、1969年には、姫路市や豊中市でスーパーを営む企業とともに共同仕入機構「ジャスコ株式会社」を設立する。これらの企業とは合併し、現在のイオンの母体となっていった。

表 2-5　イオンのおもな合併・再編の動き

1960・70 年代	共同仕入機構「ジャスコ株式会社」を設立
	かくだい食品（米沢市）、マルイチ（酒田市）などと合併（のちのイオン東北）
	福岡大丸と業務提携（のちのイオン九州）
80・90 年代	POS の導入を開始
	マックスバリュ西日本の設立
	グループ名称を「イオングループ」に変更
	トップバリュの販売開始
	プリマート（沖縄市）と合併し、琉球ジャスコを設立（のちのイオン琉球）
2000 年代	ヤオハン（静岡市）と合併（のちのマックスバリュ東海）
	いなげや（立川市）と業務提携
	壽屋（熊本市）が店舗を譲渡し、マックスバリュ九州を設立
	㈱カスミ（つくば市）と資本・業務提携（のちのユナイテッド・スーパーマーケット・HD）
	サティ、ビブレ、ニチイなどを展開するマイカル（大阪市）を子会社化（ニチイ北海道からイオン北海道株式会社）
	カルフールジャパンの全株式を譲受
	丸紅・ダイエーと資本・業務提携
	マルエツ（豊島区）と業務提携（ユナイテッド・スーパーマーケット・ホールディング㈱になる）
	ベルク（鶴ヶ島市）と業務提携
	光陽（大阪市）を子会社化
	マックスバリュ北陸を設立
10 年代以降	㈱マルナカ（高松市）、㈱山陽マルナカ（岡山市）を子会社化
	テスコジャパン㈱を持分適用関連会社化
	ピーコックストアを完全子会社化（イオンマーケットに商号変更）
	ダイエーを子会社化
	レッドキャベツ（福岡市）と合併し、店舗運営はマックスバリュ九州が引き継ぐ
	ダイエーを完全子会社化
	マルエツ、カスミ、マックスバリュ関東が経営統合し、共同持株会社のユナイテッド・スーパーマーケット・HD を設立。同社はイオンの子会社となる。

資料：イオン HP などにより作成

　70年代以降になると全国各地のスーパーと合併を繰り返し、全国各地で展開するイオン九州やイオン北海道、マックスバリュ東海へと展開していく。2000年代に入っても再編の勢いは止まらず、2007年にはダイエーと業務提携に合意し、国内最大の流通連合となった。さらに、首都圏での販売強化のため、マルエツ、カスミ、マックスバリュ関東のスーパーを統合し、共同持株会社のユナイテッド・スーパーマーケット・HDを設立した。2018年における同社の店舗数は511、売上は約6,500億円で、国内最大級のスーパーとなっ

ている。

　こうして合併を繰り返す背景には、基本的に薄利多売で、仕入れコストを下げることによって利益を追求しなければならないからである。矢尾板によると、17年における営業利益率は、売上100億円以上500億円未満のスーパーで1.07％、1,000億円以上5,000億円未満では2.25％であり、大規模スーパーのほうが利益を確保しやすくなっている[7]。また、新規出店して過当競争をするよりも、合併して店舗を継承するほうが、結果としてコストを抑えられるとも考えられる。

　一方で、イオンでは同じ地域でブランドが乱立している課題もある。例えば、関西ではダイエー、光陽（KOHYO）、マックスバリュ、ピーコックストア、山陽マルナカなどがあり、店舗によって利用可能なサービスが異なるなどの課題もあるため、グループ内の再編、統合に動き出している。

（3）スーパーの青果仕入れ

　一般的なスーパーにおける青果部門の売上構成比率は15～18％、その内訳は野菜60～70％、果物30～40％、花0～5％とされている。最近の傾向として、料理素材としての生鮮品中心の販売から、即食、簡便性を備えたカットフルーツ、カット野菜、焼き芋やスチーム野菜の販売が増加傾向にあること、きのこ類や豆苗、ベビーリーフなど天候に左右されない工場生産された野菜が増えている。

　また、近年の特徴としてPB商品の開発にも積極的である。とくに、イトーヨーカドーのPB「顔が見える食品」では、農薬の使用回数を基準の半分以下に抑え、商品についているバーコードを読み込むと、誰がどのように作ったのかを確認でき、安心・安全を追求している。取り扱う青果をみると、野菜は63品目、果実で9品目（14品種）と、幅広い品目を揃えている。1品目につき複数の生産者グループから調達していることが多く、例えば、キャベ

7）矢尾板俊平（2020）、44-57頁を参照。

ツ・紫キャベツは7グループ、ニンジン・有機ニンジンは13グループからの調達である[8]。

　ただし、立地や企業の規模によって、青果物の流通やスーパーの仕入行動は異なっている。3大都市や広域中心都市では市場に荷が集まる一方、強大な消費量や販売量を背景に、より効率的な市場外流通のルートを構築することも可能である。しかし、地方都市のスーパーに目を向けると、規模の小さい消費量、販売量では独自の調達ルートを構築することが難しく、地元市場からの仕入れが中心となっている。

　青果の仕入れについては、坂爪は九州地域におけるナショナル・リージョナルスーパーの事例を分析し、PB商品や戦略商品、輸入品については全国本部による調達、域内産品や差別性の低いものは九州本部による大都市卸売市場、さらには地場産品の調達には地方都市卸売市場から行うなど、重層的な調達システムを構築していることを明らかにした[9]。

　荒木が行った調査では、松山市に本社を置き、中四国に展開するA社では、7割を青果会社のB社から仕入れており、B社は6割を松山市場から仕入れていた[10]。とくに野菜に限れば、A社が直接仕入れるものを含めると、8〜9割が地元の市場を通じて調達されている。坂爪が取り上げた札幌のナショナルチェーンスーパーとローカルチェーンスーパーの野菜調達の例では、双方ともに市場外が2割程度、地元市場からの調達ではナショナルチェーンが約5割、ローカルチェーンが約7割である。それに比べるとA社は地元調達率が若干高く、地方都市スーパーの特徴を反映しているといえる[11]。

　さらにスーパーにおける具体的な青果物の取り扱いをみていくために、長野県で事業を展開するC社を取り上げる。

8）イトーヨーカドー HPより。
9）坂爪浩史（2017）、85-94頁を参照。
10）荒木一視（2000）、27-46頁を参照。
11）坂爪浩史（1995）、119-144頁を参照。

（4）長野県内スーパー C社における取り組み

　C社は長野県内に約70店舗を営業するローカルスーパーである。青果の仕入れは、①一般青果、②PB青果、③インショップの3ルートあり、①②の仕入れは基本的に本部一括で行っている。

　①一般青果の仕入先は、青果会社2社から行っており、県東北部と、中南部でエリアを分けている。発注作業は、レギュラー青果については前日午後に各店舗→本部→青果会社へと発注をかけている。売れる品目、量は比較的安定しているため、前日発注でも間に合うという。しかし、特売品やカット野菜、加工品、完熟バナナなど仕入れに時間を要するため数日前からの発注となる。値段については、市場価格をみながら週決めで行っている。仕入れは長野県産を意識して行うが、端境期などは県産があっても他県の良質なものを仕入れている。

　青果会社2社の仕入先は長野市地方卸売市場を中心に行っており、必要に応じて他県の市場や、生産者組織から直に仕入れることもある。販売先はC社をメインに、複数販路を持っている。青果会社でパッケージ、店舗ごとのピッキングを行い、C社の各店舗へ、繁忙期を除いて毎日1～2便配送している。運送は運送会社に委託している。

　②PB商品については、野菜、肉、乳製品、酒、ジュース、ジャムなどを扱っており、長野県産の原材料や加工業者にこだわった商品を展開している。青果は鮮度を重視しており、契約した生産者や生産者団体に対して集荷をしている。品目は、レタス、キュウリ、キャベツ、ミズナ、タマネギ、バレイショ、リンゴ、ナシ、ブドウ、モモなど多岐にわたる。

　③インショップの産直コーナーは、各店で出荷者を募集している。インショップを置いていない店もあるが、青果部門の5～30％を占めている。出荷契約している農家は、大きなところでは100人以上の店もあり、複数店に出荷している農家もいる。出荷品目、量、値段は農家に委ねられている。

　C社に占める青果部門の売上は約13％である。傾向としては低下傾向にあ

り、担当者の話では果物の需要が鈍くなっている。利益率も下がっており、店の入口に配置されるため、集客効果を狙って安売りされやすいからである。一方、手軽に食べられるカット野菜サラダやカット果物の売上は急増している。客層が広く、回転率も早いため、スーパーとしては売りやすい商品である。しかし、賞味期限が短く一定のロスは発生することから、利益は高くない。また、消費者の近年ニーズは、安心・安全・健康が強く意識されるようになり、ドライフルーツなどの加工品も国産に切り替えるようにしている。

　青果の売れ筋は、以前はキュウリ、キャベツ、トマトの３種であったが、現在はトマトが一番の売れ筋となっている。売り場の変化としては、ベビーリーフやスプラウト、カット野菜、ハーブ類など、新しい商品は増えた。ハクサイ、ダイコンなど生産量が減少している品目についてもスーパーではさほど変わらない売上がある。インターネットの活用などで料理の幅が広がり、例えばハクサイは冬の鍋でしか食べられなかったが、調理が多様化したことで夏にも食べられるようになった。

　Ｃ社は1960年代より事業を開始し、消費者ニーズに対応してきた。初期は物が揃っていることが重要であったが、価格競争になり、現在は安心・安全・健康や地場産など品質や個性が求められる時代になった。しかし、ＪＡの青果は個性がないものが多いと担当者は感じている。無農薬や有機などの栽培方法、栽培時期などで特徴を出すことが求められている。以前はＪＡと協力して、県内産の端境期となる冬至のカボチャを産地開発したが、現在は連携が弱くなっている。消費者のニーズが細分化し、それがスーパーの仕入れ行動に反映されるため、産地もマーケットに基づく生産が必要になっている。

４．加工・業務用青果物の動向

（１）加工・業務用青果物の現状

　2011年における国内消費向け食用農林水産物は、日本国内で9.2兆円が生産されており、そのうち最終消費段階として生鮮品などが2.9兆円（32％）、

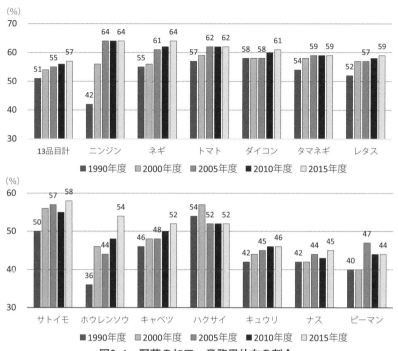

図2-4　野菜の加工・業務用仕向の割合

資料：農林水産政策研究所推計より作成

食品製造業向けが5.5兆円（60％）、外食産業向けが8500億円（9％）となっている[12]。つまり、食品全体の金額ベースでは最終消費のうち7割近くが加工・業務用として扱われている。

　この要因としては、世帯員数の減少や共働き世帯の増加、単身者世帯の増加といった家族の変化や、食の簡便化などの食料消費の変化があげられる。青果物を生の状態で買ってきて調理をするのは手間がかかり、家族人数が少なく食べきれないことから、徐々にこうした傾向が強まっている。

　野菜の加工・業務用割合をみると年々上昇しており、2015年の主要13品目の合計は57％となっている（**図2-4**）。とくに多い品目は、ニンジンとネギ

12）総務省等10府省庁「平成23年産業関連表」を元に農林水産省が推計したものを参照。

表2-6　野菜の加工・業務用における輸入割合

	13品目計	トマト	ニンジン	タマネギ	ピーマン	サトイモ	ネギ
1990年度	12%	66%	2%	18%	0%	10%	2%
2000年度	26%	77%	34%	36%	20%	46%	21%
2005年度	32%	78%	54%	49%	33%	50%	28%
2010年度	30%	78%	51%	53%	34%	39%	25%
2015年度	29%	82%	48%	41%	41%	34%	25%

	ホウレンソウ	キュウリ	ダイコン	キャベツ	ナス	レタス	ハクサイ
1990年度	3%	17%	2%	0%	2%	0%	0%
2000年度	30%	17%	9%	4%	10%	2%	4%
2005年度	14%	16%	9%	6%	8%	2%	5%
2010年度	21%	13%	6%	4%	4%	2%	2%
2015年度	25%	12%	6%	4%	3%	3%	2%

資料：農林水産政策研究所の推計より作成

が64%、トマト62%、ダイコン61%である。最も割合が低いのはピーマンの44%だが、品目間で極端に差があるわけではなく、野菜全体的に加工・業務用ニーズがある。

　一般消費者に身近なカット野菜については、原料の市場規模が600億円、最終的なカット野菜販売の市場規模は1900億円と推計されている[13]。また、一般消費者向けのカットサラダを製造している大手企業であるサラダクラブは、1999年に設立され、わずか20年で257億円の売上となっており、急速に市場が拡大していることがわかる。

　ただし、原料野菜については国内産地の対応の遅れや価格の面から、輸入が多いという課題がある。1990年には13品目計で12%だったが、2005年には32%へと急上昇した（**表2-6**）。その後、輸入食品の安全性が疑問視される事件が起こり、輸入割合の上昇は止まったが、約3割を輸入で賄っている。国産率が約98%の家計消費向け生鮮野菜に比べると、依然として高い割合である。

　品目別にみると、トマトとピーマンは輸入の割合を増やし続けている。ト

---

13)　農畜産業振興機構（2013）「カット野菜製造の実態と市場動向」による。

マトは缶詰やピューレなどの輸入が堅調なのと、ピーマンはサラダ用に国内生産の少ないパプリカの輸入が増えていると推察される。

しかし近年の傾向として、安全・安心や健康への意識が高まったことにより、国産野菜への転換も起こっており、国産を扱うことが外食・中食業者の差別化やプレミアムとなっている。

（2）加工・業務用野菜の特徴

加工・業務用として使用されるには、生産者は加工・業務用に適した品種や栽培方法、取引方法へ切り替えることが求められる。具体的には、**表2-7**に生食用と加工・業務用野菜の特徴と実需者のニーズを示した。

例えば規格は大型規格が好まれ、その理由は、加工歩留まり率が高くなり、加工作業の効率も高まるからである。また、包装費用や廃棄物の削減のために、コンテナ出荷をされることや、安定調達のため契約的取引をすることが

表2-7　生食用と加工・業務用野菜の特徴と実需者のニーズ

		生食用野菜	業務・加工用野菜
商品形態	形質	外見、見栄え重視	熟度、色、香りなど内実重視
	規格	規格・等級数多く、中小規格選好	規格・等階級少なく、大型規格選好
	荷姿	小分け包装	無包装またはコンテナ
取引方法	仕入れ方法	卸売市場経由が多い	産地、農家との契約取引が多い
	精算方法	毎日生産、短期決済	1ヶ月精算、中期決済
	価格形成	日々価格変動	長期間一定価格
	品揃え	多品目少量仕入れ	少品目大量仕入れ
栽培方法	栽培志向	規格統一し、外見を重視	目方を重視
	栽植密度	畝幅狭く密植	畝幅広く粗植
	作業内容	労働集約的	労働粗放的

スーパー、消費者ニーズ	食品業者ニーズ
新鮮、おいしい、安い、見た目の良さ、種類の豊富さ、小分け、季節感、ヘルシー、簡便、国産・地元産	歩留まり重視、包装費用・廃棄物の削減、加工機械に適した形、品目絞り設備投資抑制、大量生産による設備稼働率向上、輸入を含めた安定調達、商品の通年安定供給

資料：長谷川美典（2007）「カット野菜実務ハンドブック」サイエンスフォーラム、「食品商業」編集部（2018）「青果の仕事ハンドブック」商業界、木立正直（2018）「野菜の小売マーケティングと調達行動の現段階」『農業と経済』84巻10号より作成

表 2-8　品目別による加工・業務用野菜の特徴

ネギ	
薬味・トッピング用	・白髪ねぎ用の場合、軟白部が太いもの（L 太、2 L 以上）が中心 ・そば、うどん等の薬味用の場合、軟白部が細いもの（M ないし S）が中心
加熱調理用	・鍋用は、軟白部が太いもの（L 太、2 L 以上）が中心 （柔らかく加熱すると甘みが増すもの） ・焼き鳥のねぎま用は、軟白部が細いもの（L 細ないし M）が中心 （実需者の好みで多様） ・餃子、シュウマイ用等は、軟白部が細いもの（M ないし S）が中心
家計消費用	・形状・色沢等が良好なもの

ホウレンソウ	
冷凍野菜原料用	・葉が大きくは肉が厚い（40cm 程度の大型規格） ・洗浄・加熱工程に耐えられる品質 ・濃緑色 ・コンテナによるバラ出荷
家計消費用	・形状や葉色等の外観の良さ（20〜30cm 程度） ・150〜250g 程度の結束、袋詰

ハクサイ	
浅漬け、キムチ キット食材 業務用	・黄芯系の品種が基本だが、キムチ用は白芯系も可 ・浅漬用では白・黄・緑のコントラストが大切
家計消費用	・形状等の外観の良さ

資料：野菜流通カット協議会「加工・業務用野菜の生産・流通の手引」より作成

大きな特徴となっている。そうした特徴を踏まえると、加工・業務用生産には①契約取引による経営安定効果、②無選別出荷などによる作業軽減効果、③コンテナ出荷などによる費用軽減効果などが期待できる。

また、表2-8にネギ、ホウレンソウ、ハクサイの用途別の特徴を示した。ネギについては、薬味用は軟白部が細いもの、鍋用は逆に太いものを好まれるなど、用途によって求められる品質が異なるため、注意が必要である。

（3）食品加工業者による原料野菜調達の実態

ここで食品加工業者による原料調達の実態をみるため、倉敷青果荷受組合（以下クラカと略）の紹介をする[14]。クラカは岡山県倉敷市の地方卸売市場で青果会社を営む一方で、加工・業務用としての野菜の消費量が年々増加し

ている情勢を受け、1998年よりカット野菜事業を開始した。当初はパート7名で対応していたが、現在では約220人のスタッフ、2019年度の売上は42.5億円となっている。

　扱っている商品はスーパーなどで販売されるサラダや野菜炒めセットなどのキット商品、カット野菜である。販売先はコンビニや地元スーパー、外食チェーン店、デパートの惣菜部など多岐にわたっている。

　原材料調達について、クラカは地方卸売市場であるにも関わらず、仕入れる野菜の約7割が契約栽培によって、生産者や産地と直接取引をしている。契約相手を選ぶ上で重視することは、第1に、取引に関して信頼できること。第2に、生産履歴をつけており、生物・科学・物理的な安全を保証できること。第3に、値段と規格・品質に理解があること。これは、市場価格が高騰したとしても、契約通り安定的に出荷してくれる、また、生食用の余剰分や裾もの対策という感覚で出荷するのではなく、カット用に適した規格・品質を出荷することが条件である。契約相手はJAや生産組合、農業法人などであり、上記の3つの条件を満たしていれば、生産規模の大小は問わない。契約価格の決定方法は、製品価格から原材料費を逆算するマークアップ方式と、生産者が再生産可能な価格との折り合いをつけながら決めている。

（4）経営安定効果の検討

　加工・業務用野菜の特徴①であげた経営安定効果について、全国で産地化が進んでいるキャベツの1kgあたりの価格で検討する。

　図2-5から2017年の年間の価格変動をみると、最も高かったのは12月の149円、最も安かったのは7月の58円であった。1年の中で単価は大きく変動することがわかるが、季節により生産量、需要量が異なり、産地も移動する農業生産の特徴ともいえる。

　しかし年別に比較すると、同じ月でも価格が大きく異なっており、2016年

14）調査を実施したのは2012年であり、現在の状況とは異なる可能性がある。スタッフ数や売上についてはクラカHPを参考にした。

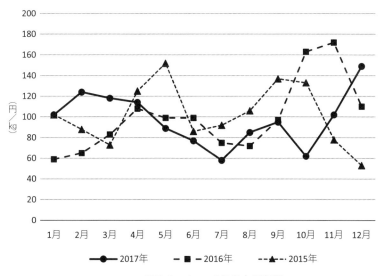

図2-5　キャベツの市場価格

資料：農林水産省「卸売市場調査」より作成

　の10月は163円と高単価だったが、2017年10月では62円と６割以上も値段が下がっている。

　また、両年の流通量は、高単価だった2016年10月は８万5,000t、低単価だった2017年10月は８万9,000tと価格差に比べると僅かな差しかなかった。さらに16年の７～９月の生産量は平年並みで、品薄からの反動で値段が上昇したとは考えにくい。

　つまりキャベツにおいては、作況だけで単価が決まるわけではなく、例え農家が毎年同じ量を生産していても、販売額が大きく変わる可能性がある。

　2007年から17年までの月別単価の平均値、最高・最低価格と、それぞれの価格時の扱い量を**表2-9**に示した。いずれの月も、平均値と最高・最低価格に大きな差があることが分かる。最低価格が平均価格の半値程度の月も少なくなく、経営上のリスクといえる。とくに、雇用を抱えるような大規模農家・法人では安定した収入が欠かせないため、販売価格が安定した契約取引の希望が増えている。

表 2-9　キャベツの市場単価と扱い量

	1 月	2 月	3 月	4 月	5 月	6 月	7 月	8 月	9 月	10 月	11 月	12 月
最高価格（円／kg）	131	138	118	154	152	99	99	112	137	163	172	149
扱い数量（1,000 t ）	72	80	84	90	91	79	87	93	90	85	71	68
平均価格（円／kg）	95	99	91	108	91	74	77	83	95	90	89	89
平均数量（1,000 t ）	73	78	93	96	100	84	86	88	89	92	76	77
最低価格（円／kg）	49	51	70	81	52	56	55	59	56	46	43	52
扱い数量（1,000 t ）	76	78	93	103	103	85	83	88	85	90	77	80

資料：農林水産省「卸売市場調査」より作成

5．産地の影響と対応

　特定産地、大規模農家に生産が集中することは、大量取引しやすい形になる。また実需者のニーズも細分化してきているので、小規模産地だから加工・業務用に対応できないわけでもなく、より実需者の産地の結びつきは強まる傾向にある。

　市場流通については、卸売業者の自己買付や、仲卸業者の直荷引きの規制が緩和されたため、卸売市場と産地の結びつきも強くなる可能性があり、スーパーも特徴のある商品を求めている。一方、加工・業務用の需要は拡大しており、表2-8に示したように、同じ品目でも加工用途によって求められる規格や品質が細かく異なっている。また、市場価格は年によって大きく異なるため、スーパーや食品製造業者などとの契約的取引は農業経営の安定化への意義は大きいことが確認できた。そして、特定の相手に対して販売するためには、ニーズに応えるマーケットイン型の生産・販売をしなければならない。

　こうした取り組みは、農家個人では企業との接点が少なく、ニーズの把握が容易でないと予測されるため、JAがそれらの課題を補い、栽培講習会などで技術を普及させることが求められる。また、産地よりもスーパーや食品業者のバイイングパワーの方が強い場合が多いが、出荷量の確保や、各農家の収穫時期を調整し出荷時期の長期化、産地として築いてきた市場評価を反

映させるなど、組織として取り組みを展開することで取引力の向上につなが
る。

　ただし、産地全体で取り組むことは、農家の異質化や取引量によって対応
できない場合も想定される。また、販売先を限定しすぎると出荷量調整が困
難となったり、取引中止となった場合のリスクが大きすぎることから、市場
出荷とのバランスも重要となってくる。そのため、生産部会の中から有志を
募り、小グループを作って取り組むことが有効であると考えられる。また、
農家は不特定多数の販売先よりも、顔の見える取引を望む傾向にあるため、
生産部会への結集力を高めることが期待される。

参考文献

荒木一視（2000）「わが国の青果物流通体系からみた地方中堅スーパー A社の青果
　　物調達戦略」『地理科学』55巻1号：27-46.

木立真直（2019）「農産物・食品の流通機構」日本市場学会編著『農産物・食品の
　　市場と流通』筑波書房：36-47.

香月敏孝（2005）『野菜作農業の展開過程』農山漁村文化協会.

小林茂典（2018）「加工・業務用需要の動向―惣菜原料野菜等の特徴―」『農業と
　　経済』84巻10号、昭和堂.

坂知樹（2014）『フードシステムの革新と業務・加工用野菜』大学教育出版.

坂爪浩史（2017）「九州地域におけるチェーンスーパーの再編と青果物調達システ
　　ム」『食農資源経済論集』681巻：85-94.

坂爪浩史（1995）「スーパー資本の展開と生鮮食品超厚システム」三国英実編『今
　　日の食品流通』大月書店、119-144.

食品産業（2018）『スーパーマーケットが分かる本』商業界.

全国スーパーマーケット協会（2019）『スーパーマーケット白書』.

徳田博美（2018）「野菜産業の現在」『農業と経済』84巻10号：4-15.

時小山ひろみ、荏開津典生、中嶋康博（2019）『フードシステムの経済学』医歯薬
　　出版株式会社.

根城泰、平木恭一（2015）『小売業界の動向とからくりがよく分かる本』秀和シス
　　テム.

矢尾板俊平（2020）「財務データでみる「現在」と「戦略」～「高付加価値化戦略」、
　　「企業関連系戦略」、「地域共創戦略」が鍵～」全国スーパーマーケット協会
　　『スーパーマーケット白書』：44-57.

第3章

生産構造の変化と産地体制への影響

岸上　光克

1．はじめに

　マーケットイン型産地づくりを進めるにあたっては、JAが産地の生産構造や組合員の出荷・販売に対する考え方を把握するとともに、生産者や実需者の要望を意識しつつ、産地側の主体的な取り組みを進めることが重要である。JAは産地の生産構造に応じて、農産物の差別化や生産部会の組織再編などに取り組み、管内の実情に応じた営農販売事業を展開することが求められる。

　そこで、本章では、青果物における産地の展開を整理し、既存統計などから産地構造の変化や組合員の出荷行動など近年の概況を客観的に把握する。それらに加え、既存統計からは把握できない産地における農業経営の分化・異質化についても、文献などをもとに整理し、共販体制への影響について検討する。

2．産地の基本動向

（1）産地の展開過程

　青果物における産地の展開は、食料消費の拡大と多様化をもたらした高度経済成長期以降であるが、その後は輸入増加のもと、多様な様相を呈している。以下では、戦後の産地の展開過程を5つの画期に分け、簡単に整理す

る[1]。

　第1期は、戦後から1950年代である。農地改革を経て、食糧増産政策が展開された時期である。1950年代半ば、野菜生産は戦前水準を回復させ、周年供給に向けた品種改良・栽培技術の改善、ハウス栽培の振興もみられるようになった。また、1950年頃には果樹生産は戦前水準に回復し、量的拡大とともに質的生産への転換を図るようになった。経済成長と食料消費の拡大・多様化を背景にして、穀作主体の日本農業において、園芸作物の生産が拡大をみせる時期である。

　第2期は、農業基本法制定から1970年代半ば頃である。野菜や果樹などが選択的拡大部門に位置づけられ、経済成長に伴う消費の拡大を背景に国内生産も増加し、野菜産地、果樹産地が全国各地に形成されるようになる。生産（営農）団地の大型化とともに、施設化・機械化の進展、流通の大型化・広域化、産地の遠隔化が進行する。また、1960年代にはリンゴ、1970年代にはミカンの価格暴落など果実の過剰問題が顕在化する。

　第3期は、1970年代半ば～1980年代前半頃である。野菜や果実の過剰問題が一層表面化するなど需給構造の変化が明確になる時期であり、産地間競争の激化のもとで野菜生産、果樹生産はともに停滞・低速しながら後退局面を迎える。野菜生産は、都市化に伴う農地のかい廃・縮小や流通の大型化が進むなかで小規模産地や近郊産地の後退が顕著となり、産地の遠隔化が進行する。また、果実（生果・果汁）の需給構造は一段と輸入依存体制を恒常化させ、品目・品種の転換、新品種の導入、新たな流通・市場対応の必要性など農業生産構造の再編成を余儀なくされる。

　第4期は、1980年代後半から2000年前後頃である。1985年のプラザ合意以降の急速な円高の進行のもと、農産物需給をめぐる国際化（総自由化体制）がほぼ全面的に進行し、野菜・果実輸入も急増する。輸入農産物と国内農産

1）宮井浩志・辻和良（2018）「園芸産地を取り巻く環境変化と産地の課題」藤田武弘・内藤重之・細野賢治・岸上光克編著『現代の食料・農業・農村を考える』ミネルヴァ書房、より引用。

物との競合が一層激化し、国内産地はさらなるコスト軽減と有利販売のために生き残りをかけた流通対応（市場集約化、直販等流通チャネルの多元化など）に迫られる。また、JA合併に伴う産地の大型化、大都市卸売市場への集中化、食品産業の肥大化、量販店の進出に伴う小売構造の急激な変化等による青果物流通の変化、食の多様化・個性化・外部化など消費構造も著しく変化するなかにあって、青果物の産地において、全般的に生産減少が顕著となる。

　第5期は、2000年以降である。近年では、消費者の安全・安心志向やこだわり商材へのニーズが高まっており、実需者への直接販売や直接取引、消費者への直売（直売所）など「顔のみえる」流通が広がりをみせ、多品目複合型の作付体系や都市近郊産地や都市農業が見直されつつある。一方で、大規模・遠隔産地においては、第2章にあるように、流通構造の変化により、産地の生産・販売対応は多様化・複雑化している。このことから、JAでは管内の状況に応じた対応（産地再編や出荷販売）が求められている。

（2）青果物の需給動向

1）野菜の需給動向

　まずは、野菜の需給動向を確認する。『食料需給表』から、野菜の1人1年当たり供給数量をみると、1990年の108kgから減少が続き、2015年には91kgとなっており、この25年間で約16％減少している。この背景には、野菜の摂食および調理方法の変化、主として従来主流だった根菜類など重量野菜主体の煮物や漬物から葉茎菜類など軽量野菜主体のサラダへの消費のシフトがあり、単純に野菜消費が後退しているわけではないと推測される。また、近年における野菜需要の特徴として、家計消費用が減少し、加工・業務用が増加しており、野菜の国内消費仕向量に占める加工・業務用の割合は1975年には36％であったものが、2015年には57％に達している[2]。

2）農林水産省（2019）「加工・業務用野菜をめぐる状況」（令和元年12月）、14頁。

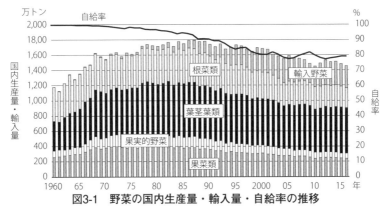

図3-1　野菜の国内生産量・輸入量・自給率の推移

資料：農林水産省『食料需給表』各年次より筆者作成

　図3-1をみると、野菜の国内生産量は1970年代まで順調に増加したが、その後は横ばいとなり、1980年代後半以降は減少傾向で推移している。なかでも根菜類や果実的野菜、果菜類の減少が顕著である。これに対して、1970年代以降、輸入が増加し、特に1985年以降にはプラザ合意に基づく円高を背景として輸入量が急増している。その結果、野菜の自給率は他の農産物と比較して高いものの、最近では80％程度に低下している。用途別にみると、家計消費用に占める国産野菜の割合が98％であるのに対して、加工・業務用の国産シェアは71％に低下しており、仕向先ごとに野菜の供給構造が変化している[3]。

２）果実の需給動向

　次に、果実の需給動向を確認する。『食料需給表』から、果実の国民１人１年当たり供給純食料をみると、1960年には22kgであったものが、高度経済成長期に急増し、1972年以降は40kg前後で比較的安定していた。しかし、2009年以降は30kg台が続き、2015年には36kgとなっている。また、『果樹統計』をみると、果実消費の減少は著しく、1975年のピーク時には１世帯当た

3）農林水産省、前掲２）。

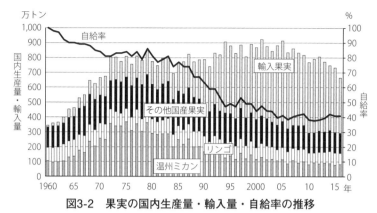

図3-2　果実の国内生産量・輸入量・自給率の推移

資料：図3-1に同じ

り果実購入数量は200kgであったものが、2015年には78kgにまで減少している。他方で、購入数量がピークだった1975年に38,916円であった購入金額は、バブル期の1991年には53,646円に達してピークを迎えたが、その後減少に転じ、2015年現在では36,141円となっている。

　図3-2をみると、果実の自給率は1985年には75％であったが、生鮮オレンジの輸入が自由化された1991年には59％となり、2016年では41％となっている。従来の大衆果実の大量消費から、ジュースなどの加工品を含む安価な輸入果実の増加と国産果実の高級品化という需要の両極化を通じて、果実消費は少量多品目消費へと変化している。このような状況のもと、果実の国内生産量は高度経済成長期には急増したが、その後横ばい傾向となり、1980年代前半以降は減少傾向で推移している。

3．青果物の生産概況

（1）青果物生産の位置づけ

　青果物の生産状況について確認する。表3-1は、農業総産出額と作付延べ面積（構成比）の動向を示したものである。2015年の農業総産出額は 8 兆7,979億円であり、部門別では野菜と果実は、それぞれ 2 兆3,916億円（構成

表3-1　農業総産出額と作付延べ面積（構成比）の動向

単位：%

年次	農業総産出額			作付延べ面積		
	野菜	果実	青果物	野菜	果実	青果物
1980	18.5	6.7	25.2	13.3	7.2	20.5
1990	22.5	9.1	31.6	13.8	6.5	20.3
2000	23.2	8.9	32.1	13.6	6.4	20.0
2010	27.7	9.2	36.9	13.0	5.9	18.9
2015	27.2	8.9	36.1	12.8	5.6	18.4

資料：農林水産省『生産農業所得統計』、『耕地及び作付面積統計』各年次より筆者作成

比：27％）と7,838億円（同：9％）となっている。青果物の構成比の動向は、1980年の25％から2015年には36％となっており、近年は横ばいにあるとはいえ、農業において重要な品目となっている。また、作付延べ面積は413万haであり、部門別では野菜と果実は、それぞれ53万ha（同：13％）と23万ha（同：6％）となっている。青果物の構成比の動向は、1980年の21％、から2015年には18％となっており、微減傾向にある。

（2）生産構造の特徴

1）担い手の高齢化

前述のような国内生産の縮小傾向のもと、生産者レベルでは、「担い手の高齢化」や「大規模経営への生産集中」とともに、産地レベルでは「生産の集中化（大規模産地へのシェア拡大傾向)」が顕著となっている。

『農林業センサス』、『農業経営統計調査経営形態別経営統計（個別経営)』から農林水産省が推計した品目別主副業別シェア（金額ベース）の数値をみると、2016年のコメにおける主業農家割合が40％（2000年：36％）である一方で、野菜の同割合は73％（2000年：85％）、果樹の同割合は60％（同：71％）となっており、担い手は家族経営でみると、基本的には主業農家が中心となっている。このことを踏まえたうえで、**表3-2**は、単一経営販売農家における年齢別農業就業人口構成割合の推移をみたものである。2015年における60歳以上の割合をみると、露地野菜単一経営販売農家で71％（70歳以

表3-2　野菜作・果樹作単一経営販売農家における年齢別農業就業人口割合の推移

単位：人、%

		合計 （就業人口）	15〜 19歳	20〜 29歳	30〜 39歳	40〜 49歳	50〜 59歳	60〜 69歳	70〜 74歳	75歳 以上	60歳 以上	70歳 以上
露地野菜	2000	191,721	2.0	2.9	6.3	12.0	15.7	30.5	16.3	14.2	61.0	30.4
	2005	226,559	1.5	4.9	7.8	14.5	19.0	22.4	13.6	16.4	52.4	30.0
	2010	164,564	1.0	2.4	4.5	7.7	16.4	25.6	15.7	26.7	68.0	42.4
	2015	151,884	0.7	2.3	5.1	7.5	13.5	28.3	14.3	28.1	70.8	42.5
施設野菜	2000	138,236	2.2	4.0	8.7	17.0	19.9	26.4	11.6	10.0	48.1	21.7
	2005	156,084	1.6	6.3	9.6	16.1	21.5	21.2	10.9	12.8	44.8	23.6
	2010	115,386	1.1	3.5	7.2	11.7	22.0	24.8	11.8	17.9	54.5	29.7
	2015	99,457	0.9	3.2	7.6	11.0	18.9	28.8	11.1	18.5	58.4	29.6
果樹類	2000	324,724	3.1	2.6	5.7	11.3	15.9	28.5	16.4	16.5	61.4	32.9
	2005	388,857	1.9	5.7	7.6	14.3	20.5	20.9	12.2	17.0	50.1	29.2
	2010	240,424	1.2	1.9	3.6	7.1	15.9	26.3	15.1	28.9	70.3	44.0
	2015	213,140	0.9	1.7	3.7	6.1	13.0	29.5	14.8	30.3	74.5	45.1

資料：『農林業センサス』各年次より筆者作成

上：43％）、施設野菜単一経営販売農家で58％（同：30％）、果樹単一経営販売農家で75％（同：45％）となっている。このように、施設野菜単一経営販売農家においては比較的高齢化は緩やかに進展しているが、露地野菜と果樹類単一経営販売農家においては高齢化の急速な進展がみられる。

2）大規模経営への生産集中

　表3-3は、露地野菜と施設野菜について、販売目的の作付面積規模別販売農家数と作付面積割合の推移をみたものである。露地野菜をみると、すべての作付面積規模別農家数は減少傾向にあるが、作付面積2.0ha以上の農家数は10％程度の減少にとどまっている。そして、露地野菜をみると、2015年には作付面積2.0ha以上の販売農家は8％となっているが、作付面積では56％を占めている。このような状況のもと、作付面積2.0ha未満の販売農家の作付面積の減少分を、作付面積2.0ha以上が集積している傾向が推測される。しかし、販売農家数の大幅な減少により、全体としての作付面積は減少傾向にある。このような状況は、施設野菜にも同様の傾向が伺える。

　このように、野菜産地においては露地野菜・施設野菜ともに、大規模な農

表 3-3　販売目的の野菜作付面積規模別販売農家数と作付面積割合の推移

単位：%

		露地野菜					施設野菜				
		2000	2005	2010	2015	指数	2000	2005	2010	2015	指数
販売農家数	0.3ha 未満	58.8	64.4	58.0	59.1	71.9	72.2	71.0	71.8	70.3	72.6
	0.3〜0.5ha	14.1	12.0	14.5	13.2	66.6	14.6	15.5	16.0	15.2	72.1
	0.5〜1.0ha	13.2	11.1	13.0	12.4	67.3		9.4	8.8	9.8	76.1
	1.0〜2.0ha	7.9	6.8	7.7	7.7	69.9		3.3	2.5	3.5	77.1
	2.0〜3.0ha				2.8		13.2			0.7	
	3.0〜5.0ha	6.0	5.8	6.7	2.4	91.1		0.8	0.8	0.6	108.3
	5.0ha 以上				2.4						
	合計	100.0	100.0	100.0	100.0	—	100.0	100.0	100.0	100.0	—
作付面積	0.3ha 未満	12.5	13.6	10.4	9.2	64.2	39.1	29.1	31.0	26.0	70.3
	0.3〜0.5ha	9.3	8.2	8.1	6.9	64.8	22.4	21.5	22.8	19.7	72.0
	0.5〜1.0ha	16.0	13.9	13.3	12.4	67.3		23.6	22.8	23.0	76.7
	1.0〜2.0ha	19.3	17.1	16.0	15.6	70.5		16.5	13.1	16.0	76.2
	2.0〜3.0ha				10.2		38.5			5.7	
	3.0〜5.0ha	42.9	47.3	52.2	13.9	113.8		9.4	10.3	9.7	127.8
	5.0ha 以上				31.8						
	合計	100.0	100.0	100.0	100.0	—	100.0	100.0	100.0	100.0	—

資料：『農林業センサス』各年次より筆者作成

注：「指数」は 2000 年を 100 とした 2015 年の数値である。

家への生産の集中傾向がみられる。近年、野菜は企業の農業参入や新規参入の最も多い部門となっており、一般法人の41％、新規参入の60％程度が野菜部門への参入となっていることが、少なからず影響していると考えられる[4]。一方で、果樹産地においては、「果樹以外の部門では大規模経営の形成が徐々に進んでいる。その中にあって、果樹作のみが大規模経営の形成から取り残されたような状況となっている」との指摘があり、大規模経営への集中は比較的少ない[5]。

　表出はしないが、高齢化とともに大規模経営の進展がみられるなかで、雇用者の増加がみられる。『農林業センサス』の農業経営体における農業経営

4）　全国農業会議所（2017）『平成28年度新規就農者の就農実態に関する報告書』。
5）　徳田博美（2016）「果樹作産地の動向」八木宏典代表編集『産地再編が示唆するもの』農林統計協会、99-115頁。

組織別の雇用者数（常雇い）について、2000年から2015年の推移をみると、単一経営における露地野菜では4,464人から１万6,416人（2005年を100とした2015年の指数は368）、施設野菜では１万6,967人から３万3,272人（同：196）、果樹作では4,598人から１万628人（同：231）へと、それぞれ増加している。

（3）生産の集中化

　『生産農業所得統計』から、野菜産出額の地域別シェアの推移を確認すると、高度経済成長期以前から生産が盛んであった関東・東山が30％程度と最大のシェアを占めている一方で、北海道と九州という大規模・遠隔産地がシェアを高めている[6]。野菜の生産が減少傾向にあるなかで、関東の都市近郊産地の維持とともに、北海道や九州といった大規模・遠隔産地への集中化がみられる。また、『生産農業所得統計』から主要野菜（指定野菜）14品目について、主要県の出荷量シェアの推移（1990年から2010年）をみると、バレイショとタマネギでは上位３県が80％以上のシェアを占めるとともに、14品目のうち６品目でそれぞれ上位３県が50％以上のシェアを占めている。加えて、これまで野菜指定産地制度よる産地育成が図られてきたが、**表3-4**から指定産地のシェアをみると、野菜生産の縮小がみられるなかで、大半の主要野菜（指定野菜）でそのシェアを高めている。

　野菜産出額における都道府県シェアの推移（1990年から2010年）をみると、上位５県では31％（7,508億円）から34％（7,678億円）、上位10県でも50％（１兆2,142億円）から53％（１兆1,963億円）へと、それぞれシェアを微増させている。同様の傾向は、果樹産地においてもみられ、「主産県への生産の集中化は緩やかな変化」や「生産上位県のシェアの上昇はほぼ共通してみられる変化」であるとの指摘がなされている[7]。そして、都道府県別農業産出額の構成割合（2017年度）の上位５道県をみると、野菜産地は、北海道（構

6）徳田博美（2018）「野菜産業の現在―近年の野菜をめぐる状況の変化」『農業と経済』No.81（2018年11月臨時増刊号）4-15頁。
7）徳田、前掲5）。

69

表3-4　指定産地におけるシェアの推移

単位：％

	作付面積		出荷量	
	1990	2010	1990	2010
タマネギ	72.4	80.0	87.6	92.0
レタス	68.3	76.1	52.4	82.2
バレイショ	—	65.9	—	80.0
ニンジン	52.3	66.3	67.0	73.9
キャベツ	45.0	52.9	59.0	64.4
トマト	33.2	51.6	46.2	65.1
キュウリ	39.1	47.0	58.0	68.4
ピーマン	33.0	39.1	63.8	68.8
ハクサイ	33.0	36.0	59.2	57.9
ホウレンソウ	23.4	31.4	21.7	26.5
ダイコン	21.0	29.4	30.7	42.0
ネギ	16.5	23.9	22.4	27.7
ナス	14.8	21.3	42.8	53.0
サトイモ	17.6	13.6	26.4	21.3

資料：宮入隆「野菜作産地の動向」『産地再編が示唆するもの』農林統計協会、21頁より転載

成比：9％）、茨城県（同：9％）、千葉県（同：8％）、熊本県（同：5％）、愛知県（同：5％）となっており、果樹産地は、和歌山県（同：10％）、青森県（同：9％）、山形県（同：8％）、長野県（同：7％）、山梨県（同：7％）となっており、近年に大きな変化はみられない。

4．主産地における生産構造の変化

（1）主要産地の動向

1）担い手の高齢化

　以下では、『農林業センサス』より、野菜と果樹の農業産出額上位5道県（2017年度）を取り上げ、産地構造の動向を把握する。

　まずは、販売農家における年齢別基幹農業従事者の推移（1990年〜2015年）をみると、基幹的農業従事者における「65歳以上」の割合は、全国で26.8％から64.6％（37.8ポイント増）と大幅に増加している。野菜産地では、北海道が13.7％から35.1％（21.4ポイント増）、茨城県が22.6％から63.8％

（41.2ポイント増）、千葉県が22.4％から61.7％（39.3ポイント増）、熊本県が15.0％から56.3％（41.3ポイント増）、愛知県が30.1％から63.5％（33.4ポイント増）となっており、特に茨城県、千葉県、熊本県における担い手の高齢化の増加が顕著となっている。果樹産地では、和歌山県が26.2％から58.6％（32.4ポイント増）、青森県が14.9％から54.7％（39.8ポイント増）、山形県が17.6％から60.1％（42.5ポイント増）、長野県が37.1％から71.7％（34.6ポイント増）、山梨県が36.5％から70.5％（34.0ポイント増）となっており、青森県と山形県の増加が大きく、長野県と山梨県では70％を超え、担い手の高齢化がより顕著となっている。

２）大規模経営への生産集中

　表3-5は、経営耕地規模別販売農家数（3.0ha以上を抜粋）の推移をみたものである。野菜産地をみると、北海道では「5.0ha以上」が大幅に増加しており、他の４県でも規模拡大が進んでいることが伺える。果樹産地をみると、青森県と山形県では3.0ha以上の割合が増加傾向にあるが、和歌山県、長野県、山梨県では横ばいとなっている。

　組織形態別農業経営体数の推移（2005年～2015年）を構成比でみると、「法人化している」では全国が1.3％から2.3％となっており、野菜産地の北海道が1.3％から2.3％、茨城県が0.7％から1.2％、千葉県が0.9％から1.7％、熊本県が1.3％から2.2％、愛知県が1.3％から1.8％へ、それぞれ微増傾向を示している。また、果樹産地をみても、和歌山県を除いて、青森県が1.0％から1.8％、山形県が1.0％から1.8％、長野県が1.5％から2.7％、山梨県が1.3％から1.9％と微増傾向となっている。このように、法人化も微増しており、経営の大規模化に少なからず影響を与えている。

（２）野菜産地の状況

　表3-6は、野菜産地における単一経営の農産物販売金額規模別農業経営体数割合の推移をみたものである。2005年は単一経営販売農家であり、単純に

表 3-5　経営耕地規模別販売農家数（3.0ha 以上を抜粋）の推移

単位：戸、％

野菜産地

			北海道			茨城県			千葉県			熊本県			愛知県		
			計	3.0～5.0	5.0ha以上	計	3.0～5.0	5.0ha以上	計	3.0～5.0	5.0ha以上	計	3.0～5.0	5.0ha以上	計	3.0～5.0	5.0ha以上
実数		1990	86,704	—	—	128,008	4,356	798	99,631	2,773	345	78,992	4,470	911	82,617	695	331
		1995	73,588	9,444	12,960	116,053	4,891	1,335	88,396	3,280	619	70,480	4,359	1,229	72,740	826	444
		2000	62,611	8,463	13,375	103,239	4,937	1,771	76,042	3,462	939	63,050	4,290	1,453	65,065	920	521
		2005	51,990	4,888	37,300	84,845	4,579	2,279	63,674	3,734	1,398	54,298	4,154	1,729	51,638	888	598
		2010	44,050	3,409	32,672	70,884	4,622	2,893	54,462	4,022	1,852	46,480	3,635	1,838	43,599	975	731
		2015	38,086	2,686	29,081	57,239	4,150	3,319	44,039	3,633	2,153	40,103	3,464	2,041	35,068	947	772
構成比		1990	100.0	—	—	100.0	3.4	0.6	100.0	2.8	0.3	100.0	5.7	1.2	100.0	0.8	0.4
		1995	100.0	12.8	17.6	100.0	4.2	1.2	100.0	3.7	0.7	100.0	6.2	1.7	100.0	1.1	0.6
		2000	100.0	13.5	21.4	100.0	4.8	1.7	100.0	4.6	1.2	100.0	6.8	2.3	100.0	1.4	0.8
		2005	100.0	9.4	71.7	100.0	5.4	2.7	100.0	5.9	2.2	100.0	7.7	3.2	100.0	1.7	1.2
		2010	100.0	7.7	74.2	100.0	6.5	4.1	100.0	7.4	3.4	100.0	7.8	4.0	100.0	2.2	1.7
		2015	100.0	7.1	76.4	100.0	7.3	5.8	100.0	8.2	4.9	100.0	8.6	5.1	100.0	2.7	2.2

果実産地

			和歌山県			青森県			山形県			長野県			山梨県		
			計	3.0～5.0	5.0ha以上	計	3.0～5.0	5.0ha以上	計	3.0～5.0	5.0ha以上	計	3.0～5.0	5.0ha以上	計	3.0～5.0	5.0ha以上
実数		1990	34,390	310	39	75,906	7,462	2,952	71,591	8,459	2,066	115,637	1,409	505	33,988	103	80
		1995	31,726	398	36	67,885	7,186	3,338	63,785	7,933	3,065	103,674	1,532	662	30,074	86	82
		2000	28,681	502	45	59,996	6,635	3,814	56,644	7,228	3,727	90,401	1,599	736	26,480	91	70
		2005	25,594	573	48	50,790	5,786	3,929	49,013	6,472	4,273	74,719	1,568	893	22,529	73	72
		2010	23,207	655	59	43,314	5,196	4,202	39,112	4,803	4,124	62,076	1,558	1,065	20,043	108	82
		2015	20,352	710	82	34,866	4,349	4,114	32,355	4,307	4,542	51,777	1,640	1,189	17,020	131	83
構成比		1990	100.0	0.9	0.1	100.0	9.8	3.9	100.0	11.8	2.9	100.0	1.2	0.4	100.0	0.3	0.2
		1995	100.0	1.3	0.1	100.0	10.6	4.9	100.0	12.4	4.8	100.0	1.5	0.6	100.0	0.3	0.3
		2000	100.0	1.8	0.2	100.0	11.1	6.4	100.0	12.8	6.6	100.0	1.8	0.8	100.0	0.3	0.3
		2005	100.0	2.2	0.2	100.0	11.4	7.7	100.0	13.2	8.7	100.0	2.1	1.2	100.0	0.3	0.4
		2010	100.0	2.8	0.3	100.0	12.0	9.7	100.0	12.3	10.5	100.0	2.5	1.7	100.0	0.5	0.4
		2015	100.0	3.5	0.4	100.0	12.5	11.8	100.0	13.3	14.0	100.0	3.2	2.3	100.0	0.8	0.5

資料：『農林業センサス』各年次より筆者作成
注：経営耕地規模「3.0～5.0」、「5.0ha 以上」を抜粋して掲載。

表3-6　野菜産地における単一経営の農産物販売金額規模別農業経営体数割合の推移

(単位：経営体、%)

			計	100万円未満	100万円～300万円未満	300万円～500万円未満	500万円～1,000万円未満	1,000万円～3,000万円未満	3,000万円～5,000万円未満	5,000万円～1億円未満	1億円以上	3,000万円以上
露地野菜	全国	2005	80,274	30.5	27.1	12.5	14.6	13.4	1.6	0.3	0.1	1.9
		2015	77,279	34.2	26.4	10.7	12.7	12.4	2.3	0.9	0.3	3.5
	北海道	2005	2,474	27.9	17.5	7.1	10.2	28.6	7.0	1.3	0.4	8.7
		2015	2,346	26.8	16.5	7.4	9.6	25.0	9.5	4.0	1.3	14.8
	茨城県	2005	4,964	14.7	18.4	13.7	23.8	26.2	2.7	0.5	0.1	3.3
		2015	4,169	17.8	18.8	11.3	19.6	24.9	4.7	2.3	0.5	7.5
	千葉県	2005	6,030	18.8	22.5	14.7	21.2	21.2	1.3	0.2	0.0	1.5
		2015	5,030	24.0	24.1	12.6	17.6	18.6	2.1	0.8	0.2	3.1
	熊本県	2005	1,321	31.9	23.5	12.2	15.3	16.0	0.6	0.5	0.2	1.2
		2015	1,596	36.3	21.1	8.9	14.2	16.1	2.1	0.9	0.3	3.3
	愛知県	2005	4,897	25.6	29.2	14.3	14.8	15.1	0.9	0.0	—	0.9
		2015	4,186	28.1	27.3	10.9	12.5	18.0	2.8	0.3	0.2	3.2
施設野菜	全国	2005	51,193	5.7	14.3	13.5	29.1	34.4	2.4	0.6	0.1	3.1
		2015	42,248	7.0	15.1	12.7	26.3	32.6	3.9	1.7	0.7	6.3
	北海道	2005	1,459	10.8	20.3	11.7	15.3	34.1	7.3	0.6	—	7.9
		2015	1,569	8.9	16.6	10.1	19.6	33.3	9.3	1.8	0.5	11.6
	茨城県	2005	3,211	1.9	9.2	11.2	27.0	43.8	5.8	1.0	0.2	7.0
		2015	2,899	2.8	11.0	10.9	24.3	37.2	8.8	4.2	0.9	13.9
	千葉県	2005	1,738	2.6	9.6	9.3	28.6	44.0	3.5	1.8	0.6	5.9
		2015	1,517	4.7	12.7	10.4	24.2	38.5	5.7	2.4	1.4	9.5
	熊本県	2005	4,982	1.9	8.1	9.5	28.9	47.3	3.4	0.6	0.1	4.1
		2015	4,351	3.1	8.2	8.9	26.3	43.8	6.0	2.9	0.6	9.5
	愛知県	2005	3,023	3.0	8.3	9.8	24.8	45.9	5.7	2.4	0.1	8.2
		2015	2,184	4.0	9.2	9.2	20.6	43.4	9.2	3.5	0.8	13.5

資料：『農林業センサス』より筆者作成
注：2005年の数値は「単一経営販売農家」である。

比較はできないが、（北海道を除き）農業経営体数の減少と「100万円未満」の農業経営体の増加傾向は共通した特徴である。また、「1,000万円以上」に注目すると、千葉県の微減を除くと増加傾向にあり、特に「企業的農家農業経営（大規模経営）」と考えられる「3,000万円以上」はすべての産地において増加傾向にある[8]。

　次に、担い手の高齢化と大規模経営への集中がみられるなかで、**表3-7**で

8）木村伸男（2013）「農業経営の成長・発展・革新に求められる経営者能力」『農業と経済』第79巻第2号（2013年3月号）昭和堂、16-24頁。

表3-7　販売目的の野菜作付農業経営体における雇用労働力導入割合の推移

単位：経営体、人、%

			農業経営体数					常雇導入経営体数割合	臨時雇い導入経営体数割合
				常雇導入経営体数	人数	1経営体当たり人数	臨時雇い導入経営体数		
露地野菜	全国	2010	377,003	13,027	38,469	3.0	115,208	3.5	30.6
		2015	330,725	18,767	63,790	3.4	86,792	5.7	26.2
	北海道	2010	17,372	1,459	4,312	3.0	11,014	8.4	63.4
		2015	15,593	1,975	6,638	3.4	9,025	12.7	57.9
	茨城県	2010	15,296	1,071	2,878	2.7	3,829	7.0	25.0
		2015	13,591	1,368	4,230	3.1	2,717	10.1	20.0
	千葉県	2010	19,561	854	2,239	2.6	5,074	4.4	25.9
		2015	16,124	1,048	3,094	3.0	3,687	6.5	22.9
	熊本県	2010	8,980	335	1,098	3.3	3,034	3.7	33.8
		2015	8,605	537	1,914	3.6	2,668	6.0	29.7
	愛知県	2010	14,653	680	1,797	2.6	2,693	4.6	18.4
		2015	12,351	935	2,975	3.2	1,905	7.6	15.4
施設野菜	全国	2010	134,068	11,657	39,522	3.4	55,318	8.7	41.3
		2015	110,983	15,136	59,709	3.9	39,926	13.6	36.0
	北海道	2010	8,030	1,039	3,095	3.0	5,173	12.9	64.4
		2015	6,303	1,306	4,418	3.4	3,721	20.7	59.0
	茨城県	2010	6,165	1,102	3,412	3.1	2,415	17.9	39.2
		2015	5,336	1,322	4,862	3.7	1,633	24.8	30.6
	千葉県	2010	5,519	555	2,054	3.7	2,158	10.1	39.1
		2015	4,756	739	2,738	3.7	1,645	15.5	34.6
	熊本県	2010	8,650	860	2,418	2.8	3,903	9.9	45.1
		2015	7,575	1,189	4,091	3.4	3,090	15.7	35.7
	愛知県	2010	4,835	732	2,470	3.4	1,571	15.1	32.5
		2015	4,259	1,032	4,308	4.2	1,083	13.6	14.3

資料：『農林業センサス』より筆者作成

　販売目的の野菜作付農業経営体における雇用労働力導入の状況について確認する。まず、常雇導入経営体数と導入人数は増加傾向にあり、1経営体当たりの常雇導入人数は3人程度となっている。また、臨時雇い導入経営体数割合は減少傾向にある一方で、常雇導入経営体数割合は増加している。単純に比較はできないが、2015年の（全農業部門）農産物販売金額1,000万円以上の農業経営体における常雇導入経営体数割合をみると、北海道で30.4%、茨城県で66.5%、千葉県で49.2%、熊本県で61.7%、愛知県で61.7%と当然ではあるが、高い数値となっている。このような状況をみると、担い手の高齢化

や減少とともに、主産地では大規模経営への集中により産地を維持しているが、労働力不足は深刻化していることが伺える。

（3）果樹産地の状況

　表3-8は、果樹産地における単一経営の農産物販売金額規模別農業経営体数割合の推移をみたものである。野菜産地同様に、2005年は単一経営販売農家であり、単純に比較はできないが、農業経営体数の減少と「100万円未満」の農業経営体数の増加傾向とともに、「500万円以上」の農業経営体数の減少が伺える。一方で「1,000万円以上」の農業経営体数をみると、和歌山県と山形県が減少傾向の一方で、青森県、長野県、山梨県は増加傾向にあり、「企業的農家農業経営（大規模経営）」と考えられる「3,000万円以上」も割合としてはわずかであるが、同様の微増傾向がみられる。

　次に、表3-9で販売目的の果樹栽培農業経営体における雇用労働力導入の状況について確認する。まず、常雇導入経営体数と導入人数は増加傾向にあり、1経営体当たりの常雇導入人数は2人程度となっている。そして、常雇

表 3-8　果樹産地における単一経営の農産物販売金額規模別農業経営体数割合の推移

単位：経営体、%

		計	100万円未満	100万円〜300万円未満	300万円〜500万円未満	500万円〜1,000万円未満	1,000万円〜3,000万円未満	3,000万円〜5,000万円未満	5,000万円〜1億円未満	1億円以上	3,000万円以上
全国	2005	139,206	33.4	30.8	14.4	15.0	6.2	0.2	0.0	0.0	0.2
	2015	123,636	40.0	27.8	12.3	13.1	6.3	0.3	0.1	0.0	0.4
和歌山県	2005	12,946	21.2	31.2	16.6	20.1	10.6	0.3	0.0	0.0	0.3
	2015	11,554	31.3	29.3	14.6	17.1	7.3	0.2	0.0	0.0	0.2
青森県	2005	10,703	12.9	35.0	24.9	23.1	4.1	0.1	0.0	−	0.1
	2015	10,251	16.0	33.2	20.8	23.0	6.7	0.2	0.1	0.0	0.3
山形県	2005	6,052	25.5	32.5	14.2	19.1	8.2	0.3	0.0	0.0	0.4
	2015	5,973	38.7	29.4	11.1	13.4	6.7	0.4	0.1	0.1	0.6
長野県	2005	14,677	33.2	35.4	13.7	12.8	4.7	0.1	0.0	0.0	0.1
	2015	13,083	36.2	33.0	12.3	12.3	5.7	0.3	0.1	0.0	0.4
山梨県	2005	12,267	21.8	37.1	19.9	17.1	4.1	0.1	−	−	0.1
	2015	10,319	27.5	35.6	17.7	14.7	4.1	0.2	0.1	0.0	0.3

資料：『農林業センサス』より筆者作成
注：2005 年の数値は「単一経営販売農家」である。

表3-9　販売目的の果樹栽培農業経営体における雇用労働力導入割合の推移

単位：経営体、人、％

		農業経営体数					常雇導入経営体数割合	臨時雇い導入経営体数割合
			常雇導入経営体数	人数	1経営体当たり人数	臨時雇い導入経営体数		
全国	2010	253,941	5,902	14,650	2.5	106,014	2.3	41.7
	2015	221,924	8,001	22,103	2.8	79,747	3.6	35.9
和歌山県	2010	16,698	345	711	2.1	8,347	2.1	50.0
	2015	14,790	482	955	2.0	6,669	3.3	45.1
青森県	2010	16,363	625	1,273	2.0	9,502	3.8	58.1
	2015	14,492	927	1,943	2.1	7,833	6.4	54.1
山形県	2010	14,480	211	427	2.0	7,030	1.5	48.5
	2015	12,084	285	678	2.4	6,484	2.4	53.7
長野県	2010	22,157	300	824	2.7	9,967	1.4	45.0
	2015	19,449	716	1,970	2.8	7,562	3.7	38.9
山梨県	2010	13,553	209	440	2.1	6,974	1.5	51.5
	2015	11,811	385	852	2.2	5,154	3.3	43.6

資料：『農林業センサス』より筆者作成

導入経営体数割合は増加しているが、野菜産地に比べて低い割合となっており、臨時雇い導入経営体数割合は山形県以外で減少傾向にある。単純に比較はできないが、2015年の（全農業部門）農産物販売金額1,000万円以上の農業経営体における常雇導入と臨時雇い導入の経営体数割合をみると、臨時雇い導入経営体数割合が80％を超え、非常に高くなっている。前述したように、野菜産地に比べて、高齢化の進展が進む果樹産地において、今後、臨時雇いというかたちで労働力をどのように確保していくかが課題となっている。

（4）出荷・販売構造の特徴

1）産地におけるJA出荷の位置づけ

　表3-10で農業経営体における農産物出荷先別割合（2015年）をみると、野菜産地、果実産地ともに出荷先割合はJAが最も多くなっているが、当然、都市近郊産地より大規模・遠隔産地において、その傾向は強くなっている。JA以外で注目される出荷先は、「小売業者」や「食品製造業・外食産業」で

表3-10　農業経営体における農産物出荷先別割合（2015年）

単位：経営体、%

| | 販売のあった実経営体数 | 農産物の出荷先別【複数回答】 | | | | | | |
		農協	農協以外の集出荷団体	卸売市場	小売業者	食品製造業・外食産業	消費者に直接販売	その他
全国	1,245,232	73.1 (66)	12.7 (90)	11.0 (73)	8.4 (95)	2.8 (164)	19.0 (74)	7.8 (80)
野菜産地 北海道	38,487	87.9 (75)	15.1 (110)	10.1 (76)	8.1 (128)	3.6 (120)	11.9 (73)	6.0 (75)
茨城県	52,578	55.1 (65)	22.4 (91)	13.1 (69)	18.8 (86)	1.8 (95)	20.7 (83)	7.6 (52)
千葉県	42,036	58.4 (66)	18.9 (79)	17.3 (65)	14.1 (88)	1.9 (86)	20.5 (62)	8.3 (84)
熊本県	37,928	65.6 (68)	17.1 (96)	20.3 (87)	8.9 (112)	2.0 (173)	15.9 (72)	9.1 (72)
愛知県	30,970	67.0 (70)	9.7 (92)	22.8 (68)	8.4 (79)	1.8 (111)	18.3 (77)	7.4 (93)
果樹産地 和歌山県	20,278	66.0 (87)	11.4 (76)	18.7 (80)	10.3 (82)	6.4 (162)	20.3 (84)	8.6 (85)
青森県	33,783	71.4 (67)	16.4 (78)	33.0 (87)	7.9 (93)	2.3 (263)	8.0 (69)	3.6 (36)
山形県	32,617	83.8 (66)	17.6 (80)	16.2 (81)	6.0 (94)	1.7 (112)	16.7 (53)	5.5 (96)
長野県	49,233	80.2 (69)	10.5 (92)	10.7 (81)	6.1 (105)	2.9 (133)	22.4 (82)	7.3 (91)
山梨県	16,320	77.6 (81)	10.7 (78)	8.8 (78)	6.8 (86)	2.5 (127)	23.7 (67)	6.7 (78)

資料：『農林業センサス』より筆者作成

注：1）「農産物の出荷先別」は構成比であり、複数回答項目であるため合計は100にならない。
　　2）（　）内は、2005年を100とした指数であり、2005年の数値は「販売農家」である。

表3-11　野菜作・果樹作単一経営農業経営体における農産物の売上1位の出荷先別割合
（2015年）

単位：経営体、%

| | | 計 | 農産物の売上1位の出荷先別 | | | | | | |
			農協	農協以外の集出荷団体	卸売市場	小売業者	食品製造業・外食産業	消費者に直接販売	その他
露地野菜	全国	77,279	52.0	8.3	18.4	4.0	1.3	13.9	2.0
	北海道	2,346	63.9	8.2	12.1	4.1	1.3	8.1	2.3
	茨城県	4,169	42.0	13.0	32.9	3.3	1.9	5.8	1.1
	千葉県	5,030	44.7	11.1	25.8	3.5	0.8	12.6	1.5
	熊本県	1,596	40.5	11.6	26.6	3.9	1.8	13.2	2.4
	愛知県	4,186	49.0	12.4	26.9	2.1	0.4	8.3	0.9
施設野菜	全国	42,248	68.0	6.4	16.4	2.5	0.7	5.4	0.6
	北海道	1,569	75.9	4.7	9.9	3.8	1.1	4.0	0.6
	茨城県	2,899	56.3	16.1	21.6	2.0	0.7	3.0	0.3
	千葉県	1,517	54.0	8.4	19.4	2.8	0.7	14.0	0.7
	熊本県	4,351	68.2	9.8	17.3	2.2	0.4	1.6	0.4
	愛知県	2,184	70.5	8.9	15.1	1.6	0.4	3.2	0.4
果樹類	全国	123,636	60.9	7.2	12.9	3.1	1.3	12.8	1.9
	和歌山県	11,554	62.7	9.6	13.2	3.5	6.6	3.2	1.2
	青森県	10,251	44.7	7.4	40.7	4.9	0.1	1.7	0.5
	山形県	5,973	58.6	9.5	14.3	2.7	0.2	12.5	2.1
	長野県	13,083	65.9	7.2	9.1	2.2	1.4	12.6	1.5
	山梨県	10,319	77.0	7.2	4.3	2.0	1.0	7.3	1.2

資料：『農林業センサス』より筆者作成

あり、販売農家との比較にはなるが、2005年を100とした指数でみると、それらの出荷先割合（指数）は大規模・遠隔産地において大きな伸びを示している。

しかし、全国レベルの農業経営体でみると、「『出荷先』および『うち売上1位の出荷先』としてのJAや卸売市場の地位が2005年から15年までの10年間で30％近くも低下している」との分析もあり、JA共販率の低下も懸念されている[9]。**表3-10**からも、野菜産地と果樹産地における農業経営体のJA出荷（と卸売市場出荷）割合は他の出荷先に比べて減少傾向にある。

また、**表3-11**は、野菜作・果樹作単一経営農業経営体における農産物の売上1位の出荷先別割合（2015年）をみたものである。JA出荷割合は、露

9）吉田成雄・小川理恵・柳京熙編著（2018）『営農経済事業イノベーション戦略論』筑波書房、36-51頁。

地野菜産地の都府県4県と果樹産地の青森県において、40％台と低い数値を示している。

2）大規模経営における多様な出荷先

　さらに、主産地において生産の大規模経営への集中がみられるなかで、それらの経営体の出荷動向を把握しておくことは重要である。野菜作と果樹作に限定したものではなく、全農業部門であることに留意する必要はあるが、**表3-12**は、農産物販売金額1,000万円以上の農業経営体と法人経営体におけ

表3-12　農産物販売金額1,000万円以上の農業経営体と法人経営体における農産物出荷先別割合（2015年）

単位：経営体、％

			販売のあった実経営体数	農産物の出荷先別（複数回答）						
				農協	農協以外の集出荷団体	卸売市場	小売業者	食品製造業・外食産業	消費者に直接販売	その他
販売金額1千万円以上		全国	125,547	76.8	20.3	22.6	13.0	6.7	20.4	6.6
	野菜産地	北海道	24,020	93.3	17.8	9.1	8.6	4.3	10.3	4.9
		茨城県	5,787	62.5	26.9	31.9	13.3	6.4	17.3	5.4
		千葉県	5,366	63.2	26.9	28.8	16.1	5.2	23.6	6.0
		熊本県	6,769	72.4	26.7	29.9	10.6	5.2	13.6	6.9
		愛知県	6,062	71.2	17.9	31.2	10.8	3.8	15.2	4.2
	果樹産地	和歌山県	1,551	62.2	16.8	42.5	14.0	12.3	25.1	6.1
		青森県	3,338	79.7	21.3	46.1	10.8	6.8	14.1	6.3
		山形県	2,697	84.5	26.8	26.5	14.8	6.7	38.4	9.6
		長野県	4,317	80.5	15.1	17.4	13.8	7.3	28.2	6.3
		山梨県	791	64.7	15.3	22.8	19.3	8.8	46.9	8.8
法人経営体		全国	22,955	55.1	20.4	22.6	24.8	17.5	33.0	13.8
	野菜産地	北海道	3,051	67.1	21.7	17.0	16.0	11.5	18.6	16.7
		茨城県	612	37.9	27.5	29.4	29.6	23.0	32.5	12.3
		千葉県	672	29.8	26.8	33.8	32.0	14.9	34.1	14.9
		熊本県	688	40.8	30.8	24.9	23.3	17.4	25.4	14.1
		愛知県	566	47.5	20.0	30.4	30.0	14.3	28.1	13.3
	果樹産地	和歌山県	103	24.3	11.7	30.1	35.9	27.2	47.6	24.3
		青森県	419	43.4	22.2	35.6	20.8	18.1	24.1	13.4
		山形県	433	57.3	21.5	20.3	23.6	15.9	38.1	12.5
		長野県	936	61.6	16.3	20.5	29.4	19.7	37.5	11.8
		山梨県	228	27.6	11.0	27.2	37.7	25.0	63.2	19.7

資料：『農林業センサス』より筆者作成

る農産物出荷先別割合（2015年）をみたものである。販売金額1,000万円以上の農業経営体は、「JA出荷」を中心とした多様な出荷先、法人経営体は野菜産地と果樹産地で若干の相違はあるものの多様な出荷先を確保している。

　以前から、「大規模農家を中心にJA離れの傾向がある」と多くの指摘があるが、大規模経営を中心に、実需者や消費者に直接販売する動きが顕著にみられる結果となっている。さらに、法人経営体の増加傾向がみられるなか、6次産業化や農商工連携などの取り組みも影響していると推測される。

（5）産地における注目すべき動向

　かつて、共販出荷への対応が不向きである高齢・兼業農家を中心にJA離れが危惧されたが、近年ではJAファーマーズマーケット開設などによって、再結集という動きがみられる。一方で、これまでみてきたように、大規模経営や法人化のように経営規模を拡大する動きもJAとの関係性が希薄になる（出荷を敬遠する）傾向がある[10]。このような大規模経営において注目される取り組みとして、大規模農家や農家グループが実需者や消費者に直接販売や直接取引する動きも頻繁にみられる。また、農業法人の増加傾向がみられるなか、販売や加工等の経営の多角化も進んでおり、大規模農家がネットワークを形成し、急成長したアグリビジネス事業体（例えば、千葉県「和郷グループ」）のような取り組みも注目される[11]。

　その他、例えば、有機農産物の生産にみられるような「こだわり」をもつ生産者が存在する。有機農産物の流通は、小規模でニッチな市場となっているため、農協共販では扱いにくいと考えられてきた。近年、国内の健康志向の高まりやインバウンドの増加などの影響を受け、大手量販店などが有機農産物の物流の効率化を図り販売拡大を目指す動きが出てきている[12]。

10）尾高恵美（2003）「野菜出荷における生産者の農協利用状況」『農林金融』（2003年9月号）。48-65頁。小針美和（2013）「農業法人と農協のあり方を考える─土地利用型農業を中心に─」『農林金融』（2013年5月号）、24-41頁。
11）金沢夏樹編集代表（2005）『農業経営の新展開とネットワーク』農林統計協会。

　さらに、2009年の農地法改正以降、企業の農業参入が増えており、2018年末には3,200法人を超えている。農業参入する企業は、食品系企業や建設業、福祉分野などさまざまな業種にわたっている[13]。

5．産地体制への影響

　生産の縮小傾向の状況のもと、産地の主な構造変化として、以下を指摘した。第1は、担い手の高齢化である。古くから野菜産地が形成されてきた都市近郊産地において急速に進んでおり、大規模・遠隔産地においても施設野菜より露地野菜で、また野菜産地より果樹産地において、高齢化は深刻化している。第2は、大規模経営への生産集中である。特に露地野菜が顕著であり、農業経営体数の減少と「100万円未満」の農業経営体の増加がみられる一方で、販売金額規模「1,000万円以上」の農業経営体割合に注目すると、北海道、熊本県、愛知県といった大規模・遠隔産地では微増傾向がみられた。また、「企業的農家農業経営（大規模経営）」と考えられる「3,000万円以上」はすべての産地において増加している。さらに、担い手の減少や高齢化に対して、産地は大規模経営への集中により産地の維持を図っているものの、野菜産地では常雇、果樹産地では臨時雇用で対応している。第3は、出荷先の多様化である。野菜産地、果実産地ともに出荷先割合はJAが最も多くなっており、都市近郊産地より大規模・遠隔産地において、その傾向は強くなっている。しかし、JAや卸売市場の地位が低下傾向にあることに加え、販売金額「1,000万円以上」の農業経営体や法人経営体はJA以外にも多様な出荷先を確保している。

12）尾島一史・佐藤豊信・駄田井久（2013）「多様な流通チャネルを活用した有機農産物等の販売実態と課題」『農林業問題研究』第191号、173-178頁。堀内芳彦「有機農産物等の市場拡大の要件—農協、生産者グループの事例から—」（2019）『農林金融』（2019年7月号）、2-18頁。
13）渋谷往男編著（2020）『なぜ企業は農業に参入するのか』農林統計協会。

　かつてのJA共販は、画一的性格を有した専業農家によって支えられてきた。しかし、現在の産地をみると、農業経営体数の減少とともに「100万円未満」の農業経営体が増加傾向にある一方で、「1,000万円以上」の農業経営体の割合（「企業的農家農業経営〈大規模経営〉」と考えられる「3,000万円以上」）が増加傾向にある。現在の産地の生産維持・拡大において、大規模経営や法人経営などが大きな役割を果たしており、今後のJAには、そのような経営体の意向を取り込んだ取り組みが必要となる。具体的実態分析は第2部で確認するが、激変する外部環境とともに、産地動向（多様化する管内農家の状況）を的確に把握しつつ、柔軟な共販の再編を進める必要が急務となっている。

参考文献

岸上光克（2012）『地域再生と農協―変革期における農協共販の再編―』筑波書房.
西井賢悟（2006）『信頼型マネジメントによる農協生産部会の革新』大学教育出版.
農林水産省編（2018）『2015年農林業センサス総合分析報告書』農林統計協会.
林芙俊（2019）『共販組織とボトムアップ型産地技術マネジメント』筑波書房.
藤田武弘・内藤重之・細野賢治・岸上光克編著（2018）『現代の食料・農業・農村を考える』ミネルヴァ書房.
増田佳昭編著（2019）『制度環境の変化と農協の未来像』昭和堂.
両角和夫（2019）「農協合併の問題と1県1農協の課題―ネットワーク型農協論の視点から―」日本農業研究所研究報告『農業研究』第32号：205-266.
八木宏典編集代表（2016）『産地再編が示唆するもの』農林統計協会.

第4章

マーケットイン型産地づくりによる環境変化への対応
—JAグループの方針とJA営農販売事業の課題—

尾高　恵美（第１節～第３節）・西井　賢悟（第４節～第７節）

1．はじめに

　本書第２章では、青果物の流通構造について、川中の卸売市場、川下の量販店と加工業務用に着目して変化と産地への影響を整理している。続く第３章では、青果物の生産構造について、生産者の多様化に着目して変化とJAへの影響を整理している。流通と生産の構造変化を受けて、いずれの論考でも、JAの営農販売事業や生産部会における対応の必要性を指摘している。それを受けて本章では、マーケットイン型産地づくりに着目して、JA営農販売事業や生産部会の対応の状況と課題を明らかにする。

　構成は以下の通りである。本節に続く第２節でJA全国大会決議などによりJAの営農販売事業の対応方針を整理し、第３節ではその対応状況を統計データなどにより確認する。第４節ではマーケットインの実践には営業活動が不可欠なことを明らかにし、第５節では対外的営業活動としての実需者対応の実際と課題、第６節では対内的営業活動を遂行するうえでの指導・販売事業の機能分担のあり方について考察する。

2．JA販売事業や生産者組織に関する全国的な方針の変遷

　本節では、1980年代後半以降に焦点を当てて、本書の主題であるマーケットインに関連したJA販売事業、営農指導事業や生産者組織に関する全国的

な方針の変容をみてみたい。1980年代後半以降に注目するのは、第3章で詳述されているように、80年代半ば以降、円高の進行や貿易自由化により、青果物の輸入が増加した。その対策として、JA全国大会決議でも「マーケティング」という文言が用いられるなど、新たな取組みがみられるようになったためである。

　以下では、1980年代後半以降の貿易や流通の自由化への対応、2003年度以降の経済事業改革、2014年度以降のJAグループ自己改革の3つの画期に着目して、JA全国大会決議などの内容を整理した。

（1）貿易や国内流通の自由化への対応（1988年〜）

　1988年に開催された第18回JA全国大会では、農産物流通対策として「マーケティングの強化」が打ち出されている。具体的には、「消費者により接近した販売を目指す流通対策」を打ち出し、生協を含む量販店や外食産業を実需者として明記した。また、流通チャネルについても、中央卸売市場や直接販売等の多様なチャネルの可能性に言及している。

　さらに、第20回JA全国大会（1994年開催）の決議では、販売事業について「生消連携によるマーケティング戦略」と題し、5つの戦略の1つに位置づけている。この戦略を実現するため、生産部会の育成、生協など消費者との連携による産直体制の確立、国産農産物の販売推進が課題とされた。

　生産部会育成に関しては、ブランドや技術別の多様な部会の育成、広域JAにおける生産部会の統一、生産部会による販売マーケティング戦略の樹立を実践事項として掲げている。組織編成や販売への関与など、今日に通じる生産部会の課題が盛り込まれている。また、国産農産物の販売推進では、外食・加工業者との契約取引の拡大に言及している。

　このように、マーケティングへの意識が強まった背景には、第18回大会決議の副題に「国際化のなかでの日本農業の確立」とつけられているように、牛肉とオレンジの輸入自由化を控えており、加えて国内でも米流通の自由化が進んで産地間競争が激しくなり、農産物価格に深刻な影響を及ぼす懸念が

あったと思われる。

（2）経済事業改革・販売事業改革（2003年〜）

　販売事業に関する方針がより具体的になったのは、2003年に始まった「経済事業改革」が契機となっている。

　第23回JA全国大会（2003年開催）では、経済事業改革を前面に打ち出し、そのなかで販売事業に関しては、マーケティング志向による販売戦略の明確化を打ち出している。量販店、外食業者に加えて、中食や加工業者も実需者に位置付け、多様な実需者に対応するための取引方法として、相対取引、契約取引、インショップ方式やインターネット販売を提起している。

　加えて、多様化している生産者がそれぞれ活躍できるように、販売先・販売形態・生産基準に応じた生産部会の再編についても言及している。多様な生産者と多様な消費ニーズに対応するコーディネータ役としてJAを位置付けていることも特徴である。

　2003年12月の「経済事業改革指針」（自主ルール）では、３つの事業目標の１つとして、「消費者接近のための販売戦略の見直し」を掲げ、米穀、園芸、畜産・酪農の部門別に取組方向を提示している（「経済事業改革指針の解説（全国版）」）。園芸事業に関しては、直接販売事業の重要性を強調している点が特徴である。ここでの直接販売事業とは、①消費者への直接販売と、②実需者を特定した販売である。①については、直売所、ファーマーズマーケット、インターネット販売といったチャネルを提示している。②については、スーパー、生協、食材加工業者を実需者とし、流通チャネルとして卸売市場や全農青果センターを通じた取引も含めている。

　さらに、2005年の「JAグループの販売事業の改革について」では、直接販売機能を強化する方向性が一層強まっている。園芸事業に関しては、県域の特性に応じた園芸販売事業モデルを提示しており、経済連や全農県本部を中心とした直接販売の実施体制を打ち出し、直接販売に対応した集荷方式として買取にも言及している。

85

　2006年の第24回JA全国大会では、生産者組織への対応に加えて、大規模な担い手経営体への個別対応を明記したことが特徴となっている。

　このような販売事業に関する一連の改革には、生産者が多様化するなかで、農業政策が担い手経営体重視にシフトしたこと、2004年の食糧法や卸売市場法の改正による流通規制の緩和や消費構造変化への国内産地の対応が急務となっていたことが背景にある。さらには、2002年の農林水産省における「農協のあり方についての研究会」において、消費者ニーズを踏まえることの重要性が指摘されたことも影響したとみられる（農林水産省「経済事業のあり方の検討方向について」）[1]。

（3）JAグループ自己改革（2014年～）

　2014年からのJAグループ自己改革では、販売事業改革をさらに一段進める形で、マーケットインの体制づくりが明確に位置付けられた。

　2014年11月の「JAグループ自己改革について」では、組合員の多様なニーズに応える事業方式として、「担い手とJAの創意工夫ある販売の拡大」を打ち出している。具体的には、中食・外食・小売などの最終実需者のニーズに応じた生産・販売、実需者との事前契約に基づく農業者からの買取についても言及している。日本再興戦略のKPIに対応する形で、輸出体制の強化を打ち出し、その数値目標も設定している。

　これを受けて2015年に開催された第27回JA全国大会の決議では、農業者の所得増大と農業生産の拡大という基本目標を達成するため、「マーケットインに基づく生産・販売事業方式への転換」が重点実施分野の１つとして位置付けられた。そこでは、従来の直接販売に加えて、実需者のニーズに応じた生産や産地形成、とくに加工・業務用野菜については生産・流通・加工・販売といった一連のバリューチェーン構築を盛り込んでいる。

　こうした方向は第28回JA全国大会（2019年開催）の決議でも踏襲されて

１）経済事業改革の背景については、板橋（2020）、37-53頁に詳しい。

おり、部会員の努力が販売収入等に反映されるように、販路別の生産部会や複数共計の導入が加わった。

　JAグループ自己改革は、2013年の規制改革会議の農業ワーキンググループにおいて、農協改革が俎上にのぼったことが契機となっている。2014年6月に規制改革会議が発表した答申には、販売事業に関連して、地域JAが農産物販売等の経済事業に全力投球することや、農産物の買取販売に数値目標を定めて段階的に拡大することが盛り込まれた。

3．JA販売事業方式と生産部会の多様化の状況

　本節では、営農販売事業の変化についてデータにより辿るとともに、対応するためのJAの営農販売事業の課題を整理する。

（1）流通チャネルの多様化―市場外取引の拡大―

　JAの青果物出荷先では中央卸売市場が大宗を占めているが、その割合は徐々に低下しているとみられる。「総合農協統計表」「卸売市場データ集」により試算すると、JAの青果物販売・取扱高に占める中央卸売市場への出荷割合は、1990年度の段階では79.4％だったが、2017年度には64.5％に低下している（図4-1）。中央卸売市場経由の販売金額の減少には、全農青果センターへの出荷や、物流コスト上昇に対応した地方卸売市場への出荷の増加に加えて、仲卸業者による直荷引き、インターネットや農産物直売所での販売といった市場外での直接取引の増加などが影響しているとみられ、JAの販売チャネルが多様化していることを示唆している。

　卸売市場への委託販売では、仲卸業者ないし卸売業者が販路を開拓し、実需者と商談を行う。代金決済に関しては、サイトが短く、リスクも低い。一方、直接取引では、JAや連合会が販路開拓と商談を行うことになるため営業機能の強化が不可欠であり、決済サイトの調整や代金回収に関しても自ら債権管理を行う必要があり、その対応が課題となる。

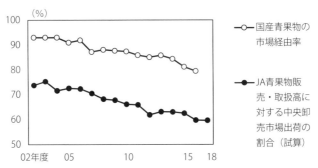

図4-1　JAの青果物販売・取扱高に占める中央卸売市場への出荷割合（試算）

資料：農林水産省「総合農協統計表」「卸売市場データ集」より試算

注：JAの中央卸売市場への出荷額は、中央卸売市場の取扱金額に農協系統出荷団体の割合を乗
　　じて算出した。

（2）取引形態の多様化―契約的取引の拡大―

　JAのメインの出荷先である中央卸売市場では、青果物の取引形態において、せり・入札取引の割合が徐々に低下し、2018年度には9.4％となった（農林水産省「卸売市場データ集」）。代わりに相対取引や予約相対取引が増えている。予約相対取引は卸売業者と仲卸業者との契約に基づいて取引される。相対取引では数量や価格は当日に決まるが、産地と実需者が事前に打合せを行い、卸売業者と仲卸業者で1週間程度前に数量の大枠を定めており、契約的な要素が強い（農林水産省（2014））。

　JAのデータからも、契約的な取引の広がりが示唆される。JA全中による2018年度の調査によると、「中食・外食などの業務用・加工用需要に対応した実需者との契約販売」に取り組んでいるJAの割合は54.9％と半数を超えている。これはインターネット通販の46.9％より高い。調査では中食・外食業者や加工業者が対象だが、プライベートブランド（PB）商品を中心に量販店との契約取引に取り組んでいる事例もある。これを含めると、契約取引に取り組んでいるJAの割合はさらに高くなると思われる。

　契約的取引では、栽培方法、規格、荷姿、数量や価格などに関する事前の

取り決めに基づいて農産物を出荷している。なかでも数量に関して、産地では欠品を回避することが大きな課題であり、そのためのJAの営農指導が重要となる。

（3）集荷形態の変化―買取の増加―

　JAの販売事業の教科書で共同販売の運営原則の1つとして農業者からJAへの無条件委託が挙げられているように、以前は受託（組合員の委託）が大宗を占めていた（全中（1996））。上述した契約取引や直接販売の拡大と関連して、近年は生産者からの集荷において買取が徐々に増えている。2015年度の1,541億円から、2018年度には2,261億円となり、この間720億円、率にして46.8％増加した（農林水産省「総合農協統計表」）。産地商人との集荷競争のため、とくに米において買取に取り組むケースが多く、2018年度においては米の販売・取扱高の13.6％を占めている。青果物では、販売・取扱高に占める割合は同年度で1.8％に留まっているが、15年度から18年度にかけて59億円、22.9％増加し、2018年度には318億円となった。

　買取販売では、価格変動や在庫のリスクをJAが負うことになり、その対策が課題となる。

（4）農業経営体と販売先の多様化

　このように取引形態が変化してきた背景として、販売先やJAの組合員である農業経営体が変化していることが挙げられる。農業経営体については、第3章で詳述されているように、以前に比べて大規模経営体の存在感が強まっている。露地野菜に注目すると、2015年において、作付面積2 ha以上層が経営体数に占める割合は8.0％（2010年比1.1ポイント上昇）、露地野菜の作付面積に占める割合は58.3％（2010年比1.5ポイント上昇）となっている。大規模経営体は、従業員を通年で雇用する従業員に定期的に給与を支払うために、価格の安定した取引を望む傾向が強い。

　一方、JAの販売先については、外食・中食市場の拡大に対応して、加工・

業務用の出荷が増えている。農畜産業振興機構が2008年度に実施した「加工・業務用野菜取引実態等調査」では、指定野菜を出荷している農業協同組合（支所等を含む）302組合とその連合会2会、計304組合・会のうち、加工・業務用に野菜を出荷している割合は55.6％と過半を超えている。外食・中食業者やそこに食材を供給する加工業者は、工場の稼働率を維持するため、食材の安定的な調達を望む傾向が強い。

　このような川上と川下の変化を受けて、前述したように契約的な取引が増え、販売チャネルも変化してきた。

（5）生産者組織の変化—生産部会の細分化—

　農業経営体や販売先の多様化に対応して、生産者組織は、次のように、広域合併後の統合と細分化が同時に進んでいる（尾高（2008））。

　2007年度における青果物の生産部会に関する調査結果によると、最終合併後に旧JAの生産部会を統合した割合は66.8％となっている[2]。これは、青果物の販売・取扱高が多いほどその割合が高くなる傾向がみられる。

　一方で、販売チャネルや生産者の特性に応じた生産部会の設置など、組織の細分化が進んでいる。チャネルとの関係では、直売所への出荷を目的とした生産部会を設置しているJAの割合は53.4％、特定の生協や量販店への出荷を目的とした生産部会では24.1％、加工・業務用への出荷を目的とした生産部会では19.4％となっている（**図4-2**）。直売所への出荷を目的とした生産部会がある割合は、正組合員に占める60歳以上の割合が高くなるほど高くなっている。

　また、出荷先は特定していないが減農薬栽培など栽培方法を特定した生産部会を設置している割合は26.2％となっている。また、生産者の技術水準を特定した生産部会では17.3％であり、正組合員数が多いJAで割合が相対的に高くなっている。

2）農林中金総合研究所が2007年度に実施した「農協信用事業動向調査」に基づいている。

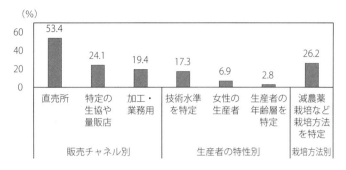

図4-2　生産者や販売チャネルの多様化に対応した生産部会の設置状況
（2007年、複数回答）

資料：農林中金総合研究所「2007年度第2回農協信用事業動向調査」
注：集計組合数202組合。

　生産部会の細分化によって結集力は高まる一方で、組織数は増加する。これにより、部会事務局を務める営農指導員ないし販売職員の業務量が増加することにも留意が必要である。

（6）営農・販売事業の実施体制─営農経済への経営資源のシフト─

　このように生産者や実需者の多様化に対応するために、JAでは営農指導と農業関連事業に経営資源をシフトしてきた。

　ヒト（人件費）とモノ（施設や機械等の減価償却費）への投入金額の観点から、共通管理費配賦前事業管理費に占める農業関連事業と営農指導事業の割合をみると、2004年度の25.4％から、2018年度には27.0％へと1.6ポイント上昇した（農林水産省「総合農協統計表」）。なかでも、減価償却費以外の、人件費などに占める農業関連事業と営農指導事業の割合は、23.2％から24.9％へと1.7ポイント上昇した。これには、正職員合計に占める営農・経済部門の割合がやや拡大したことも影響したと考えられる。

4．マーケットインの実践とJAの対応概況

（1）JA販売事業の顧客は誰か

　第2節でみたように、JAグループは1980年代後半以降「マーケティング」を意識した方針を打ち出している。マーケティングとは、「企業が、顧客との関係の創造と維持を、さまざまな企業活動を通じて実現していくこと」を意味する[3]。この用語を使用するようになっておよそ30年が経過しているが、2015年の第27回JA全国大会では、「マーケットインに基づく生産・販売事業方式への転換」が掲げられ、「マーケットイン」というマーケティング用語が改めて前面に打ち出された。

　マーケットインはプロダクトアウトに対置して使用されることが多く、前者は「はじめに顧客ありき」、後者は「はじめに生産ありき」を意味するものである。マーケティングの基礎概念であり、JAグループにとっても決して目新しいものではないはずである。にもかかわらず、2015年大会においてわざわざマーケットインという用語を用いたのは、JA販売事業の「顧客」について、それが誰なのかをJAグループをあげて考えねばならない状況にあるためといえるだろう。

　JA販売事業の顧客は、伝統的に見て卸売業者であったといえる。JAの販売担当者は、卸売業者と日常的にコミュニケーションを図るとともに、部会員も一堂に会する販売反省会などを実施して信頼関係を構築する。その上で定時・定量・定質などの安定供給を主たる強みとして有利販売を働きかける。JAの販売事業は、およそこうしたビジネスモデルの下に展開してきたといえる。

　しかし時代は不可逆的に変わった。卸売業者の先にいる加工業者や外食・中食業者、スーパーマーケットなどの実需者が存在感を高めるとともに、そ

3）石井・栗木・嶋口・余田（2004）、31頁より引用。

れらの事業体は市場流通を通じて得られる標準化された商品では自らのニーズを満たすことができず、市場外流通を通じて外国産や国内の農業法人などと結びつきを強めるようになったのである。

　今、JAがマーケットインを標榜するならば、当然のこととしてそこでは多様な実需者を顧客と位置づけるべきである。そしてそれら一つひとつの事業体との「関係の創造と維持」を図らなければならない。さらにその過程においては、生産者の新たな組織化や営農指導の見直しも必要となるだろう。「マーケットインに基づく生産・販売事業方式への転換」とは、こうした取り組みの全体を指すものといえる。

　多様な実需者を顧客と位置づけることは、いわゆる市場の中抜きをすぐに意味するものではない。卸売業者によっては自らの機能を仲卸的機能にまで拡充し、JAと実需者のつなぎ役を積極的に果たそうとしている事業体も少なくない。そうした機能をJAが拒む理由はないだろう。また、スーパーの中には、卸売業者からさまざまな小売支援を得られることなどを背景として、市場流通を望む事業体が存在しているのも確かである。

　斎藤（2005）は、「エンドユーザー、実需者をつかみ、ビジネスとして『商談』をするところから、マーケティングは始まる」としている[4]。市場流通であろうが市場外流通であろうが、実需者を顧客として直視することが事業方式の転換に向けた第一歩なのである。

（2）加工・業務用需要と営業の重要性

　今日の青果物需要はおよそ三つに大別される。第一には一般消費者がスーパーなどで購入し自ら調理して摂食する家計用、第二には食品メーカーなどからの加工用、第三には外食・中食企業などからの業務用である[5]。かつては家計用需要に専ら応えてきたが、その比重を下げ、加工用・業務用需要の対応にも力を注ぎ始めたのが近年のJAといえる。

4）斎藤（2005）、14頁より引用。
5）佐藤（2013）、113頁を参照。

　食品メーカーや外食・中食企業などが求めるのは、それぞれの企業が生産する商品やメニューの原材料としての農産物である。こうした需要に産地側が応えることは、その供給する農産物が消費財から生産財へと性格を変えることを意味する[6]。

　生産財とは「企業の生産活動や組織の業務遂行のために使用される財」を意味し、その取引の特徴は、財の取引が特定の目的に規定される「合目的性」、過去に取引経験のある企業が取引相手として選ばれやすい「継続性」、製品開発・生産・サービス活動などの意思決定に売り手と買い手がともに関与する「相互依存性」、売り手と買い手のどちらも特定部門だけでなく多様な部門が関わる「組織性」の四つにあるとされる[7]。そしてこうした特徴を持つ取引であるために、売り手側において特に重要となる機能が営業である。

　営業とは「取引が円滑に行われるよう、取引情報に基づき、企業内各部門の活動のフロー（流れ）を調整し、統合していくこと」であり[8]、実際に営業部署や営業担当と呼ばれるスタッフが行う営業活動は、企業の外に存在している顧客向けの対外的活動と、企業内の各部門や従業員向けの対内的活動に大別される[9]。

　まず、対外的活動についてであるが、同活動の典型例は顧客の抱える問題解決を通じて自社製品の販売につなげていくソリューション活動と呼ばれるもので、それは生産財取引の特徴である合目的性を担保する。前述した通り、企業は生産財を特定の目的を達成するために購入する。そこでの失敗はしばしば大きな損失となるため、消費財の購入において見られる「衝動買い」のような購買行動は起き得ず、事前の情報収集から始まって慎重な意思決定が行われる。その際に、購買担当者の情報処理能力には限界があるため、売り手側の営業担当からもたらされる情報に頼ることとなるのである。

6）　佐藤、前掲書、113-115頁を参照。
7）　高嶋・南（2006）、5-10頁を参照。
8）　細井・松尾（2004）、130頁より引用。
9）　細井・松尾、前掲書、136-143頁、149-154頁を参照。

　もう一つの典型例は、取引の決定後もコミュニケーションを重ねるリレーションシップ活動と呼ばれるもので、それは生産財取引の特徴である継続性を強化する。生産財の購入企業は、自社のニーズに合った製品提案の可能性が高いこと、目先の利益に基づく交渉上の駆け引きの可能性が低いことなどから、一度取引を始めると相手先に取引の継続を求める傾向が強い。その基礎を成すのが営業担当との日常的なコミュニケーションなのである。

　次に、対内的活動についてであるが、同活動はソリューション活動やリレーションシップ活動の遂行に不可欠となる企業内部での働きかけや調整を意味する。例えば、顧客の抱える問題解決に寄与するために商品の見直しの必要性が生じたときに、それを営業部門単独で意思決定ができるはずはなく、自社内の研究開発・製造・物流・購買部門などあらゆる部門に情報を伝え、調整を図る必要が生じる。こうした活動が対内的活動であり、生産財取引の特徴である組織性を担保する。また、部門間の調整の結果、商品の見直しは受け入れられない、あるいは顧客に対して見直し内容の再考を求めることもあるだろう。このように、一つの商品に関わる意思決定には顧客と自社双方が関わることとなる。生産財取引においては、こうした相互依存性が特に色濃いものとなるのである。

（3）契約的取引とJAの取り組み体制

　JAがマーケットインを実践するためには営業活動が不可欠である。対外的営業活動については、実需者を顧客とすれば、卸売業者を顧客としていたときに比べて対象となる事業体の数が大きく増えること、合目的性などの取引上の特徴に応えるには従来とは異なるノウハウやスキルが要求されることなどから、専門部署や専任者の設置が必至といえる。

　対内的営業活動については、特に生産者への対応が課題になると考えられる。一般の企業においては商品の生産を担う製造部門が内部組織であるのに対し、JAの販売事業における生産者はそれぞれが独立した主体である。生産者の組織化やそれを支える事務局対応について新たな対応が必要になるこ

表4-1　契約的取引にかかる4事例の対応概況

		JA長野八ヶ岳・川上支所	JAいぶすき	JAとぴあ浜松	JA富里市
品目		レタス、ハクサイなど	ニンジン、オクラ、キャベツなど	キャベツ、セルリー、葉ネギなど	ニンジン、スイカなど
実需者対応	販路開拓	全農県本部が主として対応	県経済連、くみあい食品が主として対応	JAの特販課（専門部署）が対応	JAの直販担当（専任者）が対応
	商談	JAの販売担当（専任者）が主として対応	県経済連、くみあい食品が主として対応	JAの特販課（専門部署）が対応	JAの直販担当（専任者）が対応
生産者対応	組織化	既存部会とは別に小グループを設置	既存部会とは別に小グループを設置	手上げもしくは既存部会とは別に小グループを設置	既存部会とは別に直販部会や小グループを設置、ただし買取では組織化（生産者の特定）なしの場合もあり
	事務局対応	JAの販売担当（専任者）が対応	JAの営農指導員が対応	特販課と営農指導担当が連携して対応	JAの直販担当（専任者）が対応
JA手数料など		レギュラー品と同率	レギュラー品と同率	レギュラー品より高率（買取では逆ザヤもあり）	レギュラー品より高率（買取では逆ザヤもあり）

資料：本書のそれぞれの事例を詳述している章を参照

とは容易に想定される。

　では、実際に実需者との契約的取引を展開しているJAではどのような取り組み体制を構築しているのだろうか。ここでは、後の章で詳述する事例の中からJA長野八ヶ岳・川上支所、JAいぶすき、JAとぴあ浜松、JA富里市をとりあげて、対外的営業活動としての実需者対応、対内的営業活動としての生産者対応の概況を確認する。

　表4-1によれば、実需者対応についてJA長野八ヶ岳・川上支所では販路開拓を、JAいぶすきでは販路開拓と商談を県域組織に委ねている。一方、JAとぴあ浜松とJA富里市ではこれらをJA自ら担っている。実需者対応では県域組織の関わり方が一つの論点といえそうである。また、JA自ら担っているJAとぴあ浜松は専門部署、JA富里市は専任者を設置している。既存の販売担当の兼務による実需者対応は難しいものと考えられる。

　次に、生産者対応について見ると、組織化についてはいずれの事例も既存の生産部会とは別に契約的取引に参加する生産者を小グループ化していることを確認できる。ただし、JAとぴあ浜松では小グループ以外に生産者の手上げによる対応、JA富里市では組織化（生産者の特定）なしの場合もある。契約的取引に適合的な生産者の組織化は、小グループの設置を基本としてさまざまなタイプがあることが窺われる。

　事務局対応については、JA長野八ヶ岳・川上支所、JAとぴあ浜松、JA富里市において、同対応の担当者を実需者対応の担当者と一致させている点が注目される。その結果として、これらの3事例では販売担当者が部会事務局を務めている。一般的には部会事務局は営農指導員が務めている場合が多いと考えられ、この点は大きな特徴といえるだろう。

　JA手数料などについては、レギュラー品と同率にしているJA長野八ヶ岳・川上支所、JAいぶすきと、レギュラー品より高率にしているJAとぴあ浜松、JA富里市の二つの対応パターンが見られる。前者の2事例は販路開拓を県域組織に委ねているのに対し、後者の2事例はJA自ら担っている。また、後者はともに買取販売も行っている。こうした点が手数料率の設定に影響を与えている可能性が示唆される。

　以下では、実需者対応についてさらに考察を行うとともに、実需者と生産部会・生産者をいかにつなぐかについて、販売担当と営農指導員の機能分担に着目しながら検討する。

5．実需者対応の実際と課題

（1）4事例に見る実需者対応の特徴

　まず、実需者対応における特徴的な取り組みについて、従来の市場流通と比べた場合の相違に留意しながら整理する。その内容は大きく三つあげられるだろう。

　第一には、専門部署や専任者によるソリューション活動である。例えば、

JAとぴあ浜松の特販課では、生産者からの要望や生産拡大を通じた産地振興などの観点から販売企画を立案し、同課の東京駐在職員が中心となって販売先への提案や商談会への参加などを実施している。こうした形での販路開拓は、ソリューション活動の典型といえるだろう。

　一方、既存の取引関係を継続する中で新規の取引に至るケースも多いと考えられる。例えば、JA長野八ヶ岳・川上支所では、取引先のバイヤー・スーパーの社員を対象にした収穫体験、部会員によるスーパーの現場見学など双方向の交流活動を続ける中で、「朝どりレタス」という新商品を誕生させている。このケースのように、ソリューション活動の活発化には恒常的なリレーションシップ活動が重要な意味を持つと考えられる。

　第二には、パッケージ機能の積極的展開である。例えば、JAいぶすきの販売事業を県域組織として支えるくみあい食品では、パッケージ機能を有する青果センターを自ら所有して加工・包装などを行っている。スーパーからの急な要請がある場合は、消費地に近い関東地方のJAにパッケージ業務の委託も行っている。このほか、JAとぴあ浜松では自ら所有する施設を通じて、JA富里市では委託を通じて同機能を展開している。

　黒澤（2005）は、パッケージ機能を通じて「それぞれの実需者にあったPB商品や産地ブランド商品を開発し、それをエンドユーザーまでそのままの形で流通させることにより、産地の主導権のもとに農産物を供給することができる」としている[10]。パッケージ機能の展開は、産地側が取引の有利性を高める重要な条件になっているといえるだろう。

　第三には、他産地との連携である。JAとぴあ浜松では、キャベツの保管用冷蔵庫を設置して出荷時期の延長を図るとともに、県外のJAと協議会を設置してリレー出荷に向けた試験研究に着手している。くみあい食品では、離島を含めれば南北約600kmにおよぶ同県の立地を生かしてさまざまな品目でリレー出荷の企画を行っている。さらにJA富里市では、県外産地からの

10）黒澤（2005）、87-88頁より引用。

仕入れを積極的に行い、自JAや近隣の他社の冷蔵倉庫に貯蔵しておき、スーパーからの注文が確定するとパッケージセンターで包装などを行い納品している。その品目はニンジン、豆類、サツマイモ、タマネギ、バレイショなど多岐にわたり、仕入先の開拓・拡大のための営業まで行っている。

　現在スーパーは、「本部一括仕入れの率をへらし、個店ごとの独自仕入れで特徴を出す」ようになっており、産地側に対して「単一の農産物ではなく、畜産物や多様な野菜などの生鮮を全部まとめて、いっしょに提供することを歓迎」するようになっている[11]。こうしたスーパーの実情に対応しているのがJA富里市であり、首都圏に立地し、リードタイムを短くできる利点を生かして仲卸的機能まで発揮するようになっているのである。

（2）県域組織による対応の意義と課題

　以上のように、専門部署や専任者によるソリューション・リレーションシップ活動、パッケージ機能の積極的展開、他産地との連携といった点に実需者対応の特徴がある。これらの特徴は、一定の取り組み規模を持つことで規模の経済が働き、その果実は産地側に販売価格の逓増となって顕れると考えられる。

　JA長野八ヶ岳川上支所やJAいぶすきでは実需者対応を県域組織が担っているが、県域組織に委ねる基本的な意義は、規模の経済の追求にあるといえるだろう。また、遠隔産地ほど実需者との接触に要するコストなどが相対的に大きくなることは容易に想定される。実需者対応を県域組織が担う意義は、遠隔産地ほど大きいものとなるだろう。

　一方、課題についても検討しておく必要がある。県域組織の介在は、JAと実需者との取引が間接流通となることを意味する。一般的に間接流通には三つのデメリットがあるとされている[12]。第一に、間接流通を担う流通業者は自らの競争的ポジションを考慮して製造側への提案を行うため、その内

11）黒澤、前掲論文、92頁より引用。
12）高嶋・南、前掲書、167-169頁を参照。

容が製造側の期待と必ずしも一致しないこと、第二に、流通業者が複数の製造側の顧客を抱えている場合、製造側の企業が自社製品の営業努力を流通業者から十分に得られるとは限らないこと、第三に、流通業者が介在すると製造側の企業に実需者の需要情報が伝わりにくくなることである。

　これらのうち、特に第三の「需要情報」は産地側にとってきわめて重要と考えられる。この点は第5章・第6章において詳しく考察するが、需要情報は生産部会の活性化や農業経営の革新性に影響するものであり、契約的取引に県域組織が介在すると、こうした部分において負の作用が懸念されるのである。では、事例においてはどのような対応をしているのだろうか。

　例えば、くみあい食品の場合、そのスタッフは出荷の開始時やスーパーからの要望の変化が生じた時など、頻繁に産地に足を運んで生産状況の把握に努めている。スーパーとの商談はなるべく鹿児島で行うようにし、スーパーの担当者を産地に案内することも珍しくない。また、スタッフの中には技術指導の担当者も配置しており、PB商品や差別化商品に対応した生産方法の確認・指導、近年はGAP関連での指導にも力を入れている。くみあい食品は、生産現場と密接なコミュニケーションを図れているといえよう。県域組織が介在する場合は、こうした対応が重要になると考えられる。

（3）営業担当者の能力開発と対応方向

　さて、JAがマーケットインを実践していく上で、やはりその要となるのは専門部署や専任者によるソリューション活動であろう。増田（2002）は、販路開拓は「具体的な買い手との接触なしに不可能」であり、「今単協が持っている商品を手がかりに、できるだけ消費者に近い買い手との接触を強めることが必要」とした上で、「そうした販売面での攻めの姿勢を欠いた農協に、農業者組合員がついてくるはずがない」としている[13]。

　一方、JAのソリューション活動は実需者にとっても不可欠なものとなっ

13）増田（2002）、58頁より引用。

ている。斎藤（2005）は、スーパーにおいてはパートの比率を高め、バイヤーの数を減らす中で「産地や農産物の知識水準は落ちてきている」とした上で、「売り場の活性化と販売額の向上に、産地側の企画提案は欠くことのできない必要条件になっている」としている[14]。

　このようにJAのソリューション活動の必要性は高まっている。しかし同活動を担う職員の能力開発については、その仕組みづくりが十分な状況にあるとはいえないだろう。事例を見る限り、能力開発の中心は現場での仕事を通じた知識や技能の習得、いわゆるOJTにあると考えられる。例えば、JA富里市では商談はベテラン職員が行い、経験の浅い職員はまず出荷先ごとに荷物を振り分けて伝票を挟む仕事に従事し、こうした中で実需者対応の仕組みを少しずつ学んでいる。同JAからは、「直接販売の担当者として一人前になるまでには最低でも5年」との声が聞かれている。

　他方、JAグループの青果物営業担当の人材育成についてOff—JTに焦点を当てて研究した上田・清野（2015）は、系統組織によるOff—JTの具体的内容は、「マーケティングに関する総論的なものや卸売市場流通の知識習得がほとんどで、より実践的な内容には至っていない」と指摘している[15]。こうした現状にあるのは、そもそもJAにとって実需者への営業活動がまだ新しい取り組みであることに留意を要するが、本質的には営業活動がきわめて属人的であり、定型化やマニュアル化が難しいためではないだろうか。

　実需者対応を担う人材の能力開発は、基本的にはOJTに頼らざるを得ないだろう。JAに求められる対応方向として、次の三点を指摘しておきたい。

　第一には、やはり先輩職員による後輩職員の指導である。営業のノウハウやスキルは暗黙知といえるが、暗黙知の共有化には「共体験」が不可欠とされている[16]。実需者向けのプレゼン資料の作成、訪問を通じたコミュニケーション、クレーム対応、JA内での部門間調整などの一連の営業活動について、

14）斎藤、前掲論文、14頁より引用。
15）上田・清野（2015）、31頁より引用。
16）野中・竹中（1996）、92-95頁を参照。

先輩職員と後輩職員が時間と場所を共有しながら同じ汗を流す必要がある。こうした共体験としての指導が求められているといえよう。

　第二には、全農県本部や経済連などの関連部署への出向である。人材育成は基本的にはJA自ら実践すべきものであろう。しかし職員数を大きく減らした現在、先輩職員が後輩職員を指導する余裕があるJAは必ずしも多くないだろう。その場合の解決策の一つとして、共体験の場を県域組織に求めることが考えられる。こうした取り組みは、JA側にメリットがあるだけでなく、受入側の県域組織にとっても生産現場に近い情報を得ることができるなど、双方に利益をもたらすものといえよう[17]。

　第三には、容易でないことは十分理解した上で、個人のノウハウやスキルを文書化、さらにはマニュアル化すること、暗黙知を形式知化することである。この点はJAとぴあ浜松の取り組みが参考になるだろう。同JAでは月に一回若い販売担当者を集めて研修会議を実施している。そこでは特販課の職員が先生役を務め、自ら資料の作成や講義を行っている。人に教えるためには、自らの経験を整理・集約し、それを分かりやすい言葉で表現する必要がある。それは暗黙知を形式知に変換するプロセスといえる。毎回の研修で示される形式知は断片的なものであろうが、それを継続すれば組織としてのマニュアルが自ずと構築されていくことになるだろう。

6．指導・販売の機能分担と発展方向

（1）指導・販売体制の3類型

　前節でみた実需者対応は対外的営業活動と位置づけられるものである。そこで得られた実需者の要望に応えるには、企業でいえば製造部門に相当する生産者への対内的営業活動が不可欠となる。その際に次の二つの点に留意する必要があるだろう。一つには、JAが実際に働きかける対象は生産部会の

17）こうした指摘は、上田・清野、前掲論文においても見られる。

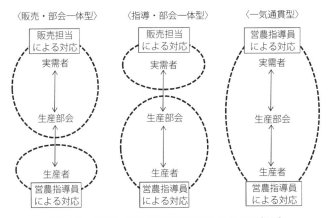

〈販売・部会一体型〉　　〈指導・部会一体型〉　　〈一気通貫型〉

図4-3　指導・販売の機能分担にかかる3類型

場合が多いこと、もう一つには、生産現場に精通している営農指導員といかに連携するかである。営業活動の完遂には、実需者・部会・生産者の3主体に対し、販売担当と営農指導員がどのような役割分担の下で対応するかが重要となるのである。その分担のあり方について、契約的取引を念頭において模式的に示せば**図4-3**の通り3類型が考えられるだろう。

　第1類型は、販売担当が実需者への営業活動と部会事務局をセットで担い、営農指導員は技術指導を中心とする生産者対応に特化するもので、これを販売・部会一体型と呼ぶこととする。先の4事例の中ではJA長野八ヶ岳川上支所とJA富里市が該当するだろう。

　第2類型は、販売担当は実需者への営業活動に特化し、営農指導員が部会事務局と生産者対応を担うもので、これを指導・部会一体型と呼ぶこととする。先の4事例の中ではJAいぶすきが該当するだろう。JAとぴあ浜松は販売担当と営農指導員が連携して部会対応に当たっており、第1・第2類型の中間型と位置づけられる。

　これらの2類型以外に、全国的には実需者・部会・生産者への対応を一括して営農指導員が担う一気通貫型と呼び得る体制も見られる。例えば茨城県JA北つくばである[18]。同JA管内では白菜、キュウリ、レタス、トマト、こ

だま西瓜、梨、イチゴなど多様な園芸品目が展開しており、販売方法は実需者を特定した予約相対取引が多い。営農指導員は品目別担当者と呼ばれており、担当品目にかかる販路開拓、取引条件の交渉、分荷の実務対応、栽培技術指導、資材の試験・選定・普及、予約購買のとりまとめ、部会事務局対応などを一手に担っている。

　さて、**図4-3**を営農指導員に着目してみれば、販売・部会一体型、指導・部会一体型、一気通貫型の順にその対応領域が大きくなることを確認できる。事例における営農指導員の配置状況を見ると、販売・部会一体型のJA長野八ヶ岳川上支所では農産物販売高103億円で営農指導員は2名、JA富里市では同91億円で指導員は4名、指導・部会一体型のJAいぶすきでは同215億円で指導員は28名、一気通貫型のJA北つくば[19]では同156億円で指導員は22名となっている。このように、三つのタイプで営農指導員の配置状況は大きく異なり、特に販売・部会一体型で極端に少数化するのが特徴といえるだろう。

（2）3類型の合理性と発展方向

　では、3類型の合理性について検討しよう。一般的に企業内部の組織機構は事業部制組織と職能別組織に大別される。前者は、事業や製品別に営業・開発・製造などの一連の機能を担う部署を設置するものであり、意思決定における迅速性や柔軟性を発揮しやすくなる一方で、各職能の専門性を高めることに難点があるとされる。後者は、営業・開発・製造などの職能別に部署を設置するものであり、各職能の専門性の強化を進めやすい一方で、部署間の調整が不可欠となるために意思決定の効率性に難点があるとされる[20]。

　こうした点を踏まえると、まず一気通貫型は事業部制組織の持つよさを最

18）本章においてJA北つくばの取り組みは西井（2020）を参照している。
19）同JAの販売金額は農産物全体、営農指導員数は園芸品目担当者のみの数値。なお、同JAの園芸品目販売額は110億円程度となっている。
20）石井・栗木・嶋口・余田、前掲書、115-142頁を参照。

も発揮しやすい体制といえるだろう。実需者から生産者まですべてに対応していることから、新たな商品づくりに関する柔軟性、欠品などのトラブルを未然に防ぐための迅速性などを発揮しやすいと考えられる。その一方で、業務の範囲がきわめて多岐にわたることから、指導や販売それぞれの専門性を高めることには一定の限界があるだろう。

　次に、販売・部会一体型についてであるが、同タイプは実需者と直接接触する販売担当が部会事務局を務めており、実需者対応にかかる意思決定の迅速性や柔軟性は発揮しやすい体制といえる。ただし、意思決定した内容の実行には生産者への徹底が必要となるが、それは部会の統率力や営農指導員のサポートに左右されることとなる。一方、生産者対応に特化する営農指導員は、それぞれの産地で必要とされる専門能力を高めやすい体制といえるだろう。

　指導・部会一体型については、販売担当が実需者対応に特化しており、対外的営業活動のノウハウやスキルを高めやすい体制といえる。ただし実需者からの要望への対応には部会に対する働きかけや営農指導員との調整などが不可欠であり、意思決定の迅速性や柔軟性は発揮しにくいだろう。また、部会事務局と生産者対応を担う営農指導員にとっては、必ずしも専門能力を高めやすい体制とはいえないだろう。

　以上のように3類型にはそれぞれ一長一短があり、一概にどれが合理的とは判断できない。ただし時間軸を通して見ると、一定の合理性の判断ができるものと考えられる。従来そして現在も、指導・販売の機能分担においては、営農指導員が部会事務局を務めている場合が多いだろう。それゆえ産地が契約的取引に踏み出していく際には、まずはこの体制を維持しながら新たに実需者対応を担う販売担当を設置する、すなわち指導・部会一体型からのスタートが望ましいのではないだろうか。同タイプは意思決定の迅速性や柔軟性は発揮しにくいと考えられるが、新たな領域への挑戦である以上、調整に時間をかけて慎重な意思決定を図ることは決して負の側面ばかりとはいえないだろう。

　指導・部会一体型を継続すれば、販売担当に対外的営業活動にかかるノウハウやスキルが蓄積されるとともに、生産者においても契約的取引に対する抵抗感がなくなり、対応力が身に付くだろう。こうした段階に至ったならば、販売・部会一体型への移行が望ましいと考えられる。その際には、販売担当に新たに部会事務局が業務として加わるため、同担当の拡充が必要となるが、具体的な拡充の進め方としては、指導・部会一体型の中で生産者対応を担っていた営農指導員の配置換えが最適といえるだろう。指導・部会一体型を経験する中で、営農指導員も実需者への対応力を一定程度習得していると考えられ、販売・部会一体型への移行後は、「生産現場の分かる販売担当」として能力を発揮しやすいと考えられる。

　さて、もう一つの類型である一気通貫型についてであるが、同タイプは意思決定の迅速性や柔軟性において最も優れており、この意味においては販売・部会一体型の産地が次に目指すべき体制といえる。ただしそこにはいくつかの留保が必要である。

　まず、同タイプは営農指導員が品目ごとにすべての職能を抱えて完結する体制であるために、各職能における規模の経済が発現しにくいと考えられることである。逆にいえば、一定の規模を持つ品目を多数有するJAならば合理性の高い体制といえるだろう。実際にJA北つくばにおいては、園芸品目のうち3億円以上が9品目、10億円以上に限っても5品目展開するなど、多様な品目で十分な生産規模が確保されているのである。

　また、専門性の発揮、特に営農指導における専門性が懸念される。今日の青果物産地では大規模経営体が増え、農業法人なども増加している。こうした経営体への対応には、従来からの栽培技術指導は当然のこととして、税務や労務管理、法人化支援などの経営指導がより重要になっている。多様な業務に従事する営農指導員がこうした専門性を習得するのは容易ではなく、組織的な別の手当てが必要になると考えられる[21]。

21）JA北つくばにおいては、経営指導のプロとしての営農指導員を品目別担当者とは別に設置している。

　以上を踏まえると、一気通貫型は特殊な条件下で合理性の高い体制といえる。契約的取引に臨む産地においては、まずは指導・販売一体型でスタートし、販売・部会一体型を目指すのが現実的といえるだろう。

7．おわりに

　本章では、JA全国大会決議に基づいて本書のテーマである「マーケットイン型産地づくり」にかかるJAグループの方針の変遷を確認するとともに、流通チャネルの多様化、販売方法の変化、生産部会の細分化などの実態を統計的に把握した。また、同産地づくりにおいては営業活動が不可欠となることを論じるとともに、事例を踏まえて実需者対応の特徴・課題と、それを遂行するための指導・販売の機能分担のあり方を考察した。

　本章の中で指摘した通り、JAがマーケットインを実践するためには、多様な実需者を顧客と位置づけ、それら一つひとつの事業体との「関係の創造と維持」を図らなければならない。本章はその具体化を効果的かつ効率的なものとするための事業面での対応方向を論じたものである。ただしJA事業のあり方は組合員の組織化や参画とセットで論じるべきものであることはいうまでもない。そこにこそ協同組合としての強みがあるからである。この点が次章の課題である。

参考文献
石井淳蔵・栗木契・嶋口充輝・余田拓郎（2004）『ゼミナール　マーケティング入門』日本経済新聞社.
板橋衛（2020）『果樹産地の再編と農協』筑波書房.
上田賢悦・清野誠喜（2015）「JAグループの青果物営業担当人材開発の現状と課題」『農林業問題研究』51（1）：26-31.
尾高恵美（2008）「農協生産部会に関する環境変化と再編方向」『農林金融』2008年5月号：30-42.
規制改革会議（2014）「規制改革に関する第2次答申〜加速化する規制改革」.
黒澤賢治（2005）「JAの販売事業の課題と、地域産物をまるごと売るマーケティン

グの実際」『農村文化運動』176：75-106.

斎藤修（2005）「マーケティングによる販売チャネルの多様化とその管理こそJAの課題」『農村文化運動』176：9-32.

佐藤和憲（2013）「業務用野菜産地と食品関連企業の提携関係」斎藤修・南岡公明編『JAのフードシステム戦略　販売事業の革新とチェーン構築』農山漁村文化協会：112-124.

生源寺眞一（2015）「米関連政策を振り返る─「米政策改革大綱以降を中心に」」日本農業研究所『米の流通、取引をめぐる新たな動き（続）』：7-20.

全国農業協同組合中央会（1988）『第18回全国農業協同組合大会議案　21世紀を展望する農協の基本戦略─国際化のなかでの日本農業の確立と魅力ある地域社会の創造』.

全国農業協同組合中央会（1994）『第20回全国農業協同組合大会議案　21世紀への農業再編とJA改革』.

全国農業協同組合中央会（1996）『JA教科書販売事業』家の光協会.

全国農業協同組合中央会（2003）『第23回全国農業協同組合大会議案　「農」と「共生」の世紀づくりをめざして─JA改革の断行─』.

全国農業協同組合中央会経済事業改革中央本部（2004）『経済事業改革指針の解説（全国版）』.

全国農業協同組合中央会（2006）『第24回全国農業協同組合大会議案　食と農を結ぶ活力あるJAづくり─「農」と「共生」の世紀を実現するために─』.

全国農業協同組合中央会（2015）『第27回JA全国大会議案　創造的自己改革への挑戦』.

全国農業協同組合中央会（2019）『第28回JA全国大会議案　創造的自己改革の実践』.

高嶋克義・南知恵子（2006）『生産財マーケティング』有斐閣.

西井賢悟（2020）「指導・販売一体型営農指導で結集力を高める─JA北つくば（茨城県）の取り組み」『月刊JA』782：12-17.

農林水産省（2014）「公正かつ効率的な売買取引の確保」.

野中郁次郎・竹中弘高著・梅本勝博訳（1996）『知識創造企業』東洋経済新報社.

細井謙一・松尾睦（2004）「営業　取引を中核とする多元的活動フロー管理」小林哲・南知恵子編『流通・営業戦略　現代のマーケティング戦略③』有斐閣：127-158.

増田佳昭（2002）「営農事業をどう強化するか」『農業と経済』68（5）：49-59.

両角和夫（2017）「「農協改革」をめぐる政府の検討と農協系統組織の対応─「自己改革」では何が課題となるか─」日本農業研究所研究報告『農業研究』30：153-224.

第5章

農協共販における組織の新展開と組織力の再構築

西井　賢悟

1．はじめに─農協共販にかかる問題意識─

　農協共販における主要なプレイヤーは生産者、生産部会、JA[1]の三者である。生産者はJAの組合員であり、部会の構成員でもある。また、部会はJAの組合員組織である。こうした三者の重層的関係を包含した擬似的主体が農協共販組織である。本章は農協共販のあり方を組織の問題に引き寄せて考察するものである。

　これまで農協共販組織は、系統共販・市場流通という強固な枠組みの中で存在感を発揮してきた。しかし流通環境は大きく変わり、卸売市場の先にいる実需者を意識せざるを得なくなった。実需者は多様化するとともにそのニーズもまた多様化している。今問われているのは、こうした細分化されたマーケットにいかに向き合うかである。

　軽々な指摘は慎まねばならないが、農協共販組織が受動的な対応に終始するならば、川下側にとって都合のいい産地として扱われ、マーケットの中で次第に力を弱めていくことになるのではないか。逆に能動的に対応するならば、川下側からビジネスパートナーとして尊重され、マーケットの中でその

1）本章では総合農協を指す場合その略称である「JA」と表記する。略称として
　　JAが用いられるようになったのは1992年からであるが、それ以前の記述につ
　　いてもJAで統一する。ただし「農協共販」「農協共販組織」「農協研究」など
　　定着した呼び名となっている場合の表記ではJAを用いないこととする。

地位を強めていく可能性が拓かれることとなるだろう。農協共販組織にとってどちらが好ましいかは自明のはずである。

　能動的に対応するためには、組織力の再構築が不可欠である。農協研究において組織力とは「組合員相互の意識的な結合の力」と定義される[2]。組織の一体感や団結力を表すものといえよう。現実の農協共販組織を見れば、共販と個販を天秤にかける機会主義的な行動が常態化しており、組織力の低下がきわめて進行している。このような状況では、マーケットへの能動的な対応は当然のこととして困難である。

　生産者にとって農協共販組織は、農産物の販売を通じて収入を得るための場である。参加の基本動機が経済的なものであることはいうまでもない。本章においても農協共販組織の経済的な側面に力点を置き、その特質と変化を詳述することとする。

　しかし生産者と組織のつながりは経済的な側面だけに限られるものではない。心理的な側面にも目を向ける必要がある。組織の提供する仕組みがいかに経済的に優れていても、それが心理的なつながりを台無しにするものならば、個が生き生きと行動するはずがなく、組織としての能動的な対応は期待し得ない。本章では農協共販組織の新たな展開として部会の細分化再編に焦点を当てるが、結論を先取りするならば、それは経済的にも心理的にもつながりを深める仕組みと位置づけられるものである。

　本章の構成は以下の通りである。第一に、農協共販の組織的な特質として、生産者・部会・JAの関係、生産者の組織参加の利益、組織の競争力などをとりあげ、それらを農協共販組織の展開過程と関連づけながら考察する。第二に、農協共販組織が直面している環境変化の特徴、これまでの対応を整理する。また、今後の組織のあり方として部会の細分化再編をとりあげ、その基本的な仕組みを明らかにする。そして第三に、部会の細分化再編に実際に取り組んでいる事例で行ったアンケート調査に基づいて、組織力の変化につ

2）ここでの定義は、藤谷（1974）、330頁より引用。

いて考察するとともに、こうした再編を通じた農協共販組織の発展の可能性
を展望する。

２．農協共販における組織化の利益と競争力

（１）生産者・生産部会・JAの関係

　まず、農協共販組織とはいかなる組織なのかについて確認しておこう。その構造を示せば**図5-1**の通りとなる。同組織を構成する主体は生産者、生産部会、JAの三者であり、それらを包含したものが農協共販組織といえる。

　三者の中で、具体的な取引関係にあるのは生産者とJAである。JAは生産者に対して販売代行サービスを提供し、その対価として生産者は販売手数料をJAに支払う。一見するとシンプルな関係であるが、ここに農協共販組織を構成する主体間の複雑な関係性が潜んでいる。そもそも経済学においては、取引関係は以下の三つに大別される[3]。

　第一には市場取引で、各主体は自己の利益の最大化を行動原理とし、自由に参入・退出を行う。第二には組織内取引で、各主体は権限に基づく命令を行動原理とし、同じメンバーによる固定的な関係を継続する。第三には中間

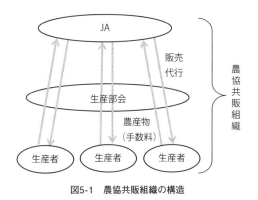

図5-1　農協共販組織の構造

3）菊澤（2016）、46-48頁を参照。

取引で、各主体は自己の利益の最大化を行動原理の基本とするが、組織的な統制についても受容する。参入・退出が完全に自由ではない一方で、同じメンバーによる継続的な関係についても完全ではない。

　生産者とJAの取引関係は、中間取引が最も近いと考えられる。協同組合においては、事業を利用するか否かは組合員の自由意思に委ねられている。この意味では両者の関係は市場取引に近いものとなる。しかしその一方で、協同組合の組合員は運営者としての性格を持ち、自らが利用する事業に対して意思反映を行う。自らの意思が反映された事業を利用するのは当然であり、この意味では両者の関係は継続的かつ固定的、すなわち組織内取引の関係に近いものとなる。

　これら二つの関係は、どちらも当てはまるといえるだろう。共販に参加しながら個販でも出荷する生産者がその象徴である。共販に関わる決めごとを受容しつつも自由意思で行動する。生産者とJAの関係は曖昧であり、まさに中間取引といえるのである。

　この中間取引を統制する主体と位置づけられるのが生産部会であり、その統制の度合いを決定づけるものが組織力である。現実の農協共販組織では、生産者は部会を通じて自らの意思反映を行っており、部会の関与の下で共販に関わるさまざまな計画やルールなどが決められている。部会の組織力が強いと、計画やルールは組織内でよく徹底され、生産者とJAの取引関係は組織内取引に近づく。一方、組織力が弱いと計画やルールの組織内での徹底は不十分となり、生産者とJAの関係は市場取引に近づく。しばしば部会の力が強い産地は共販率が高いといわれるが、それは生産者とJAの関係があたかも組織内取引関係のようになっていることを意味しているのである。

（2）共販参加の利益と農協共販組織の競争力

　生産部会の組織力は、組織によって相当の差があるのが実態であろう。そして長い時間軸で見れば、総じて弱体化が進んできていると考えられる。ただしいかに弱体化しているとしても、共販に参加する以上は一定の計画や

ルールの受容が必要となる。端的にいって、計画やルールは生産者にとって煩わしいものであろう。にもかかわらず共販に参加するのは、個人では得ることのできない経済的利益を享受できるからにほかならない。

　第一には、取引コストの節約に基づく利益である。取引コストとは、取引相手を見つけるための探索コスト、取引条件をめぐる交渉に要する契約コスト、契約内容の遵守の確認に費やされるモニタリングコストなどから成る[4]。個人で販売するならば、こうしたコストをすべて自ら負担しなければならないが、JAに販売を委託すればこれらのコスト負担は不要となる。

　第二には、規模の経済に基づく利益である。これは技術的側面から見た利益とマーケティング的側面から見た利益に大別される[5]。前者は、選果場をはじめとする共同利用施設の設置やそこでの作業の共同化を通じたコスト低減効果、後者は、販売専門職員の設置やロットの拡大などを通じた販売価格の逓増効果を意味する。どちらも個人では実現することが難しく、他の生産者とともにJA事業に結集することによって生み出される利益である。

　さて、個人が共販に参加する利益、すなわち個人出荷に対する農協共販の優位性はこのように説明できるが、他の集出荷形態に比べた優位性はどうであろうか。歴史的にみれば共販はJAの専売特許ではなく、先行的に実施してきたのは専門農協や任意組合である。また、集出荷業者や産地商人なども大きな存在感を有していたのは周知の通りである。

　図5-2は、青果物（野菜＋果実）の国内産出高・JA取扱高・JAシェアを示したものである。この図から1990年代後半までJAシェアは拡大傾向にあったことを確認できる。つまり、この時期までは他の集出荷組織に対して農協共販組織が優位性を持っていたといえるのである。これには、基本法農政以降に構築された指定産地制度や卸売市場制度の中で系統組織が確固とした位置づけを与えられ、各種の施策の対象となったことが大きいだろう。ただしそれ以外にも競争上の優位性を有していたと考えられる。

4）同上、17-18頁を参照。
5）浅見（1989）、112-115頁を参照。

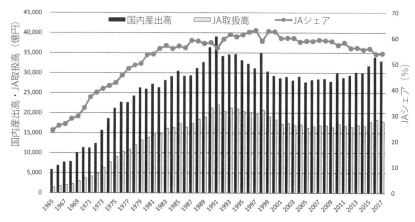

図5-2　青果物（野菜＋果実）の国内産出高・JA取扱高・JAシェアの推移

資料：農林水産省「生産農業所得統計」および「総合農協統計表」
注：JAシェアは、JA取扱高を国内産出高で除して算出。

　第一には、共同利用施設の設置の際などに必要となる資本力である。多様な組合員で構成され、金融事業を営むJAに比べて、特定の作物の生産者だけで構成されている専門農協や任意組合の資本力が脆弱となるのは当然のことである。

　JAグループが青果物の産地形成に本腰を入れるようになったのは、1960年代に打ち出した営農団地構想以降であるが、同構想に基づいて進められた産地形成、その中での選果場などの設置が契機となり、JAの傘下に入って生産部会として再スタートを切った専門農協や任意組合はかなりの数におよんだと考えられる。

　第二には、協同組合固有の経済効果である組織力効果である。これは特に集出荷業者をはじめ一般企業に対する優位性をもたらしたといえる。組織力効果は組織力に基づいて発揮されるものであり、労働力の内給性効果と計画化効果から成る[6]。

6）武内（1983）、6頁を参照。

　労働力の内給性効果は、選果場などでの作業に対する生産者の無償の労働提供をイメージすれば分かりやすいだろう。集出荷業者がこうした労働提供を受けることはできず、結果として農協共販組織は卸売市場への出荷を低コストで運営できるのである。

　計画化効果は、生産や出荷にかかる計画性の強化を通じた、選果場運営の効率化や卸売市場に対する影響力の発揮を意味する。計画の元となる話し合いや生産者の意思を積み上げる場は生産部会であり、部会の存在があって成立する効果といえる。

　こうした効果もあって競争優位性が高まり、結果としてJAシェアは上昇を続けたと考えられるのである。

（3）JAシェアの低下とその背景

　しかしながら、図5-2に示される通り、1990年代後半以降JAシェアは低下傾向にある。大規模経営体を中心とする農協共販からの離脱や、実需者とダイレクトに結びついた法人の設立などが進んでいるためと考えられる。

　これは、加工・業務用需要の増大をはじめとする流通環境の変化に対し、農協共販組織の対応が遅れているためといえるだろう。共販を通じた販売先や販売方法は生産部会の関与の下で決められている。そして部会における意思決定の原理は1人1票である。つまり、農協共販組織の対応の遅れは、詰まるところ部会において変化を求める生産者、革新志向を持つ生産者が少数化しているためといえるのである。

　この点について浅見（1995）は、多数決の原理に基づいて農産物販売にかかる自らの意思反映が制限され、生産者が「生産だけに没頭」するようになると、「能動的な経営発展へのインセンティブが失われ、経営管理能力の蓄積も凍結してしまう」としている[7]。

　部会においても変化を求める声はあったはずである。しかし90年代までは

7）浅見（1995）、39-40頁より引用。

　青果物市場は拡大傾向にあり、農協共販組織は生産者が農業所得を安定的に
あげられる環境を提供してきた。その中で変化を求める声はかき消され、生
産者は次第に「生産だけに没頭」するようになり、革新志向が育まれにくい
状況が深まってきたと考えられる。

　さらにこの時期に、部会の組織力の低下が顕在化したこともJAシェアの
低下に拍車をかけたといえる。そもそも部会は、佐伯（1972）によれば、
「農村の現実的変化への対応として、いわば自然発生的に生まれつつあった
ものを、農協が積極的に組織内部にとりこみ、これを育成・強化していった
ものである」とされている[8]。

　この指摘にある「自然発生的に生まれつつあった」組織とは業種別組合の
ことを指しており、専門農協や任意組合として販売事業を展開していた。
JAが営農団地構想を契機としてこうした組織を取り込んでいったのは前述
した通りである。注目されるのは業種別組合の組織化の範囲である。宮川
（1966）によると、1955年における園芸部門の業種別組合数は4,522組織、こ
のうち大字未満を区域とする組織は43.1％、大字を区域とする組織は26.6％
となっている[9]。大半の組織は小地域をエリアとしており、業種別組合は販
売という機能に基づく結合体である一方で、地縁組織としての性格も多分に
有していたといえる。そしてこうした組織の性格は部会にも引き継がれるこ
ととなる。

　我が国が経済成長を続ける中で、農村では兼業化や混住化、そして集落の
弱体化が顕著に進んだことは論を要さないだろう。このことは地縁を組織力
の源泉とする部会にも次第に影響を与えるようになったと考えられる。そし
て決定的だったのは部会の統合や集出荷施設の統廃合である。**図5-3**に示さ
れる通り、90年代に入ってJA合併のスピードが加速し、それと軌を一にし
て部会数や集出荷施設数も増加から減少に転じている。組織化の範囲が拡大
すれば構成員の同質性が弱まるのは必然である。また、集出荷施設は産地銘

8）佐伯（1972）、78頁より引用。
9）宮川（1966）、324頁を参照。

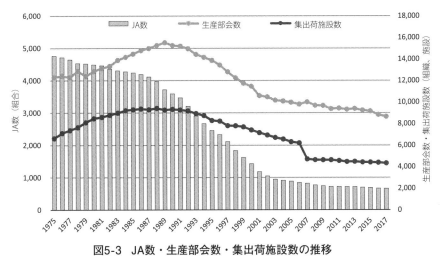

図5-3　JA数・生産部会数・集出荷施設数の推移

資料：農林水産省「総合農協統計表」
注：集出荷施設数は、2006年度までは集荷施設と選果施設の合計。

柄の単位となっている場合が多く、その統合に反発がともなうのは容易に想定される。

　こうして部会は組織力を弱め、生産者の機会主義的行動が拡大し、機会コストの負担に耐えられない大規模経営体などは離脱という道を進むこととなったのである。

3．環境変化に対応した農協共販組織の再編方向

（1）農協共販組織が直面する取引の質的変化

　およそ経済社会においては、外部環境の変化に対応できない組織は淘汰されることとなる。今後JAが再び販売シェアを高めていくためには、流通環境の変化に対応した共販組織の再編が不可欠である。その方向性を考えるに当たり、ここではまず近年の流通環境の変化が意味するところを確認しておこう。

　その特徴は、卸売市場より川下側にいる実需者の存在感が高まっているこ

117

とにある。実需者およびそのニーズは多様化しており、それに応えられていないために卸売市場経由率が低下傾向にあると考えられる。農協共販組織にとって卸売市場は、これまで農産物流通をともに支えてきた重要なパートナーである。しかし卸売市場より先を意識しない販売では、農協共販組織がそのシェアを回復するのは困難といえる。卸売市場を介すにしても、実需者との直接的な関係性を前提とすることが不可欠なのである。

　実需者との直接的な取引は、従来の取引とは質的に大きく異なるといえる。なぜならば、これまでの市場流通では不特定多数の相手に同一商品を供給してきたが、実需者に対する販売では相手先のニーズに合わせた個別商品を用意する必要があり、そうした個別商品をほかのルートで販売するのは容易ではなくなるからである。

　このような取引は資産特殊的な取引と呼ばれる[10]。資産特殊的な取引とは、取引当事者が保有する資産が特殊な取引であり、そのような資産はある人と取引をすると価値が高まるが、別の人と取引をすると価値が低下する。こうした取引では、相手先から急に取引の中止を求められると生産した商品が行き場を失いそのまま損失となる。このような状況を回避するために、事前の「契約」[11] が必要となるのである。

（2）農協共販組織の従来の契約対応

　契約に基づく取引においては、事前に農産物の数量や価格とともに、生産資材の使用種類や使用条件、荷姿などが定められる。実需者側は、自らの求める条件にあった農産物を手に入れることができるようになり、それへの対価として生産者側に価格の安定を保証する。契約によって得られる生産者の最大の利益はここにあるといえる。実際の価格の決め方はさまざまであるが、

10）菊澤、前掲書、20-21頁を参照。
11）本章においては、実需者と事前に条件を定めて行う取引を「契約」と位置づける。卸売市場での予約相対取引などもこの要件を満たすならば「契約」と捉えることとする。

野菜においては、加工・業務用の取引ではシーズン1本価格、スーパーとの取引では最高価格と最低価格を決めた上での市場価格のスライド方式などがよく聞かれる。

こうした契約に基づく取引は、農協共販組織にとって新しい試みといえる。前述した通り、革新志向を持つ生産者が少数化している中で合意形成を図るのは容易ではない。その中で最も採用しやすいのは、選果場に集められた出荷物（レギュラー品）の一部を契約に回す方法と考えられる。この方法は、契約の利益とリスクを全員で薄く広く共有するものであり、いわば平等に基づく対応といえる。実際にこのやり方を採用している農協共販組織が多いものと考えられる。

しかしながらこの方法には二つの難点がある。一つには、部会の組織力の弱体化の中で、作況が悪く市場価格が高騰した時などに農産物が集まらず、契約を遵守できないことである。このような状況では契約が継続できなくなるのは当然のことである。

もう一つには、契約に基づく利益が部会全体で薄められるため、こうした新たな取引を望む革新志向の強い生産者が、その利益を十分に享受できないことである。契約を望む生産者は大規模経営体に多いと考えられる。契約を通じて得られる価格安定の利益は、雇用労働力に対して確実に賃金を支払わねばならない大規模経営体にとって特に必要な利益だからである。平等に基づく契約への対応では、大規模経営体の共販離れを止める十分なインセンティブとはならないのである。

（3）小グループの設立を通じた部会の細分化再編

実需者およびそのニーズは多様化している。農協共販組織にはそれへの対応が求められているのだが、生産部会全体で足並みを揃えるのは容易ではない。そこで考えられるのが、こうしたニーズに対してそれを望む生産者だけで対応する仕組みを部会の中につくること、より具体的には、部会の中に小グループをつくり、それら一つひとつを販売単位としていくことである。こ

れは、いわば部会の細分化を通じた再編を企図するものである。

　部会の細分化再編を論じた嚆矢は石田（1995）である。同氏は農業経営の異質化が進む中での部会のあり方について、「既存の地域を単位として作られた部会組織（これをとりあえず地縁組織と呼ぶ）はそのままとし、生産物（出荷体系）、生産方法（装備水準別）、栽培方法、販売方法などの共通性に着目しながら、地縁組織の中から複数の組合員をピックアップし、真に利害関係を共有できる部会組織（これをとりあえず機能組織と呼ぶ）を育成することが重要である」としている[12]。

　この指摘の中の「真に利害を共有できる部会組織」が小グループを指している。また、小グループの結集軸として、販売方法だけでなく栽培方法などの生産面での差別化をあげていることが特徴的である。部会の中を見れば、新資材の導入はじめ生産技術の改良を独自に進めている生産者がいるのは珍しいことではない。その独自技術が差別化商品に値する価値を生み出すものならば、それに合わせた販路を見つけ、ほかの仲間とともに小グループとして別販売する。生産面を基点とする小グループ化も当然あってよいだろう。

　図5-4は、農協共販の仕組みを従来型と細分化再編型に分けて示したものである。従来型では、生産者から出荷された農産物をレギュラー品として単一商品化し、卸売市場を通じて販売していく。実需者との契約に基づく取引も行うが、そこでの取引商品はレギュラー品の一部を小分けなどによって後から別商品化したものであり、この取引を通じた利益はすべての部会員に薄く広く還元されることとなる。

　一方、細分化再編型では、生産者はレギュラー品として出荷するか小グループを通じて別商品として出荷するかを選択することができる。レギュラー品は従来型と同様に部会全体で単一商品とする。一方、小グループを通じた出荷は、実需者との契約に定められた条件に基づいて別商品として生産・荷造などを行う。共同計算についてもレギュラー品とは別に当該商品だ

12）石田（1995）、49頁より引用。

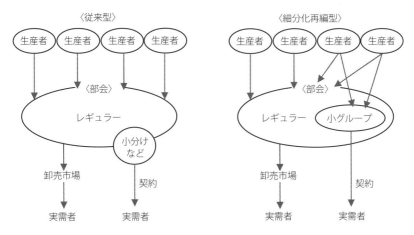

図5-4　農協共販の二つの仕組み

資料：日本協同組合連携機構「『マーケットインに対応したJA営農関連事業のあり方に関する調査研究』報告書」2019.3、63頁の図を修正して引用

けで行い、その利益はこの取引への参加者だけに還元されることとなる。

　この仕組みの場合、小グループの参加者は価格の安定化の利益を全面的に享受することができる。ただし市場相場が高い時には、契約価格が相対的に低いものとなることは容易に想定される。小グループへの参加には利益もあればリスクもある。そのため同グループへの参加はあくまで生産者の自発性に基づいて決定される必要がある。

　また、契約の中身には数量に関する取り決めも盛り込まれるだろう。契約に参加すると生産者は常に欠品のリスクに晒されることとなる。このリスクを回避するために、小グループを通じた出荷については、各自の生産量の中で一定の上限を設け、それ以外はレギュラー品として出荷するようルールとして定めるのが現実的となる。

　一方、小グループの設立がレギュラー品に与える影響についても考慮しなければならない。レギュラー品の出荷量が減り、その販売単価の低下や選果場利用料金の増嵩を招くならば、小グループに参加しない生産者からの反発

は必至である。部会内の軋轢が高まることのないように、小グループの設立は当該品目の生産拡大に向けた振興策や外部の出荷者の取り込みなどとセットで進めていくことが必要となる。

（4）部会の細分化再編と組織力

部会の細分化再編は、流通環境の変化と革新志向を持つ生産者が少数化している中での現実的な対応と考えられる。しかしながら課題も指摘されている。

板橋（2014）は、「実需者ニーズは一部の差別化された農産物に対してのみ」の場合が多く、部会の細分化を図ると、「産地は分裂状態になる危険性」があり、「地域農業をベースとして多くの組合員が参加する販売事業の根本的な考え方とは相対的に乖離し、販売メリット、システム論に矮小化した議論になる」としている[13]。

斎藤（2013）は、部会の基本問題は「プール計算を原則としているために実需者との取引価格の差が生産者手取りの差に反映しにくい」ことにあるとした上で、取引先との連携を深化させるため、JAは「選定方式」をとって生産者を囲い込むのが普通であり、その結果として部会は「これまでの役割がなくなり、JAの運営委員会や協議会に役割を移行すべきである」としている[14]。

板橋氏が細分化について慎重な姿勢を示しているのに対し、斎藤氏は細分化自体には肯定的である。ただし細分化後に小グループをつくることについては、「運営委員会や協議会に役割を移行すべき」という指摘を見る限り消極的と考えられる。斎藤氏はJAが個別経営と直接つながる姿をイメージしていると考えられる。

両氏の指摘を本章の問題意識に引き寄せるならば、検討を要するのは部会の細分化再編が組織力に与える影響についてである。板橋氏の指摘する「産

13）板橋（2014）、36頁より引用。
14）斎藤（2013）、81-83頁より引用。

地の分裂状態」とは組織力の低下を懸念するものといえる。一方、斎藤氏の論考から窺われるJAと個別経営が直接つながる姿は、組織力を必要としない農協共販の方向性を示したものといえる。

　こうした点を踏まえて、次節では実際の事例に基づいて、部会の細分化再編が組織力に与える影響やその可能性を考察する。

4．組織力の再構築と組織の展望

（1）組織力と組織コミットメント

　前述した通り、農協研究において組織力とは「組合員相互の意識的な結合の力」を意味する。このように定義化はされているものの、定量化の手法は手付かずとなっている。そこで本章では、組織行動論を中心に研究が進められ、測定尺度も開発されている組織コミットメントに着目し、組織力を組織コミットメントと捉えて考察を進めることとする。

　組織コミットメントとは、「ある特定の組織に対する個人の同一化および関与の強さ」を表す概念である[15]。この定義から示唆されるように、組織コミットメントの焦点は組織と個人の結びつきにある。一方、組織力の焦点はその定義を見る限りメンバー同士の結びつきにある。このように両概念には相違があるが、組織コミットメントは組織内の協力関係を促進することが明らかにされており[16]、メンバー同士のつながりについても射程に収められている。そこで本論では組織コミットメントの概念を試論的に援用する。

---

15) 高橋（2002）、55頁より引用。
16) 後述の通り組織コミットメントは組織市民行動を促進する。同行動は多次元からなるが、例えば西田（1997）、110頁では、「誠実性」「丁重」「市民としての美徳」「スポーツマンシップ」「利他主義」の5次元で捉え、このうちの「利他主義」は組織内のほかの人に向けられる支援であること、すなわち協力関係の促進を意味することを示している。なお、表5-4に示される組織市民行動にかかる設問は、5次元で捉えた組織市民行動それぞれを測定できるよう、西田、同上、111頁を参考に設計している。

　会社組織を対象に研究の蓄積が進んできた組織コミットメントは、一般的に功利的コミットメントと情緒的コミットメントの二つの次元があるとされる。前者は、組織と個人の間の経済的な交換関係など損得勘定に基づく結びつきを意味し、後者は、組織に対する愛着や一体感など感情的な結びつきを意味する[17]。

　以下では、JA長野八ヶ岳・川上支所のレタス出荷者を対象として実施したアンケート調査に基づいて、小グループの設立が組織コミットメントに与える影響について考察する。

（2）細分化再編と組織コミットメントの実際

1）アンケート調査の概要

　事例とする川上支所管内は夏秋レタスの全国トップシェア産地である。その詳細は第7章で述べるが、同産地では生産部会に相当する組織は出荷組合と呼ばれており、その傘下に小グループが設立されている[18]。

　2018年度においてレタスの小グループは25におよんでおり、それぞれが共計単位でいずれも契約に基づく取引を行っている。欠品を回避するために小グループを通じた出荷は各生産者の出荷量の5割を上限としており、残りは支所全体で共計の一本化が図られているレギュラー品として出荷することがルール化されている。

　アンケート調査は2016年1月下旬〜2月中旬に行った。2015年度においてレタスの出荷実績のある186名の出荷組合員を対象とし、同組合を通じて調査票の配布・回収を行った。回収数は130で回収率は69.9％であった。

　表5-1は回答者の属性を示したものである。年齢を見ると、40歳代が最も

17）鈴木（2007）、37頁を参照。
18）同事例における「出荷組合」は、正確には生産部会の支部に相当する組織であり、本部に相当する組織は「野菜専門委員会」と呼ばれている。また、同事例では小グループに相当する組織を「部会」と呼んでいるが、本章では議論の混乱を避けるために小グループと表記する。

表5-1　回答者の属性

		人数（人）	小グループ参加者割合（%）
計		130	67.7
年齢	29歳以下	6	66.7
	30歳代	18	77.8
	40歳代	35	80.0
	50歳代	31	77.4
	60歳代	29	44.8
	70歳以上	9	44.4
農産物販売額	1千万円未満	6	33.3
	1～2千万円	11	18.2
	2～3千万円	15	53.3
	3～4千万円	22	68.2
	4～5千万円	25	80.0
	5～6千万円	20	90.0
	6～7千万円	10	90.0
	7千万円以上	11	72.7

注：年齢・農産物販売額ともに無記入者がいたため、それ
ぞれを足し合わせても計と一致しない。

多く35人、次いで50歳代が31人となっており、中堅層の割合が高い。農産物販売額を見ると、最も多いのは4～5千万円で25人、次いで3～4千万円が22人、さらに5～6千万円が20人で続いている。当産地の平均的な農産物販売額は5千万円前後と考えられる。

　小グループへの参加状況を見ると、全体では67.7％（88人）となっている。年齢別では50歳代以下の各層、農産物販売額別では2千万円以上の各層において50％を超えている。当産地での小グループへの参加は、若手・中堅かつ相対的に経営規模の大きい生産者が中心となっている。

2）組織コミットメントの概況
　先行研究に倣い、組織コミットメントは以下の設問で把握することとした。功利的コミットメントは、「出荷組合なしでは自分の農業経営が成り立たない」「出荷組合を離れると失うものが大きい」、情緒的コミットメントは、「出荷組合に愛着を感じている」「出荷組合の問題は自分の問題のように感じ

表5-2　小グループへの参加の有無別に見た組織コミットメント

	小グループへの参加		①－②
	①あり（点）	②なし（点）	
功利的コミットメント	4.21	3.93	0.27
情緒的コミットメント	4.28	3.93	0.35　＊

注：＊は5％水準で有意を意味する。

る」の各2問である。

　各設問とも5段階尺度で尋ね、功利的・情緒的コミットメントともに2問の平均をそれぞれ算出（各選択肢に5〜1点を与えて加重平均）した。その結果を小グループへの参加の有無別に示したものが**表5-2**である。

　どちらのコミットメントも小グループ参加者の方が高く、特に情緒的コミットメントについては有意差が認められた。この結果から、小グループへの参加は感情的な結びつきの観点から組織力を高めていることが示唆される[19]。

3）組織コミットメントの促進要因

　組織コミットメントの促進要因は、年齢、勤続年数などの「個人特性要因」、仕事の多様性や自律性、挑戦的な業務であるかなどの「職務関連要因」、職場のメンバーの凝集性や組織風土などの「仕事経験要因」、人事制度などの「構造特性要因」に大別されている[20]。

　これらのうち、小グループの設立は職務関連・仕事経験・構造特性の各要因に関わると考えられることから、本アンケートではそれぞれについて複数の設問を設けた。**表5-3**はその結果を抜粋して示したものである。

　小グループへの参加者と非参加者で比べると、職務関連要因の設問として

19）小グループ非参加者が有意に低いという解釈も可能であるが、小グループ設立後もレギュラー品の出荷の仕組みやJAの対応などは変わっておらず、レギュラー品の価格や集荷場利用料金などについても負の影響は出ていない。以上から、小グループ参加者が有意に高いと解釈するのが妥当と考えられる。

20）鈴木、前掲書、37-42頁を参照。

表5-3　小グループへの参加の有無別に見た組織コミットメントの促進要因

		小グループへの参加		①-②
		①あり(点)	②なし(点)	
職務関連要因	販売先の選定に自分の意思を反映できている	3.42	3.00	0.42 *
	販売価格の決定に自分の意思を反映できている	3.14	2.81	0.33
仕事経験要因	出荷組合で決められた情報はきちんと伝えられている	3.93	3.89	0.04
	出荷組合の中では気兼ねなく話せる	3.75	3.61	0.14
構造特性要因	今の出荷・販売体系は自己の努力を十分生かせている	3.56	3.24	0.32 *
	今の出荷・販売体系は参加しやすい	3.57	3.21	0.36 *

注：1）いずれも5段階尺度で尋ねており、加重平均して集計。
　　2）表5-2の注と同様。

想定した「販売先の選定に自分の意思を反映できている」において有意差が認められた。これは自律感の高まりを意味しているといえよう。また、構造特性要因の設問として想定した「今の出荷・販売体系は自己の努力を十分生かせている」「今の出荷・販売体系は参加しやすい」においても有意差が認められた。これらは公平感の高まりを示唆しているといえる。

　小グループの設立は生産者の自律感と公平感を高め、その結果として情緒的コミットメントが促進されていると考えられるのである。

４）組織コミットメントの効果

　組織コミットメントの効果としては、以下のようなものが指摘されている[21]。第一には、離職や転職が少なくなることである。この点を部会に当てはめれば、メンバーの脱退や機会主義的な行動の抑制を意味するといえるだろう。第二には、組織市民行動を活発化させることである。組織市民行動とは、自分の役割を超えて組織のために行う行動を意味する。小グループ内

21）組織コミットメントの効果としてはさまざまなものが指摘されている。例えば、鈴木、前掲書、131-137頁では離転職の抑制、価値観の共有、組織市民行動の促進、高尾・王（2012）、177-196頁では革新志向をあげている。本章ではこれらのうち、部会にとって特に望ましいと考えられる本文の三つの効果に着目することとした。なお、表5-4に示される革新志向の設問は、高尾・王、同上、187頁を参考に設計している。

表5-4　小グループへの参加の有無別に見た意識と行動

| | | 小グループへの参加 | | ①-② |
		①あり(点)	②なし(点)	
継続意向	今後もJAを通じた出荷を継続したい	4.63	4.70	-0.07
組織市民行動	周囲に困っている農家がいれば進んで助ける	3.72	3.38	0.34 *
	出荷組合や部会で決めたことは進んで守っている	4.07	3.92	0.16
	出荷組合や部会の中で些細なことには不平を言わない	3.60	3.64	-0.04
	自分の行動が他のメンバーにどのような影響を与えるのかを考慮するようにしている	3.87	3.56	0.31 *
	出荷組合や部会の任意の集まりに指示がなくても参加するようにしている	3.77	3.42	0.35 *
革新志向	農業経営の中で新たなアイディアを積極的に試すようにしている	3.59	3.17	0.42 *
	出荷組合や部会において新たなアイディアを積極的に提案するようにしている	3.13	2.92	0.22

注：1）表5-3の注1と同様。
　　2）表5-2の注と同様

　で欠品が出そうになったときに、自分の割当以上に収穫することなどをイメージすればよいだろう。第三には、革新志向が高まることである。この点が部会において重要であることはここまで述べてきた通りである。本アンケートではこれら三つの効果を測定する設問を設けた。**表5-4**はその結果を示したものである。

　継続意向については差が認められなかった。ただし小グループ参加者も非参加者もその点数が5点に近く、出荷組合員はみなが高い継続意向を持っているといえる。組織市民行動については、「周囲に困っている農家がいれば進んで助ける」「自分の行動が他のメンバーにどのように影響を与えるのかを考慮するようにしている」「出荷組合や部会の任意の集まりに指示がなくても参加するようにしている」の3問で、革新志向については、「農業経営の中で新たなアイディアを積極的に試すようにしている」で有意差が認められた。

　当該産地においては、情緒的コミットメントが促進された結果として、組織市民行動や革新志向が高まっていると考えられるのである。

（3）組織力の再構築とその可能性

　藤谷（1994）は、JAの組織力は集落などのまとまりに基づく「慣習的組織力」に依存してきたが、集落などの弱体化にともなってそれが著しく低下してきているとした上で、今後の方向については、慣習的組織力に代わる「近代的組織力」の形成が重要であり、それには組合員教育や広報活動の強化、組合員組織の多様な育成とそれに対する事務局機能などが重要となることを指摘している[22]。

　本章で見てきた小グループの設立は、この指摘にある「組合員組織の多様な育成」を意味するものである。事例においては、公平感や自律感に基づいて情緒的コミットメントが高められることが示されており、それは慣習的組織力としてではなく近代的組織力として組織力が再構築された可能性を示唆している。

　組織力の再構築が進んだとするならば、それに基づいて発揮される組織力効果にも好影響が出るはずである。事例においては、小グループ参加者の組織市民行動が有意に高くなっていた。同行動は自分の役割以上の行動を意味するものである。一方、組織力効果は組織に対する無償の労働提供や計画の策定・遂行過程への積極的協力を意味するもので、およそ組織市民行動の範疇に入るものといえるだろう。小グループの設立は組織力を高め、その結果として組織力効果も高まると考えられるのである。

　さて、事例においては組織市民行動に加えて革新志向も高められていた。その要因として想定されるのが、小グループに参加すると取引先である実需者やその関係事業者などとの距離が近くなり、そこから多様な情報が入ってくることである。この点は仮説としての提示しかできないが、その論拠といえる研究成果が木村（2004）である。

　そこでは外部からの情報を多く持つ人ほど、経営者能力が高いことが明ら

22）藤谷（1994）、11-12頁を参照。

表5-5　情報の入手先数別に見た経営者能力

		情報0 (%)	情報3、4 (%)	情報7以上 (%)
調査数（人）		226	327	70
経営者能力	①夢・希望、哲学	20.4	43.1	68.6
	②野心、高い目標	16.4	27.2	54.3
	③予測力	10.2	10.4	21.4
	④情報収集力	4.9	36.1	78.6
	⑤好奇心	12.8	32.1	62.9
	⑥対応・先取り力	22.6	34.6	55.7
	⑦挑戦力	15.0	35.2	55.7
	⑧企業家精神	8.4	19.3	45.7
	⑨効率・合理思考	31.1	44.0	47.1
	⑩計数感覚	19.5	28.7	52.9
	合計（経営者能力水準）	161.3	310.7	542.9

資料：木村（2004）、25頁より修正して引用
注：数値はそれぞれの項目について「あり」と答えた人の割合。

かにされている[23]。**表5-5**は、同氏がJAを通じた出荷を行っている全国の認定農業者などを対象として実施したアンケート結果であり、表頭の3区分は地元のJAと普及センター以外にいくつの情報入手先を有しているかを意味している。結果は明確である。情報の入手先が多いJA出荷者ほど、いずれの項目も数値が高くなっている。表側の10項目のうち、「対応・先取り力」「挑戦力」などは革新志向を意味しているといえよう。革新志向は経営者能力の一部であり、外部からの情報はそれを高めることを木村氏は示している。

革新志向を持つ生産者が増えれば、農協共販組織の環境変化への対応力も高まることとなる。部会の細分化再編は、マーケットの中で農協共販組織の地位を高めていく可能性を拓くものなのである。

5．おわりに―組織力の再構築の先を見据えて―

本章では主として以下の点を明らかにした。

23)　木村（2004）、7-27頁を参照。

　第一には、農協共販の組織的な特質から見た展開過程である。生産者と
JAの取引関係を統制する主体が生産部会であり、その統制度合いを決定づ
けるのが組織力であることを指摘した上で、1990年代後半までは組織力に基
づく組織力効果などを競争優位の源泉としてJAシェアが高まったこと、そ
の一方で、90年代後半以降は部会の統合などを背景として組織力が低下し、
JAシェアが下がる傾向にあることを明らかにした。

　第二には、流通環境の変化に対応した農協共販組織の再編方向である。実
需者との取引は資産特殊的な取引でありそこでは契約が求められること、従
来の契約対応では革新志向を持つ生産者に十分なインセンティブとはなって
いないことなどを指摘した上で、今後の現実的な組織のあり方として部会の
細分化再編を提示し、そこでは共販の仕組みがどのように変化するのかを明
らかにした。

　第三には、部会の細分化再編が組織力に与える影響である。組織力を組織
コミットメントと捉えて、事例を通じた実証的なアプローチを試みた。その
結果、部会の細分化再編は組織力を再構築し、組織力効果を高めるものであ
ることが明らかとなった。また、メンバーの革新志向も高まることから、農
協共販組織の環境変化への対応力も高まる可能性があることを指摘した。

　さて、本章における農協共販の「組織の新展開」とは部会の細分化再編を
指している。それはJA合併にともなって部会の統合を進めてきた現場から
すれば、逆行する動きに写るかもしれない。また、卸売市場の先にいる実需
者は多様化の一方で巨大化も進んでいる。巨大資本と向き合うのに細分化は
逆行するとの指摘もあり得るだろう。

　しかしながら、組織力の再構築ができていない状況では組織としての能動
的な行動は期待し得ない。その中でのロットの拡大は、際限なきロットの拡
大路線に陥ることを帰結するのではないだろうか。

　この観点からすれば、部会の統合の意義は単にロットを拡大することでは
なく、本章で見た小グループのように、能動性を持つ主体形成の可能性が広
がることに見出すべきではないか。また、巨大資本に対しては、能動性を持

つ主体が連携に基づいて対応するのが望ましいのではないだろうか。本章は
その能動性を持つ主体形成の可能性を論じたものである。その先にある主体
間の連携については別稿を期したい。

参考文献

浅見淳之（1989）『農業経営・産地発展論』大明堂.

浅見淳之（1995）「農業経営にとっての農協マーケティングの役割」『農業経営研
　　究』33（2）：35-44.

石田正昭（1995）「農業経営異質化への農協販売事業の対応課題」『農業経営研究』
　　33（2）：45-52.

板橋衛（2015）「農協の営農指導・販売事業の展開と生産部会」石田正昭・小林元
　　編著『JAの運営と組合員組織』全国共同出版：35-52.

菊澤研宗（2016）『組織の経済学入門　改訂版』有斐閣.

木村伸男（2004）『現代農業経営の成長理論』農林統計協会.

斎藤修（2013）「販売事業革新から組織革新へ」斎藤修・松岡公明編『JAのフード
　　システム』農文協：76-92.

佐伯尚美（1972）『新しい農協論』家の光協会.

鈴木竜太（2007）『自律する組織人―組織コミットメントとキャリア論からの展望
　　―』生産性出版.

高尾義明・王英燕（2012）『経営理念の浸透』有斐閣.

高橋弘司（2002）「組織コミットメント」宗方比佐子・渡部直登編『キャリア発達
　　の心理学―仕事・組織・生涯発達―』川嶋書店：55-79.

武内哲夫（1983）「協同組合の本質と事業方式―事業方式論の位置づけを中心に」
　　『協同組合研究』2（2）：3-8.

西田豊昭（1997）「企業における組織市民行動に関する研究―企業内における自主
　　的な行動の原因とその動機」『経営行動科学』11（2）：101-122.

藤谷築次（1974）「協同組合の適正規模と連合組織の役割」桑原正信監修・農業開
　　発研修センター編『現代農業協同組合論第一巻　農協運動の理論的基礎』家
　　の光協会、315-366.

藤谷築次（1994）『農協大革新　21世紀へ向けて』家の光協会.

宮川清一（1966）「昭和戦後の農家小組合」川野重任（編集委員長）『協同組合事
　　典』家の光協会：322-326.

第6章

農協共販におけるマーケットとの相互作用を通じた生産者の学習と動機づけ
―徳島県JA里浦の事例からの考察―

岩﨑 真之介

1．はじめに

　農協共販は、おおまかにいえば、生産過程を生産者が担い、販売過程をJAが担うという機能別分業を基本としている。このような分業体制は、一方で、生産者が生産過程に集中することによる利益をもたらしていると考えられる[1]。だが、他方で、生産者がマーケットとのやりとりを行う機会を喪失させているという面では、生産者に少なくない不利益をもたらしている可能性が考えられる[2]。

　これに対し、マーケットイン型産地づくりでは、特定の販売先と生産者の小グループとを結びつけることで、生産者と販売先との直接的なコミュニケーションが発生し、また強化される可能性が少なくない。農協共販において生産者と販売先とのコミュニケーションが行われることは、生産者にどのような影響をもたらすのであろうか。仮にポジティブな影響が期待できるの

1）このような利益の例として、生産者における生産技術の熟練や経営規模拡大が進みやすくなることが挙げられよう。

2）このことに関連して、浅見は、農業経営が「変化する市場に対応した市場マネジメント」を行うことが、その経営の「創造破壊的な経営発展」をもたらすのであり、反対に「農業経営が生産だけに没頭してしまうと、能動的な経営発展へのインセンティブが失われ、経営管理能力の蓄積も凍結してしまう」との指摘を行っている。浅見（1995）、39-40頁。

であれば、そうしたコミュニケーションを積極的に促していくことは、マーケットイン型産地づくりの実践において考慮されるべき重要な要素の一つとなると考えられる。

　本章の課題は、農協共販のなかでの試行錯誤およびマーケットとの相互作用を通じた生産者の学習と動機づけの実態を検討することである。そのため、農協共販において生産者の多くが販売過程に主体的に関与する稀有な事例である、JA里浦の取り組みと、そこでの生産者の実態を素材として考察を行う。なお本章では、JA里浦における、生産者の自由裁量と自己責任を特徴とする「個選個販」に、「個選共販」を組み合わせた独自の農協共販を、「里浦方式」と表記する。

　以下では、まず、第2節でJAと地域農業の概況、第3節で同JAにおける営農経済事業と産地運営の概要を示す。次に、第4節で「里浦方式」の仕組みを整理する。さらに第5節では、生産者の聞き取り調査結果から、生産者の選別・出荷行動と「里浦方式」への評価を記述する。そして第6節では、「里浦方式」の本質的な特質とその効果について、特に生産者の学習と動機づけに着目して考察を行う。

2．JAと地域農業の概況

（1）JAの概況

　JA里浦は、1972年7月に、里浦町農協と鳴南農協の合併によって設立された。エリアは徳島県鳴門市里浦町である。組合員数は正組合員280人、准組合員366人である。常勤役職員数は27人（常用的臨時雇用者を含む）である。各事業の取扱高は、貯金残高122億円、貸出金残高7億円、長期共済保有高238億円、購買品供給高10億円、販売品取扱高31億円である。販売品取扱高の内訳は、カンショ23億円、ダイコン8億円である（数値は2016年度）。

（2）産地の概況

　里浦町を含む鳴門市と、近隣の徳島市および板野郡は、カンショ「なると金時」の産地である。「なると金時」は2007年4月に地域団体商標として登録されており（権利者は全農）、徳島市・鳴門市・板野郡の砂地畑で栽培されたものであることがその条件となっている。その中でも里浦町は、鳴門海峡に面する海抜0メートル地域に位置し、畑地の土壌は水はけが良くミネラル豊富で、カンショ栽培への適地性が高い。JA里浦は、この「なると金時」の差別化を図るため、1998年に「里むすめ」を同JA独自ブランドとして商標登録している。

　里浦町においてカンショ栽培が始まったのは、現在から200年程前の江戸後期とされており、既に昭和初期には当地域から「生産量の10％程度が阪神地域へ出荷されていた」ようである[3]。

　2017年の同JAのカンショ作付面積は約330ha、カンショ生産者数は270経営体であり、いずれもJAが設立された1972年からほぼ一定で推移してきたが、生産者数については近年わずかに減少傾向にある。

　正組合員280人のうちカンショ生産者が270人を占めている。270経営体のうち約100経営体はダイコンとの複合経営である。カンショ生産者の平均的な農産物販売金額（カンショ以外を含む）は約1,100万円である。カンショ販売の系統利用率は100％に近いようである。

　図6-1は、「農林業センサス」から里浦町における農業経営体の経営規模を見たものである。同町では、農産物販売金額500万円未満、500〜1,000万円、1,000〜1,500万円、1,500万円以上が、それぞれ全体の約4分の1ずつを占める構成となっている。大規模層については、2,000万円以上が1割強を占め、3,000万円以上に絞ると約5％となる。

　カンショの収穫期は7月上旬から11月上旬にかけてであり、出荷は7月か

3）徳島県鳴門藍住農業支援センター（2010）、49頁。

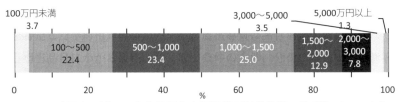

図6-1　鳴門市里浦町の農産物販売金額規模別経営体数の構成比（2015年）

資料：農林水産省「2015年農林業センサス」「同農業集落カード」
注：100万円未満には販売なしを含む。また、1,000万円以上の各階層の構成比は推計値。

ら始まって翌年5月まで続く。カンショ生産者は全員が自動温度調節機能を備えた貯蔵庫を導入しており、これによって周年に近い出荷が可能となっている。カンショの品質は産地全体でみると他産地より高いレベルにあるが、産地内部に目を向けると生産者間の品質差は小さくないという。

　経営主の平均年齢は55〜60歳であり、平均的な経営規模のカンショ生産者であれば、労働力は経営主夫婦およびその親夫婦の4人が標準的である。少なくとも1970年頃以降は、270前後のカンショ生産者が世代交代を伴いながらカンショ生産を継続しており、現在もほとんどのカンショ生産者が、後継者を確保しているか、既に若い世代へと経営を継承している。ただ、小規模で副業的な生産者のなかには、規模を縮小したりカンショ栽培からリタイアしたりするケースが出てきており、そうした生産者の農地を引き受けることによって規模拡大を進める若い生産者も現れている。

3．JAの営農経済事業と産地運営

　ここでは、JAの営農経済事業と産地運営の概要を確認しておこう。

　同JAでは、主に営農指導員4人と販売担当職員4人が産地運営を支えている。ほとんどの生産者は毎日のようにJAを訪れており、営農指導員はその際に精力的に営農相談対応を行っているほか、必要に応じて生産者のもとへ出向き現場での指導を行っている。営農指導は栽培技術にかかる指導が中

心であるが、青色申告や専従者給与の計算、税務などの経営指導も行っている。

　栽培技術の試験研究については、営農指導員が、役員を務める生産者の協力を得て、その圃場で試験を行っている。試験研究の内容は営農購買委員会で検討しており、実際に生産現場において生じている問題に関わる事項や、資材メーカーから提案があった事項の中から選ばれている。

　また、JAは独自に、カンショのより優れた系統の選抜やウイルスフリー苗の開発・供給に取り組んできており、こうした技術開発も産地の競争力を支える要因の一つとなっている。

　生産者の会合としては、7月のカンショ出荷協議会、10月の大根出荷協議会、4月の大根販売・貯蔵甘藷販売反省会があり、この3つについては、ほとんどの取引市場から関係者を招き、出荷を行う組合員全員の参加のもとに意見交換が行われている。また、これらに加えて年3回程度の講習会にも出荷組合員全員が出席しており、活発な意見交換が行われる。

　JAの意思決定機構は、理事会の下に販売委員会、営農購買委員会、金融共済総務委員会の3つの専門委員会が設けられている。このうち販売委員会は、理事3人に加え、女性部委員2人や青壮年者部会委員5人などで構成され、カンショの販売方針や事業の進捗状況などが中心的な協議事項となっている。各委員会での協議を経た事項は、最終的に理事会で意思決定される。意思決定機構における特徴として、各専門委員会の前に必ず青壮年者部会が開かれており、専門委員会で議題となる事項について事前に話し合いが行われる。その背景には、専門委員会では青壮年者部会代表者の発言力は小さくなりがちだということがあり、事前の話し合いを経て、青壮年者部会の統一見解を持って専門委員会に臨むことで、部会代表者の発言力を高めることがねらわれている。なお、理事会での決定事項は、JAからの一斉メールや各集落の世話人を通じて周知されている。

4．「里浦方式」農協共販の仕組み

（1）「里浦方式」の全体像

　同JAのカンショはほとんどが生鮮向けで、規格外品のみ焼酎の原料に仕
向けられている。生鮮向けはすべて全農経由で卸売市場へ出荷されている。
卸売市場の先の実需者は量販店が中心であり、売り場では高めの価格帯で販
売されている。

　カンショの年間平均単価は、毎年の変動は小さく安定的に推移しているが、
もう一つの主力品目であるダイコンについては毎年の変動が非常に大きい状
況にある。

　同JAにおけるカンショの農協共販は、個選個販（以下、「個販」）と個選
共販（以下、「共販」）の2つの仕組みで構成される[4]。どちらも、生産者が
選別・箱詰めまでを個別に行ってから農協の集荷場へと持ち込んでいるが、
その後の過程が大きく異なっている。まず共販では、集荷場に持ち込まれた
後は、一般的な農協共販と基本的に同様の過程をたどる。これに対し、個販
は、生産者が自身の出荷品の出荷先や出荷数量を決定する非常に特徴的な仕
組みとなっている。両者の比率は、販売数量ベースで個販が約7割、共販が
約3割を占めており、個販が主たる販売方法となっている。なお、ダイコン
についてはすべて個選共販となっている。

　同JAでは、もともとはカンショの共販が行われていたが、40〜50年前に、
生産者間の品質差を理由に共販が中止され、個販によって販売されることと
なった。その後、後述のように1990年ごろに共販が再開され、現在に至って
いる。

4）　本章では、JA里浦の農協共販における個選共販を「共販」と表記し、農協共
　　販一般や、同JAにおける個販と共販の総体としての農協共販については「農
　　協共販」と表記している。

（2）個選個販の仕組み―生産者による出荷先・数量の選択―

　ここでは、JAのカンショ販売数量の約7割を占める個販の仕組みを見て
みよう。なお、**表6-1**では個販と共販それぞれの特徴を整理している。

　個販では、前述のように生産者自らが自身の出荷品の出荷先や出荷数量を
決定する。その具体的な流れは次の通りである。まず、生産者は選別・箱詰
めを終えたカンショをJAの集荷場へと持ち込む。集荷場には、JAと取引関
係にある14の市場ごとにスペースが設けてあり、生産者は各市場のスペース
に任意の数量のカンショを置くことによって、出荷先と出荷数量を決定する。
市場数や各市場への出荷数量には特に制約はない。極端にいえば、すべての
市場へ5kg箱1ケースずつを出荷することも可能である。

　集荷場には直近出荷日の市場別・生産者別・等階級別の出荷数量と価格の
一覧表（以下、「実績表」）が置かれており、生産者は自身の実績だけでなく
他の生産者の実績も閲覧できる。また、週に一度、JAの販売担当職員が各
取引市場から希望数量や相場の傾向を聞き取って一覧表（以下、「希望数量
表」）を作成し、集荷場に掲示しており、生産者はこの表も閲覧することが
できる。

表6-1　JA里浦におけるカンショの個販と共販の比較

	個販	共販
数量の構成比	約7割	約3割
出荷者の顔ぶれ	流動的（270経営体のなかで日々異なる）	
商品	全等階級	品質が上位のもの
荷姿	5kg入り段ボール箱	
出荷先市場	関西・中国・四国（14市場）	関東（4市場）
集出荷日	土曜日以外	月、水、金
輸送方法	同一	
市場での取引方法	セリが大部分、相対は一部	相対が主
代金計算	日別・生産者別・市場別・等階級別	日別・等階級別（共同計算）
価格水準	日々大きく変動	中位安定
販売手数料	同一	

資料：同JAへの聞き取り調査結果より筆者作成

写真　集荷場における市場ごとの置き場（同JA提供）

　JAは土曜日を除いて毎日、個販の集出荷を行っている。個販では商品の検査は特に行っていない。集荷は朝10時までで締め切り、翌日の取引に間に合うように各市場へと出荷する。輸送は地元の運送会社2社を利用しており、同一方面の市場へは混載で輸送される。運賃は単価にケース数を乗じて計算され、単価は出荷先の方面ごとに設定されている。

　個販の出荷先は、関西・中国・四国地方の卸売市場14社である。関西の市場では現在もセリ取引が一定の割合を占めており、個販の出荷品についても多くがセリによって取引されている。市場での価格形成は生産者別・等階級別で行われ、代金回収はJAが行う。販売代金は出荷日別・生産者別・市場別・等階級別に計算され、共同計算やプール計算は行われない。

　販売手数料はJAが1.5％、全農が0.8％、卸売市場はすべて8.5％であり、JAの集荷場利用料は徴収していない。

　日々の出荷市場数は生産者によってさまざまで、1市場のみの生産者もいれば、10市場を超える生産者もいるようである。生産者は出荷計画などをJAに提出することはなく、またカンショは長期の貯蔵が可能であることから、

集荷を締め切るまでJAも各生産者もその日の市場別の出荷数量を把握することはできない。そのため、供給過剰で値崩れを起こす市場が出ることもある。ただ、次節で詳述するように、生産者は決して日々脈絡のない出荷を行っているわけではない。

　段ボール箱には生産者番号が記されており、市場側はこの番号で生産者を識別している。生産者と市場関係者（卸売業者・仲卸業者・売買参加者）が直接にコミュニケーションをとることはなく、情報のやりとりは、原則として実績表および希望数量表によって行われる。

　生産者間の品質差や出荷行動の違いにより、同一市場・同一規格であっても生産者間の価格差は大きく、1ケース当たり1,000円以上の差がつくことも珍しくない[5]。それでも生産者の間では、大きな価格差がつくことも含めて、販売結果は自己責任であるということが共通認識となっており、個販という販売方法への不満は聞かれない。むしろ、後述のように生産者は個販を高く評価しており、生産者同士は互いに切磋琢磨する関係にある。

（3）個選共販の仕組み―相対取引への対応―

　続いて、カンショの共販の仕組みについて、個販と異なる点を中心に見ていこう。

　JAがカンショの共販を開始したのは1990年頃である。JAはそれ以前にも、関東の市場と「別注」と呼ばれる完全予約相対の取引を行っていた。なると金時の認知度が高まっていくにつれて、同JAのカンショに対する関東の市場からの引き合いも強まったが、関東の市場では相対取引が拡大しており、JAが分荷権を持たない個販ではこの相対取引への対応には限界があった。そこでJAは、関東への販売を強化するため、それまでの個販に加えて共販を開始した。

　共販では、どれだけの数量を共販に出荷するかは各生産者が決定し、その

5）2018年度のカンショの平均価格は5kg箱1ケースで1,500円程度である。

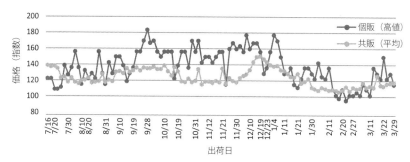

図6-2　JA里浦におけるカンショの出荷日別価格変動（2018年7月～2019年3月）

資料：同JA提供資料をもとに筆者作成
注：1）2018年度の同JA全体のカンショの年間平均価格を100とする指数。
　　2）個販と共販の両方の出荷が行われた日のみを対象としている。また、出荷日の日付については、スペースの都合から、おおむね10日程度の間隔で表示している。
　　3）個販の数値は、同JAの個販で最も出荷数量が多い、関西のある卸売市場の、日々の最高値を使用。

後の販売はJAが行う。生産者は共販に出荷する場合も事前の手挙げなどは特に必要なく、個販同様、集荷場の共販のスペースに任意の数量を置くことで共販への出荷を決定する。したがって、日々、共販にどれだけの出荷があるかは集荷を締め切るまで把握できない。

　集荷場には、個販同様、共販の直近出荷日の実績や希望数量などが掲示され、生産者に閲覧されている。

　出荷は週に3日行われており、集荷は朝9時に締め切られる。共販では集荷場でJAの職員が商品の検査を実施し、品質の統一を図っている。

　現在、共販の出荷先は基本的に関東地方の4市場となっている。出荷されるカンショは品質が上位のものである。前日に市場から希望数量が伝えられ、価格については当日の市場相場に連動させる、という形での相対取引が主である。実需者は大手チェーンスーパーであり、小売の売り場では相対的に高めの価格帯で販売されている。

　代金計算は、出荷日ごとに、4市場の平均価格で、その日に共販出荷を行った生産者の共同計算によって行う。**図6-2**に示したように、共販の卸売市場での取引価格は個販に比べ安定しているが、その代わり高値もつきにく

い。そのため、関西の市場で相場が上がっているときなどは、共販の数量が市場の希望数量に届かないことがある。これは契約上の欠品ではないが、何度も続けば産地の信頼を失うことになりかねない。そのため、JAの販売担当職員は、役員を務める生産者を中心に共販への出荷を呼びかけるなどして日々の数量確保に努めている。

個選共販を導入したことで、同JAは巨大な市場規模を有する関東への販路を確立することが可能となった。また、せり取引中心の個販と比べて、大ロットの相対取引である共販では価格が中位に安定する傾向にあり、生産者は共販出荷によって価格安定化のメリットを享受するという選択が可能となっている。

５．生産者の選別・出荷行動と「里浦方式」への評価
―生産者の調査結果から―

（１）調査の概要と各生産者の位置づけ

本節では、「里浦方式」のもとでの、カンショ生産者の選別・出荷に関わる行動の実態とその背後にある考え方を、同JAへカンショを出荷する生産者３経営体への聞き取り調査結果から描き出してみたい。

前節でみたように、「里浦方式」は、特に選別および出荷において生産者の裁量が大きい点で、一般的な農協共販と大幅に異なっている。こうした生産者の裁量の大きさや、生産者が出荷（販売）に主体的に関与できることは、生産者の試行錯誤的行動を促し、心理的エネルギーを高める、といった働きをしている可能性がある。また、生産者の実際の行動や考え方は、生産者ごとの経営的な条件によって異なる可能性も考えられるだろう。

こうしたことを踏まえ、筆者は2020年２月に、性格の異なる３つの経営体の経営主に対する聞き取り調査を実施した。主な調査項目は、①農業経営の概況、②選別・出荷の基本的な行動と考え方、③選別・出荷における試行錯誤、④「里浦方式」への評価、である。数値データについては、原則として

2018年度の数値の回答を依頼した[6]。

　各経営体の特徴と位置づけは次の通りである。経営規模は、昇順で農家A、農家B、法人Cの順であり、法人Cが最も規模が大きい。農家Aは家族経営で、同JAのカンショ生産者の中で標準的な経営規模であり、もともとは非農家の新規参入者である。農家Bも同じく家族経営で、家族労働力中心の経営体としては同JAの中でもかなり上位の経営規模となる。法人Cは、3経営体の中で経営規模が最も大きく、常雇いを本格的に導入している雇用型経営である。これ以降、A農家、B農家、C法人の経営主をそれぞれA氏、B氏、C氏と表記する。

　以下、調査結果を記述していくが、このうち選別・出荷の基本的な行動に限っては、3経営体で実態がある程度類似していたことから、紙幅の関係で、最初に取り上げるA農家について詳細な記述を行い、B農家、C法人についてはA農家と異なる部分のみ説明を行う。

（2）標準規模家族経営・新規参入者のA農家―共販中心で経営安定化―

1）農業経営の概況

　A農家は標準的規模の家族経営である。また新規参入者であり、農地や技術、後述のような個販における生産者番号の認知といった経営資源の蓄積が少ないか、まったくないところから経営をスタートしている[7]。

　農産物販売金額は1,200〜1,500万円、うちカンショが約9割、ダイコンが約1割を占めている。カンショの作付面積は2〜2.5haであり、借地が大部分を占めている。

6）調査対象の特定を避けるため、一部の数値について幅を持たせた表記を行っている。

7）参入後14年が経過しているA農家を「新規参入者」と位置づけているのは、既存の農業経営から生産者番号などの経営資源を引き継がずに参入するという新規参入者の性質が、A農家の現在の出荷行動を理解するうえで重要な意味を持つと考えられるためである。

経営主であるA氏は40歳代後半の男性で、管内の非農家世帯の出身である。就農前は県内の金融機関に勤務しており、2005年に親戚である管内のカンショ生産者のもとで就農、2006年に独立し農業経営を開始している。農業労働力の構成は、家族がA氏、妻、A氏の父、母の4人で、雇用が臨時雇い2人である。

　経営開始時点で農地は所有しておらず、必要な農地は管内生産者からの貸借で確保した。当初のカンショ作付面積は60aで、休耕農地を借り受けて徐々に規模を拡大し、現在はその一部を買い取って自作もしている。今後は、高齢の両親と臨時雇い2人の引退が予測され、また農地の大部分が借地であるため子への経営継承は難しいとみていることもあり、これ以上の規模拡大は行わず現状維持を図っていく方針である。現行の経営規模で農業所得を維持・増加させるため、販売価格の維持・上昇を目標としている。

2）選別・出荷の基本的な行動と考え方
ⅰ）個販と共販の選択

　A農家のカンショ出荷数量における個販・共販の構成比は、個販2〜3割、共販7〜8割である。JA全体の同構成比は前述のように個販が約7割、共販が約3割であるので、A農家の出荷行動は超・共販中心型であるといえる。

　これはA農家が新規参入者であることと関連している。同JAでは、一般的な農家子弟への経営継承の場合は親の代の生産者番号が引き継がれるが、新規参入の場合は新規の生産者番号となってしまう。すなわち、個販のすべての取引市場において、取引実績がなく、番号が買い手に認知されておらず、したがって出荷を行っても買い叩かれる可能性が高いというように、個販では大きなハンディキャップを背負うことになる。これに対し、共販であれば新規参入者も他の生産者と同等の評価を受けることができる。また共販は前述のように日々の価格変動が小さく、新規参入者で早期に経営の安定を図る必要があったA農家にとってはこのことも大きなメリットとなった。もちろん、共販では出荷基準を順守して集荷場での検査に合格する必要があり、A

農家はこれまで、栽培や選別を改善し共販中心の出荷を維持しつつ、規模を拡大することに注力してきた。

ⅱ）選別

　選別行動のうち、便宜上、まず個販の選別について説明する。前提として、同JAのカンショ・個販の出荷要領における選別の規程を先に見ておこう。出荷要領では、外観の良し悪しは2区分（秀・B）、重量は7区分、長さは2区分（通常・長級）とされている。ただ、基準が数値で示されている重量・長さと違い、外観については出荷要領に客観的な基準が示されておらず、個販では集荷場での検査も一切行われないため、基準は生産者に委ねられていることになる。

　これに対し、A農家の個販の選別は、まず外観の良し悪しで5区分に分けられ、次にこの5区分がそれぞれ重量で7区分（2S〜4L）ずつに分けられ、さらにそれぞれが長さによって数区分ずつに分けられるというように、トータル100前後に区分されている。これは、出荷要領の区分の仕方を満たしたうえで、外観と長さについてより細かい区分を行っていることになる。

　次に共販の選別だが、当然、個販とは違って生産者間で選別の仕方が統一されている必要があり、前述のように集荷場で検査が行われている。出荷要領では、区分の仕方は個販とおおむね一致しているが、外観については「グレード1・2」と「グレード3」の2区分とされている[8]。A農家では、個販の外観5区分のうち、上位1、2番目の区分は共販のグレード1・2、3番目の区分は共販のグレード3としても出荷できるような基準で区分されている。

　A農家はこれらの選別作業を手作業で行っている。またこれらの選別の仕方は、1年間指導を受けた親戚の生産者の仕方をベースとしている。

　なお、ここで示したA農家の選別の区分の仕方は、B農家とC法人においても、若干の差異はあるものの大枠は類似しており、他の生産者においても

8）もともとグレード1〜3の3区分であったのが、現在は「1」と「2」が統合され、「1・2」と「3」の2区分となっている。

同じような状況のようである。

　このように選別では区分が非常に細かく分けられ、この後に述べるように出荷する市場によって使い分けが行われており、選別作業はカンショ生産の中でも最も熟練が求められる作業工程となっている。

iii）出荷先選択

　選別の項で見たように、共販に出荷されるのは上位の外観のものである。これは、他の生産者においても同様であり、共販が、特に高品質の荷が集まる京浜市場を出荷先としていることによる。共販中心のA農家では、上位品を主に共販へ出荷し、上位品未満のカンショを個販で出荷する形が基本となっている。

　この個販では、14市場のうち4つの市場へ出荷を行っている。生産者の間では、明文化はされていないが、市場ごとに好まれるカンショの長さが異なると認識されており、A氏は過去の販売結果やほかの生産者から得た情報などを踏まえ、カンショの長さによって4つの市場の中で振り分けを行っている。

　また、上位品については共販出荷が中心であるが、後述のように近年は個販での出荷も一部行っている。

　A農家はこのように、個販において、自身の過去の販売結果やその他の情報を踏まえ、各市場で好まれるカンショの特徴を把握し、カンショの外観や長さごとに市場を使い分ける行動をとっている。このような出荷行動は、B農家やC法人にも共通するものである。

iv）年間の数量配分

　A農家では、カンショ出荷時期は7月中旬から翌年の3月までであり、共販の出荷日に合わせて2日に1回のペースで出荷を行っている。出荷時期のうち9月中旬までは、カンショの収穫と選別・出荷を同時並行で行う。収穫したカンショは、そのまま出荷する「掘り売り」のものと、貯蔵庫へ貯蔵してから出荷するものに分けられ、貯蔵ものは秋以降に順次出荷されていく。春先以降になると、気温が上がるにつれて、貯蔵ものは品質劣化による在庫

リスクが高まっていくため、A農家は3月中に出荷を終えるようにしている。

　掘り売りと貯蔵のどちらも、出荷直前に行う必要のある調製・選別作業に多くの労力を要することから、日々出荷できる数量の上限は投入できる労働力に規定される。A農家は、標準的な作業量で出荷できる最大数量を日々コンスタントに出荷している。ただ、カンショの主な需要期である盆前、9月終わりから10月13日まで、年末については高価格が期待できるため、これらの期間は1日の作業時間をやや延長し、出荷数量を通常時期よりも若干増やしている。

ⅴ）情報収集

　効果的な選別・出荷行動をとるためには、意思決定の材料となる情報の収集が必要である。

　A農家が基本的な判断材料としているのは、集荷場で開示されている実績表であり、共販の持ち込み日に合わせて2日に1回程度の頻度でA氏が確認を行っている。A農家は後述のように上位品の個販出荷の仕方を模索しており、その出荷先市場の価格動向を中心に実績表のチェックを行っている。加えて、希望数量表についても判断材料としている。

　これらを中心としつつ、集荷場にカンショを持ち込んだ際に、JAの販売担当職員から情報を得たり、まれに、先の実績表において高い実績をあげている生産者と情報交換を行うこともある。

3）選別・出荷における試行錯誤

　既に指摘したように、新規参入で農業経営を開始したA農家は、これまで共販出荷を中心としてきた。だが、近年は共販の価格水準が少しずつ低下してきており、このような傾向が今後も続いた場合への対策が必要と考えられた。また、経営開始から10年以上が経過し、規模拡大も落ち着いたことで、新たなチャレンジを行う環境が整いつつあった。

　そこでA農家は、2、3年前から、共販品のなかでも外観が最上位のものについて個販での出荷を開始し、高価格を実現するための出荷行動を模索し

ている。出荷先は、JAの個販の取引市場の中でも高価格が期待できるが、その分、外観などで最高級の品質が要求される3つの市場である（前述の4市場とは別）。3市場の中には、日々の価格変動が非常に大きい市場も含まれ、出荷のタイミングを慎重に判断する必要があるという。A氏は、前述のように、この3市場について集荷場の実績表で日々の数量と価格の動きを観察している。個販では、市場の買い手が数量を多く調達したいときに、そのサインとして取引で顕著な高価格を付けることがあるという。A氏は先の3市場でそうした兆候を見つけると出荷を行い、その結果を参考にして次回以降の行動を判断している。こうした出荷はまだ模索段階ではあるが、高価格が実現できたケースも出てきているという。

4）「里浦方式」への評価

　A氏は、共販について、「新規に参入した自分にとって、農業経営の安定化を図るうえで、価格が安定しており、まとまった数量を捌くことができる共販はメリットが大きかった」と指摘している。個販については、「新しい生産者番号だったので、個販で出荷してもなかなか値段は付かなかった」という。ただ、その一方で、「共販という、軸となる出荷方法があってのことだが、個販という、自分が努力した部分がそのまま自分に返ってくる仕組みの意義も、新たなチャレンジを始めた2、3年前から実感するようになった。良いカンショを作り、新しい試みとしてそれを個販で出荷し、それが収入の増加につながったときは本当に楽しい」とも述べている。

（3）大規模家族経営のB農家―個販での試行錯誤を通じた成長実感―

1）農業経営の概況

　B農家は大規模な家族経営である。農産物販売金額は2,500～3,000万円、うちカンショが約8割、ダイコンが約2割を占めている。カンショの作付面積は3.5～4haであり、借地が半分程度を占めている。
　経営主であるB氏は40歳代前半の男性で、就農前は都内の企業に勤務して

おり、2006年に親元で就農、2011年頃に父から経営を継承している。農業労働力の構成は、家族がB氏、妻、B氏の父、母の4人で、雇用が臨時雇い4人である。

　B氏が経営を継承する前は、カンショ作付面積は現在の約半分であった。B氏は、カンショ価格が低下した場合に備え、農業所得を維持していくため、継承後に作付面積を段階的に拡大してきており、今後も拡大を進めていく方針である。

2）選別・出荷の基本的な行動と考え方

　B農家のカンショ出荷数量における個販・共販の構成比は、個販7～8割、共販2～3割の個販中心型であり、JA全体の同構成比とほぼ一致している。詳細は後に述べるが、B氏は、自由度が高く新たな発見や達成感などを得られる個販に特に魅力を感じている。

　選別については、大枠はA農家の区分におおむね近いものとなっており、全部で100前後に区分されている。ただB農家は、後述のように選別の仕方について現在も細かな変更を試行し続けているため、細部は流動的である。選別作業の一部は選別機を導入し機械化している。

　出荷先については、B農家は個販中心であるため、上位品についても共販出荷だけでなく個販での出荷を多く行っている。個販では、それぞれ、上位品で数市場、上位品未満のカンショで別の数市場を出荷先としており、市場ごとの市況や好まれる長さの違いなどを踏まえて各市場への振り分けを行っている。現在出荷を行っている市場であっても、状況が変われば出荷先を変更することがあり、長い目で見るとJAの取引市場すべてに出荷を行っている。

　ただ、B氏は、個販の市場の中のいくつかで、特定の買い手（仲卸業者や売買参加者）が固定客としてついていると認識しており、それらの市場には必ず出荷を行っている。固定客がついていると判断する材料はいくつかあり、ある市場において、ほかの生産者の価格が不安定に変動するなかでもB農家の価格が安定していることや、ほかの生産者よりも高めの価格がつけられて

いることなどが挙げられるという。B氏は、経営を引き継ぐ前から固定客がついていた市場が1つあり、それ以外は継承後新たに固定客がついたのではないかと考えている。

　共販については、年末など数量がより多く必要とされる時期があり、そうした時期には特に共販の数量確保に協力するようにしている。

　B農家のカンショ出荷時期は7月から翌年の4月までであり、JAの出荷が休みであるときを除いてほとんど毎日出荷を行っている。年間の数量配分については、需要期はほとんど意識せず、労働力の面での最大数量を日々コンスタントに出荷し続け、春先までにすべての出荷を終えてしまうことを重視している。

　選別や出荷に関わる情報収集については、集荷場で開示されている実績表をほぼ毎日確認し、後述の実験的な出荷を行ったときの結果や、各市場の取引価格のうち買い手のサインが読み取れるものがないかといったことを特に注視している。また、週に一度掲示される各市場の希望数量表についても、情報量は十分でないものの、過去の記述内容とも比較し、買い手のサインを見落とさないよう心掛けているという。さらに、各市場のニーズに関して把握したい情報があれば、その旨をJA販売担当職員へ伝えることもある。

3）選別・出荷における試行錯誤

　現在の選別・出荷の仕方は、B氏の父が経営主であったときの形をベースに、B氏が試行錯誤を通じて多くの変更を加えてきたものである。

　現在の形を確立するまでにB氏が行った主な試行錯誤の一つは、個販でそれまで出荷したことのなかった市場へと実験的な出荷を行ったことである。B氏によれば、「市場ごとの好まれる長さなどについて、文字に起こされているわけではないが、生産者の間でのいわば通説のようなものがあり、自分の親もそれに基づいて出荷を行っていた。経営を継いでからは、それらの一部に疑問を抱き、通説通りではない出荷を実験的に繰り返してきた。その結果、通説に反する出荷を行っても価格がつく場合があるという新たな発見が

得られた。こうした発見により、例えば、Xという長さのカンショが好まれると生産者の間で理解されている複数の市場のすべてで相場が下がっているときに、ほかの生産者はXのカンショをやむなく相場の下がっているそれらの市場へ出荷するが、自分はそれら以外の市場へと出荷し低価格を回避する、というように選択肢を広げることができた」という。

　これまでの試行錯誤のもう一つは、より細かい区分で選別を行うというものである。これは、よりピンポイントで各市場の好みへ対応し販売成果を高めることをねらったもので、試行錯誤の結果は現在の選別区分に反映されてきている。

　最近新たに行っている特徴的な試行錯誤としては、個販での販売企画提案的な大ロット出荷がある。ある市場について、実績表で数量や価格の動向を観察し、買い手が数量を多めに求めるサインを出していると判断したときに、通常ではほぼ行われないような大量出荷を行っている。そのねらいについてB氏は、「その市場では、買い手である小売業者が、必要数量を確保するために複数の生産者のカンショを調達していると自分はみている。そうした買い手にとって、同一生産者のものだけで必要数量が揃うならば、品質が揃うメリットがあるし、もしかすると店舗での売り場づくりにも活かしてもらえるかもしれない。これだけの大量出荷であれば、こちらの意図は買い手の側にも伝わるのではないか」としている。B氏によれば、生産者の間では、同一市場へ一度に大量出荷を行うと値崩れにつながると認識されているが、B氏の大ロット出荷ではむしろ良好な結果となることが多いという。

４）「里浦方式」への評価

　B氏は、共販のメリットについて、「農協の力で売り込んでもらえる」、「特に年末などは、数量をより多くまとめることができればその分だけ価格が上がる」、「個販の仕組みでは関東への出荷は難しく、共販があることで最大の消費地である関東へ出荷できている。おそらくそこから転送で東北へも行っているだろう。JA里浦の『里むすめ』が首都圏や東日本でも流通している

ことは、共販だけでなく個販においてもプラスの影響を与えているはずである」ということを挙げている。対して、「仕方のないことだが、共販ではどの生産者が出荷したものも同じ扱いになってしまう」ということを自身にとっての共販のデメリットとして指摘している。

　一方、個販中心の出荷を行っていることからもわかるように、B氏は個販という仕組みを高く評価しており、自身にとってのさまざまなメリットを挙げている。第1は達成感が得られることであり、「個販で新しいことを試したり挑戦したりして、それがうまくいったときは、大きな達成感を感じる」（B氏）としている。

　第2に、B氏が特に重視している点であるが、より高い販売成果をあげるための新しい発見や情報が得られることである。B氏は個販について、「生産者がどんどん試すことができる仕組み」であり、「出荷すれば少なくとも結果の情報が得られる。この利点は、仮に個販が共販より少々値段が低いときでも、低価格という不利益を上回る」、「新しいことを試せば、新しい発見が得られる。失敗することもあるが、個販でチャレンジをしたときは結果を見るのを楽しみにしている」と述べている。また関連して、B氏はこうした試行錯誤について、「考えるための時間を特別に作ることはなく、普段の農作業を行いながら考えをめぐらせて」おり、「考えることや選択することを負担に感じるようなことはない」としている。

　第3は、他者からの承認が得られることである。個販は生産者番号ごとに取引されており、自身の番号の商品として買ってもらえること、自身の商品や出荷の仕方に対する評価が販売結果として返ってくることについて、B氏は「やりがいにつながっている」と指摘している。

　これらのうち第1、第2の点は、主として、選別・出荷における生産者の裁量が大きく、試行錯誤が可能であることに起因しているといえる。また第3の点は、主として、生産者が間接的にでもマーケットとつながることができるということに起因しているといえるだろう。

　対して、個販のデメリットについては、B氏は「デメリットを感じたこと

はない」と述べている。

　ところで、B氏は農業経営において、農業所得という金銭的報酬だけでなく、農業経営という仕事それ自体の魅力に動機づけられている程度が大きいと自覚しており、その魅力は上のような個販のメリットによるところが大きいと述べている。B氏は、「今後、経営規模を一層拡大し、従業員を増やして、農業経営の成長と、自身の経営者としての成長を目指したい」と考えている。

（4）大規模雇用型経営のC法人―固定客への継続出荷と共販への協力―

1）農業経営の概況

　C法人は家族経営由来の大規模雇用型経営である。農産物販売金額は数千万円で、うちカンショが約6割、ダイコンが約4割を占めている。カンショの作付面積は5ha超であり、借地が過半を占める。

　経営主であるC氏は30歳代後半の男性で、大学卒業後の2004年に親元で就農し、2012年に父から経営を継承している。農業労働力の構成は、家族がC氏、妻、C氏の父、母の4人であり、加えて常雇いを含む数人を雇用している。

　C氏が経営を継承した2012年前後のカンショ作付面積は、現在の半分未満であった。C法人はこの頃から、農地を借りてほしいという生産者の依頼を引き受けることで規模を拡大するとともに、本格的に雇用を導入してきている。今後も、依頼があれば農地を引き受けていく方針である。

2）選別・出荷の基本的な行動と考え方

　C法人のカンショ出荷数量における個販・共販の構成比は、個販5～6割、共販4～5割であり、JA全体の同構成比と比べて共販の割合が大きい。後述のように、C氏は今後同JAにおいて共販の重要性が高まっていくとみており、率先して共販重視の出荷を行っている。

　選別については、大枠はA農家の区分におおむね近いものとなっており、全部で100前後に区分されている。

出荷先については、上位品は共販が中心であるが個販での出荷もあり、上位品未満のカンショは個販で出荷している。個販は14市場のほぼすべてに出荷しており、各市場で求められる外観や長さなどを踏まえて振り分けを行っている。

C法人では、市場における同法人の価格水準や価格の安定度合いなどから、個販の各市場で固定客がついているとみている。また、これらの固定客は、一定の品質のカンショが日々継続して出荷されることを求めているものと推測しており、安定出荷を続けることでこれらのニーズに応えることを個販の基本的な方針としている。

C法人のカンショ出荷時期は7月から翌年の4月ごろまでであり、JAの出荷が休みであるときを除いてほぼ毎日出荷を行っている。年間の数量配分については、B農家同様、需要期はほとんど意識せず、日々、労働力の面での最大数量をコンスタントに出荷している。

選別や出荷に関わる情報収集については、集荷場で開示されている実績表を確認しているが、できるだけ一定数量を出荷し続けることを基本としているため、日々の短期的な販売結果や相場を把握することについてはそれほど重視していない。

このように、日々の相場に左右されない安定的で継続性のある出荷を行うことで、C法人のカンショは相場変動の影響をほとんど受けることなく、安定した価格で取引されているという。

3）選別・出荷における試行錯誤

C法人では、共販の割合が相対的に高く、個販においては、固定客を意識し、それぞれの市場へ一定の品質・数量で出荷し続けることを重視している。時期によって市場間の数量配分を調整することはあるが、それも毎年ほぼ決まったパターンで行われている。このように現在は一定のパターン化がなされている選別・出荷行動は、過去の試行錯誤の結果として確立されたものである。

　また、近年は貸し手から依頼される形で経営規模を拡大してきているが、それに伴って次の2つの試行錯誤があったという。一つは、分散出荷に関わるものである。規模拡大によって出荷数量が増加したことで、C法人の出荷行動が、個販の各市場における価格形成へ影響を与える可能性が高まってきた。そのため、C法人は、数量が増加するほど交渉力が高まる共販に数量を集めるとともに、個販では、1日当たりと1市場当たりの両面で出荷数量を分散させることに注意を払っている。

　もう一つは雇用の増加に関わるものである。規模が拡大したことで、従業員にも選別作業を任せる必要が生じたが、従業員に対して家族労働力と同等の熟練を期待することは難しい。そのため、従業員間の分業や作業の指示を工夫することと、栽培管理に力を入れて秀品率を高め選別作業の難度を低下させることによって、選別作業の安定化による品質の安定化を図っている。

4）「里浦方式」への評価

　C法人では、経営規模が大きくなり、常雇いを導入するなど雇用導入も本格化させていることから、栽培管理や経営管理（特にヒトの管理）に、経営者の時間やエネルギーの多くを割くことが必要となっている。また、選別・出荷行動については既にパターンを確立し、日々の相場をほとんど考慮せずとも安定した販売成果をあげることが可能となっている。そのため、現在は選別・出荷における試行錯誤をそれほど重視しておらず、いち生産者として見た場合は、個販と共販とで、メリットやデメリットの差異をほとんど感じていない。C氏は、個販において日々試行錯誤することについて、「魅力を感じないといえば嘘になる」としたうえで、「それでも、日々安定して買ってもらっているから経営が成り立っているのであり、お客さんに求められている品質のものを安定して出荷することの方が大事だ」と述べている。

　また、C氏は共販について、「これからはスーパーへの対応が一層重要になる。スーパーから注文が来ているのに、『今日は共販にものが集まっていないから注文に対応できません』では、取引先を失うことになる。JA里浦

全体として、共販の数量確保に力を合わせていくことが必要だ」との考えを有しており、共販の数量確保に率先して協力しているのもこうした考えによる行動である。その一方で、個販について、「もちろん個販がおもしろいという生産者もいるし、人それぞれ考え方は異なる」のであり、「JA里浦は（販売の仕方を）生産者が選べるJAだということに意義がある」と述べている。

6．考察─生産者の学習と動機づけを促す農協共販─

（1）「里浦方式」の本質的特質

　ここでは、「里浦方式」の本質的なレベルでの特質と考えられる点を4つに分けて整理する。これらはいずれも一般的な農協共販と大きく異なる特徴である。

　第1は、個販に試行錯誤の余地と誘因（インセンティブ）が組み込まれていることである。個販では、選別の仕方や出荷のスケジュール、出荷先、出荷数量などの決定において、個々の生産者が大きな裁量を有しており、その行動いかんによって卸売市場での取引価格が変化する（試行錯誤の余地）。市場での取引の結果は、その日のうちに市場別・生産者別で開示され生産者へとフィードバックされる（結果のフィードバック）。生産者への販売代金の精算は、共同計算ではなく個人計算で行われ、販売手数料などを除いた販売成果（販売高）はすべて個々の生産者が受け取ることになる（成果の帰属の公平性）。このように個販では、選別・出荷過程において生産者がある方法を試し、結果を確認し、その結果を踏まえてまた別の方法を試すというような試行錯誤を、かなり自由に行うことができる。また、その試行錯誤の成果はすべて自分が受け取ることができるため、このことが誘因となり、より高い成果を求める生産者は試行錯誤へと動機づけられる仕組みとなっているといえる。

　第2は、個販における生産者とマーケットとの相互作用であり、生産者が

卸売市場における買い手（仲卸業者、売買参加者）との間で互いに影響をおよぼし合う仕組みとなっていることである。この相互作用は、生産者によるカンショの出荷と、買い手からの取引結果（特に価格）のフィードバックという形で、JAおよび卸売業者を介して行われている。したがって、生産者と買い手との直接的なコミュニケーションは行われず、1回のサイクルでやりとりできる情報量はかなり少ない。それでも、取引は生産者番号別に行われており、一般的な農協共販にはない、生産者と買い手との個別的なやりとりが行われていることに変わりはない。

　第3は、上で述べたように選別・出荷過程の自由度が高い個販と、自由度は低いが中程度の水準での安定収入が期待できる共販との2つの共販方式が用意されており、生産者がこの2つをかなり自由に組み合わせられることである。

　個販は、見方によっては生産者による卸売市場への個人出荷に近いものであると考えられる。だが、この個販が共販とともに農協共販の枠組みの中で行われていることによって、生産者は個販においても、「里むすめ」ブランドでの出荷、販売代金の決済や卸売市場とのさまざまなやりとりのJAによる代行、共同輸送による物流コスト削減といった利益を享受することが可能となっている。

　第4は、生産者とJAとの分業体制についてである。冒頭に述べたように、一般的な農協共販は、生産過程は生産者、販売過程はJAという機能別分業に近い形となっている。これに対し、「里浦方式」では生産者も販売に主体的に関与することができる仕組みとなっており、このことによって後述のように生産者の学習や仕事意欲の高まりといった効果が現れている。加えて、一般的な個販は個別対応であるのでJA販売担当職員にとっては負担が大きいと考えられるが、「里浦方式」では生産者自らが出荷・販売労働の一部を担うため、少数の販売担当職員での運営が可能となっている。

（2）「里浦方式」の効果―生産者の学習と動機づけ―

　続いて、本章における調査・分析結果を踏まえ、「里浦方式」が生産者とJAにもたらしている効果について、生産者の学習、動機づけ、多様なニーズの充足、結集力強化と産地維持への寄与の４点に分けて考察を行う。

１）生産者の学習

　効果の第１は、生産者の学習である[9]。調査結果から確認されたように、生産者は個販における試行錯誤を通じて、情報の蓄積や選別・出荷行動の改善といった学習を行っている。これらは、実際の経験を通じた経験学習である。また、これらの学習は生産者とマーケットとの相互作用の中で行われている。

　学習の具体的内容については、生産者の調査結果から次の３点が確認された。１つ目は、各市場の特徴やそこでの買い手のニーズなどに関する、情報の蓄積である。具体的には、それぞれの市場に関する、平均的な価格水準や、日々の価格変動の大きさ、求められている外観や形状などの品質、価格や需要量の時期別変動の傾向などである。また、生産者の間では、各市場の特徴やニーズに関する、明文化されていない通説的な見解がある程度共有されているが、B農家でみられた、それらの通説的見解が現在も妥当なものであるかについての検証結果なども、特徴的な情報蓄積の一つといえる。

　学習内容の２つ目は、それらのニーズに対応してより高い販売成果をあげるための、選別・出荷行動の変更（過去の行動の修正と新規行動の実行）であり、具体的には主に次の①〜⑥のようなことが確認された。

9）心理学において、学習は、「経験により比較的永続的な行動変化がもたらされること」と定義されている（中島ほか（1999）、108頁）。詳しい説明は割愛するが、この定義では、本や新聞、人との会話などで情報を得るようなことから、実際の経験を通じて何かの改善策を発見するようなことまで、学習がかなり幅広い概念として捉えられている（渡邊（2011）、168-169頁）。

①選別・出荷行動の１年間の基本パターンの確立。そこでは、各市場の特徴やニーズへの対応とともに、経営における制約要因（投入できる労働量や貯蔵スペースなど）とのバランスが考慮されている。また、B農家やC法人にみられたように、固定客がついていると推測される市場においては、その需要に応えるための定質・定量出荷が行われている。

②生産者の経営規模拡大などに伴う、①の基本パターンの大幅な見直し。これは３経営体のいずれにおいても行われており、例えばC法人における出荷の分散化などが該当する。

③各市場の価格や需要量の動きを先読みする需要予測的な出荷。これは、A農家による、高価格を追求した最上位品の出荷が典型例である。

④販売企画提案的な出荷。B農家による特定市場への大ロット出荷がこれに該当する。買い手からの要請を受けての出荷ではないという意味では、潜在的なニーズを発掘するような出荷行動であるといえる。

⑤選別の細分化と統合。B農家でみられたように、一方で選別を細分化し品質を各市場のニーズにピンポイントで揃えることで高価格を追求し、他方では選別の基本パターンにおける複数の区分を統合して選別作業の省力化を図るというような、状況に応じた選別の仕方の変更が行われている。

⑥情報の収集とその解釈技術の向上。各市場の特徴やニーズを把握し、選別・出荷行動を修正・追加するために、どのような情報を得て、そのどこに着目し、どのような解釈を行えば良いか、といったことについての学習である。３経営体のいずれにおいても行われているが、典型的には、A農家とB農家において、過去の経験に基づく、実績表や希望数量表からの買い手のサインの読み取りなどが行われている。

学習内容の３つ目は、マーケットイン志向の行動様式（思考様式を含む）が高度化されることである。個販では、各市場における買い手のニーズに対応した行動をとることが、より高い販売成果に結びつく仕組みとなっており、程度の差はあれ、生産者は自然にマーケットイン志向の行動をとっていると考えられる。対して、ここで特に指摘したいのは、学習によってそれらがよ

160

り高度化しているケースがあるということである。

　例えば、B農家による販売企画提案的な出荷行動は、価格から推測される需要量や、外観・長さといった単純な質的ニーズなどではなく、買い手の戦略的行動（小売店の販売企画や売り場づくり）を想像したうえでの出荷行動である。これは、実績表などには直接表れてこないマーケットのニーズに対し、より高い次元で対応しようとする行動であると考えられる。また、C法人による共販の数量確保への率先的協力は、わが国の青果物市場の全体的趨勢を踏まえた行動であり、これも高い次元でのマーケットイン志向であるといえる。

　この3つ目のマーケットイン志向の行動様式の高度化は、1つ目と2つ目で示したさまざまな学習が行われるなかで、学習がより高い次元のものに発展した結果であると考えられる[10]。

　これらが調査結果から確認できた主な学習内容であるが、実際の学習内容はより多岐に渡っているであろう[11]。また、生産者の学習は、より高い販

10）伊丹・加護野（2003）によれば、「学習にはパラダイム内部での学習と、パラダイムを変えるような学習とがあ」り、前者は「シングルループ学習」、後者は「ダブルループ学習」と呼ばれている。このダブルループ学習は、経営体が大きな環境変化に直面するような不安定な状況下で不可欠となる学習であり、このような学習を生じさせるためのマネジメントによる働き掛けのあり方などが経営学において重要な研究課題となっている。本文中で高い次元の学習と呼んでいるものは、このダブルループ学習に該当する学習であると考えられる。なお、シングルループ学習とダブルループ学習の概念を最初に提示したのはアージリス（1977）であり、組織学習における低次・高次の2つの学習に関する先行研究を整理したものとして安藤（2019）の第5章がある。

11）ここで示したもの以外にも、さまざまな学習が行われており、それらが生産者の経営者能力の向上につながっていると考えられる。例えば木村（2004）では、全国各地域における代表的な農業経営者（認定農業者など）1,696人のへのアンケート調査結果から、売ることから学んでいることが多い経営者ほど、また農協を通さない販売を行っている経営者ほど、経営者能力（その具体的内容は本書第5章の**表5-5**を参照）や経営意欲が高い関係にあることが示されている。

売成果を追求するなかでのものであったが、この「より高い販売成果」の方
向性は、価格上昇による農業所得増大や、固定客維持による長期的な販売の
安定化など、生産者によって異なっており、それに応じて学習のありようも
異なっていると考えられる。

2）生産者の動機づけ

　効果の第2は、生産者の動機づけである。ここで、生産者の動機づけとは、
生産者の農業経営に対する仕事意欲（ワーク・モチベーション）が高まるこ
とを指すこととする。以下では、調査結果を踏まえ、「里浦方式」における
生産者の動機づけ効果を、外発的報酬による動機づけと内発的動機づけの2
つに分けて論ずる。この2つは、生産者を動機づけているもの（動機）に着
目した分け方である。外発的報酬による動機づけにおける「外発的報酬」と
は、「給与、ボーナス、昇進・昇給、承認など組織のなかのシステムや他者
を介して手に入る報酬」である[12]。内発的動機づけは、仕事それ自体が持
つ魅力による動機づけである。

　外発的報酬による動機づけの一つは、金銭的報酬（農業所得の獲得）によ
る動機づけである。これは、ほかの職業人と同様、生産者の動機づけとして
も最も基礎的なものであろう。前項で確認された個販におけるさまざまな試
行錯誤行動も、大前提としてそれが農業所得につながる可能性があるからこ
そ実行されている。加えて、個販においては個人計算によって自身の努力の
成果が自身のみに帰属する非常に公平な仕組みとなっており、このことも、
生産者の意欲を高めるとともに、フリーライダーの出現による意欲の低下を
防止していると考えられる。

　他方で、調査結果からは、生産者が単に金銭的報酬のみに動機づけられて
いるのではないことも読み取れた。調査結果から確認された外発的報酬によ
る動機づけのもう一つは、他者からの承認である。B農家で確認されたよう

12）金井（1999）、60頁。

に、個販において、自身の番号の商品として買ってもらえること、自身の商品や出荷の仕方に対する評価が販売結果として返ってくることは、やりがいへつながっていた。これは、生産者とマーケットとの相互作用を通じた、「買い手による承認」であるといえる。

　続いて、「里浦方式」における生産者の内発的動機づけについて、ハックマンとオルダムが提唱した「職務特性モデル」に当てはめる形で整理してみよう。「職務特性モデル」では、「内発的動機を高める効果を持つ職務」が共通して備える特性として、次の5つが挙げられている[13]。

　①技能の多様性。これは、求められる技能の多様さである。「里浦方式」では、個販において、生産過程に加え出荷過程における技能が必要であり、選別・出荷においては試行錯誤や情報収集も行われている。

　②職務の完結性。これは、その職務が、仕事全体の「始まり」から「終わり」までのすべての流れに関わる程度である。個販では、生産から販売までの全過程のうち、出荷についても生産者が行っている。

　③職務の重要性。これは、その職務が、他者の仕事や満足などに影響を与える程度である。これは②とも重なるが、個販では生産者が出荷までを行っており、この出荷行動は買い手の仕事や満足へ一定の影響を与えるものであると考えられる。

　④自律性。これは、その職務を行うにあたって、個人に許容されている自由や裁量の程度である。「里浦方式」では、個販において、生産者の選別・出荷行動における裁量が大きく、これがさまざまな試行錯誤の余地を生み出していた。

　⑤フィードバック。これは、成果の良し悪しなどについて明確なフィードバックが提供されている程度である。「里浦方式」では、出荷日ごとに、市場別・生産者別の結果が開示されており、フィードバックは高頻度で情報も一定程度充実しているといえる。B農家は、試行錯誤を通じて新たな発見や

13）服部（2019）、43-45頁。なお、各特性の基本的説明に関する記述も同文献による。

情報が得られることや、新たな試みを行いそれがうまくいったときに達成感を感じられることにより仕事意欲を高めていたが、これは特に④自律性と⑤フィードバックの2つの特性によるものである。

　以上より、「里浦方式」は一般的な農協共販の仕組みと比べ、①～⑤のすべての特性をより強く備えており、生産者の内発的動機づけが生じやすい仕組みとなっているといえる。中でも、④自律性と⑤フィードバックの2つの特性はより顕著であるといえよう。

　そして、「里浦方式」は金銭的報酬による動機づけを基礎としながらも、外発的報酬による動機づけと内発的動機づけの両方において、金銭的報酬以外による動機づけを生産者にもたらしている。このことは「里浦方式」の特筆すべき意義であるといえよう。

3）生産者の多様なニーズの充足

　第1、第2の効果が個販によるものであるのに対し、第3の効果は、個販と共販を選択できることにより生産者の多様なニーズが満たされていることである。例えば、高価格を追求したり新たな発見や達成感を得たりすることを重視する生産者は個販中心の出荷を行い、出荷よりも生産管理や経営管理に注力したい生産者は共販中心の出荷を行うことで、それぞれのニーズが充足されるだろう。調査結果からは、B農家が前者、C法人が後者に近いと言える。また、A農家のように新規参入者である場合は、共販中心の出荷を行うことが経営の安定化に役立つと考えられる。

4）結集力強化と産地の維持への寄与

　以上は生産者視点でみた「里浦方式」の効果であるが、JAの視点からみた効果はどうであろうか。ここでは、次の2点を指摘したい。

　一つは、生産者の結集力維持・強化への寄与である。「里浦方式」は、2）で述べたように、外発的報酬による動機づけに加えて内発的動機づけが生じやすい仕組みであると考えられ、生産者にとってやりがいの大きい農業

経営の機会を提供しているといえる。

　また、3）で述べたように、「里浦方式」は生産者の多様なニーズを充足しうる仕組みとなっている。農協共販からの離脱理由としてしばしば聞かれることとの関連では、例えば、自身の商品にこだわりを持っておりほかの生産者と別商品扱いでの販売を望む生産者や、販売を自ら行いたい生産者であっても、「里浦方式」であれば農協共販に結集することができるだろう。

　こうしたことを踏まえれば、「里浦方式」は同JAの農協共販における結集力の維持・強化に一定の寄与をしていると見て良いであろう。

　もう一つは、産地の維持への寄与である。「里浦方式」は、生産者の学習を促す仕組みであり、その学習は生産者とマーケットとの相互作用を通じたものであることは既に指摘した。本章では、生産者の学習が経営者能力の向上につながっているかについては検討できなかったが、前述の木村の研究によれば、売ることから学んでいる生産者ほど経営者能力は高い傾向にあることがわかっている。したがって、「里浦方式」が生産者の経営者能力の向上に寄与している可能性は少なくないと見られる。こうした生産者の経営者能力や仕事意欲の向上は、個々の農業経営の持続性を高め、結果として産地の維持に寄与しているものと考えられる。

引用文献

浅見淳之（1995）「農業経営にとっての農協マーケティングの役割」『農業経営研究』33（2）：35-44.

安藤史江（2019）『コア・テキスト　組織学習』新世社.

伊丹敬之・加護野忠男（2003）『ゼミナール経営学入門　第 3 版』日本経済新聞出版社.

金井壽宏（1999）『経営組織』日本経済新聞出版社.

木村伸男（2004）『現代農業経営の成長理論』農林統計協会.

クリス・アージリス（1977）「シングル・ループ学習では組織は進化しない　『ダブル・ループ学習』とは何か」（有賀裕子訳）『ハーバード・ビジネス・レビュー』32（4）：100-113.

徳島県鳴門藍住農業支援センター（2010）「徳島県のサツマイモ（なると金時）の生産について」『特産種苗』6：49-51.

中島義明・安藤清志・子安増生・坂野雄二・繁桝算男・立花政夫・箱田裕司編集
　（1999）『心理学辞典』有斐閣.
服部泰宏（2019）「やりがいの設計　職務設計と内発的動機づけ」鈴木竜太・服部
　泰宏『組織行動—組織の中の人間行動を探る—』有斐閣：35-52.
渡邊芳之（2011）「あなたはなぜそのように行動するのか　行動と学習の心理学」
　サトウタツヤ・渡邊芳之『心理学・入門　心理学はこんなに面白い』有斐閣：
　167-190.

事例編

第7章

トップシェア野菜産地における組織の細分化再編と生産者の対応
—長野県JA長野八ヶ岳を事例として—

西井　賢悟

1．はじめに

　今日の農協共販組織は、加工・業務用需要の拡大に象徴される外部環境の変化に直面する一方で、農業構造の二極化や自立志向の高い農業法人の増加など内部環境の変化にも直面している。外部と内部のどちらの変化にも対応しない限り、組織の結集力を維持するのは困難である。

　こうした状況を打開する一つの方策として期待されるのが、生産部会の細分化再編である。それは、部会内に特定の販路と特定の生産者を結びつけた小グループをつくり、そこで取引される商品については既存のレギュラー品とは別共計にすること、共同計算を複数化していくことを意味する。

　この仕組みのもとでは、外部の実需者は自らのニーズに合った商品を安定的に調達できるようになる一方で、内部の生産者は価格の安定化などの利益を享受できるようになる。本章で事例としてとりあげるJA長野八ヶ岳・川上支所は、こうした仕組みで結集力の強化を図っている格好の事例である。

　以下では、第一に、同事例の出荷量から見た位置づけや集出荷の動向など産地の概況を確認する。第二に、組織と販売の基本体系について概観するとともに、産地運営の中核を担っている出荷組合と、その傘下で別共計を展開している部会の実態を明らかにする。そして第三に、産地運営に対する生産者の評価と対応を考察する。

　なお、同事例においては、生産部会の本部に相当する組織は「野菜専門委員会」、支部に相当する組織は「出荷組合」と呼ばれており、小グループに相当する組織が「部会」と呼ばれている。このように一般的な呼称とは異なるが、本章では事例で実際に用いられている呼称をそのまま用いることとする。

２．事例産地の概況

（１）出荷量から見た事例産地の位置づけ

　JA長野八ヶ岳・川上支所は、長野県東部の川上村を管轄エリアとする。長野県は川上村をはじめとして標高の高い地域を多く抱えており、夏場の野菜生産が活発である。その中にあって、1972年以来一貫して同県野菜部門の産出額第１位に位置しているのがレタスである。2017年度の産出額は227億円で、同県野菜産出額の27.0％を占めている。

　図7-1に示される通り、夏秋レタスの長野県シェアは、我が国が高度経済成長を終えて間もない1975年の段階で73.8％ときわめて高い水準に達していた。その後も90年代中頃までは75％前後で安定的に推移していたが、90年代後半になると低下基調となり、2000年代に入るとシェアが60％台へと低下している。しかし2010年代以降再び生産拡大が進んでシェアも回復しており、図出はしていないが直近の2018年度のシェアは68.5％となっている。

　こうした同県の生産拡大を牽引しているのが事例とする川上村である。図に示される通り、1975年において同村のシェアは23.0％であり、全国のおよそ４分の１の出荷量を占めていた。その後も20％を超える水準を維持し続け、2000年代に入ってやや下げたが、2010年代を迎えると再び拡大基調となり、2015年には30.5％と30％台に突入している。直近の2018年度においては33.3％と全国の３分の１の出荷量を占めるに至っている。

　農林水産省「平成30年産野菜生産出荷統計」によると、市町村別に見た夏秋レタスの出荷量は川上村が全国で最も多く８万9,100t、次いで多いのが同

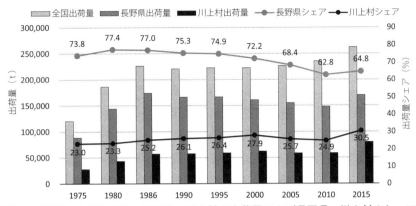

図7-1　夏秋レタスの全国・長野県・川上村の出荷量および長野県・川上村のシェア

資料：農林水産省「野菜生産出荷統計」
注：出荷量シェアは全国の出荷量に占める割合。

村に隣接する南牧村で2万9,100t、その後に続くのが群馬県・昭和村の2万3,200tとなっている。川上村は夏秋レタスの全国トップシェア産地なのである。

（2）管内の集出荷の動向

　川上村を含む1町4村を事業エリアとするJA長野八ヶ岳は、2001年3月に5JAの合併により誕生している。2018年度末において、正組合員は2,861人、准組合員は1,125人であり、組合員数だけでみれば小規模JAといえる。

　管内は八ヶ岳東麓の標高850〜1,500mの高冷地に位置し、広大な野菜畑が広がっている。2016年度における農産物販売高は277億円で、このうち野菜が242億円を占めている。生産者の組織化や販売は支所単位に展開しており、最も大きな販売額を持つのが川上支所となっている。

　川上支所の2016年度の野菜販売高は103億円で、その内訳はレタス49億円、ハクサイ30億円、サニーレタス9億円、グリーンリーフ7億円などとなっている。

　農林業センサス（2015年）によれば、川上村の農業経営体数は517経営体、

表7-1　川上支所のレタス販売シェア

	川上村のレタス販売額（円）	川上支所のレタス販売額（円）	川上支所のシェア（%）
2007	8,739,600,000	4,343,040,000	49.7
2008	7,461,050,000	3,669,280,000	49.2
2009	7,558,480,000	3,680,080,000	48.7
2010	8,867,130,000	4,342,260,000	49.0
2011	8,180,450,000	3,932,940,000	48.1
2012	7,554,460,000	3,831,480,000	50.7
2013	9,682,280,000	4,802,490,000	49.6
2014	10,557,050,000	4,858,750,000	46.0
2015	11,309,630,000	5,509,420,000	48.7
2016	9,569,920,000	4,883,380,000	51.0

資料：川上村の販売額は「川上村農政要覧」、川上支所の販売額は
　　　同支所資料より
注：川上支所のシェアは、同支所の販売額を村の販売額で除して
　　算出。

うち1千万円以上は451経営体で87.2％を占めている。長野県全体では8.0％に過ぎず、同村管内は突出して大規模農業経営体が多くなっている。

　川上村には系統傘下の専門農協が2組織展開し（川上物産農協：1951年設立、川上そ菜販売農協：1961年設立）、商系業者などと結びついた個別経営体も見られる。このような構造は1960年代以降固定的で、後述する90年代に系統離脱の動きがあった以外、乗り換えの動きはほとんどない。

　こうした中で、表7-1に示される通り川上支所のシェアは50％前後で安定的に推移している。管内においては、集出荷業者などによる出荷の働きかけが比較的活発である[1]。その中にあっても川上支所はシェアを維持し続けているのである。

1）後述するアンケート調査の中では、「集出荷業者等による出荷の働きかけ」について尋ねており、「活発である」「どちらかといえば活発である」を選んだ人が24.8％となっている。

3．産地の組織・運営・活動の現状

（1）組織と販売の基本体系

　図7-2は、川上支所管内の生産者の組織機構を示したものである。管内の野菜出荷者（JA出荷者）は、それぞれの居住地に基づいて大字単位の六つの出荷組合に加入している。そしてこれら組合を束ねて野菜専門委員会が設置されている。

　産地運営の中心を担っているのは常任委員会である。同委員会は出荷組合長とJA理事で構成されている。ほぼ月一回のペースで開催され、豊作時に産地廃棄を発動する際や台風などによる災害の発生時などには緊急で招集が

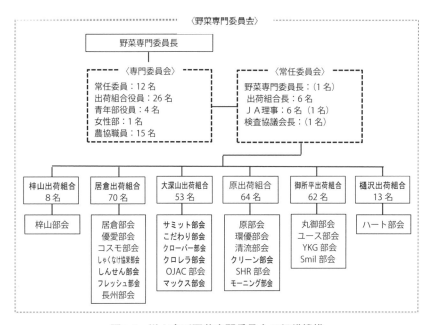

図7-2　川上支所野菜専門委員会の組織機構

資料：JA長野八ヶ岳・川上支所資料に基づき作成
注：1）常任委員会のカッコ内の数値は他の役職との重複を表す。
　　2）図においてはレタスにかかる部会のみ記している。

かかることも少なくない。同会を通じて、生産者とJA役員との意思疎通が密に図られている。また、ここでの決定事項は出荷組合を通じて生産者に周知徹底が図られている。

　一方、各出荷組合の下には生産者の「手上げ」による部会が設立されている。部会は各々が共計単位となっており（1部会で複数の共計を持つ場合もあり）、取引形態は契約取引もしくは予約相対取引である。最低5名以上でメンバーは同じ出荷組合に所属していること、組織の設立に当たっては出荷組合と十分協議することなどが申し合わせ事項となっている。部会は事実上出荷組合の下部組織となっている。

　各生産者の部会を通じた販売は、欠品などへのリスク対応の観点から5割を上限としており、残りについてはレギュラー品として出荷することとなっている。レギュラー品は支所全体で共計が一本化されている。JAでは5割の徹底を図るために、部会別にその構成員の出荷状況をレギュラー出荷と部会を通じた出荷に分けて集計し、それを年度末に各部会に対して提示し、次年度の作付・出荷計画に反映するよう誘導している。

（2）出荷組合の出自と出荷組合長の役割

　同事例においては、産地の運営において出荷組合が重要な役割を果たしている。元々出荷組合は、戦後早い時期から大字を単位に設立が進み、独自の販売を展開していた。それが1960年代後半、ある組合で代金回収の困難に陥ったことなどから当時のJAの下にすべての組合が結集し、共計についても一本化した。この時点で出荷組合はJAの組合員組織として位置づけられたといえるが、その後も自主的な運営組織としての性格が色濃く残された。その象徴が出荷組合長の常勤体制である。

　各出荷組合長は、大字単位に設置されている集荷場にほぼ年間を通じて常駐しており、その報酬は出荷組合員が負担している。各集荷場には出荷組合の事務局を務めるJA職員も常駐し、荷受・配送・購買などにかかる実務を担当しているが、出荷組合長はその監督者として位置づけられている。この

ほか、組合員から寄せられる日常的な相談に応えるとともに、常任委員会に組合員の代表として出席している。常勤での従事が求められるため、多くの場合は後継者のいる農家より選ばれているが、出荷組合長の就任とともに家の農業を中断しているケースもある。

　各組合では将来のリーダーを育成するため、若い後継者を積極的に役員に選出している。例えば大深山出荷組合の場合、組合長は60歳代で、残り5名の役員は30歳代と40歳代が各2名、50歳代が1名となっている[2]。

　なお、現在出荷組合員数の少ない梓山・樋沢出荷組合は、それぞれ大深山・御所平出荷組合の集荷場を利用している。

（3）部会の展開状況と活動実態

1）設立経過と現況

　次に、出荷組合の事実上の下部組織として展開している部会について見ていく。当地では1990年代に入ると、減農薬などの栽培方法を取り入れる生産者が増え、また、以前に増して安定的な販売を望む声が聞かれるようになった。そして画一的な共販への不満を高めた一部の生産者は、出荷組合から離脱して独自の販売を展開するようになった。

　こうした状況を受け、当時のJAにおいても共計の複数化を決断し、その母体となる部会の設立を容認することとした。実際にこの取り組みに着手すると市場の反応はよく、当初は生産面での「こだわり」を結集軸とする部会が多かったが、次第に特定の販路と結びついた部会が増加していった。

　現在、36部会が活動しており、このうちレタスを扱っているのは25部会となっている。レタス・白菜、レタス・白菜・サニーリーフなどを主たる組み合わせとして複数品目を扱っている部会も見られる。36部会で共計数は184（うちレタスは61）におよんでいる。

　部会を通じた販売は、契約取引（全農もしくはJAによる直接取引）と実

2）2014年4月に行った調査時の概況。

需者を特定した予約相対取引のどちらかで、その仕向先は加工・業務用が6割、スーパーが4割程度である。現在も外食チェーンのGAP対応や特定の生産資材の活用など生産面での差別化を結集軸としている部会が見られるが、その数はそれほど多くない。

　部会は一度立ち上がると、価格や品質などの条件で折り合いがつかないときなどに取引先を変えることはあるが、組織自体はほとんどが継続されている。2014年度から17年度にかけて部会数に変化はない。ただしこの間に共計数は163から184へと増加している。ダンボールだけでなくコンテナ出荷も行うなど、取引先の要望に応じて細やかに対応しており、その結果共計数が増加を続けている。

2）部会の活動実態

　では、部会の具体的な取り組み状況を見ていこう。例えば、居倉出荷組合の下で活動している「優愛部会」の場合、卸売業者を介した予約相対取引を展開している[3]。実需者はカット業者やスーパーで、前者とは1シーズン1価格、後者とは最高価格と最低価格を決めた上で市場価格にスライドさせる方式をとっている。

　同部会のメンバー9名は、元々出荷組合の中で有志として環境にやさしい農業の研究を行っており、複数共計の導入と同時に部会を立ち上げている。現在も会費を自主負担する中で、新たな生産資材の研究を行っているほか、春と秋にはメンバー全員で取引先を訪問し、実需者との信頼関係の醸成に努めている。

　こうした「手上げ」による部会以外に、出荷組合別に全組合員が加入する部会も設立されている。このような全員参加型の部会を設置している理由は、「手上げ」による部会に参加しない組合員も見られるなかで、価格安定化の恩恵を広く共有するためである。

3）同部会に関する記述は2014年4月の調査時の情報に基づく。

　例えば、大深山出荷組合では「サミット部会」がそれに該当する[4]。同部会は首都圏近郊に約100店舗を構える中堅スーパーと取引している。実際の取引は卸売業者を介した週間値決めとし、数量については部会員の自己申告を基本としつつ、注文数を下回る場合は各人に均等配分している。同部会の役員は出荷組合と共通で、年2～3回取引先との間で意見交換を行っている。

　また、バイヤーやスーパーの社員を対象にした収穫体験を実施する一方で、部員によるスーパーの現場見学を行うなど双方向の交流を続けてきている。その中で、スーパー側からの要望を受け、朝6時までに集荷場に持ち込んだレタスをトラックに積み、7時に出発してその日のうちに販売するという「朝どりレタス」を実施するようになっており、消費者の好評を博している。

　このように、部会の中には実需者との単なる取引にとどまらず、交流にまで関係を深化させているグループも見られるようになっている。

（4）JAの指導・販売対応

　以上のような産地の運営・活動を支えているのが川上支所の販売指導課である。同課には、課長のライン下に13名の職員が配属されている。

　このうち2名は営農技術員で、出荷組合や個別農家への技術指導、土壌検査や品種試験、作付調査などを担当している。また、4名は集荷場に常駐しており、前述した通り出荷組合長の監督下で業務を展開している。残りの7名は支所に常駐し、うち2名は経理を担当、その他5名が販売対応および部会の事務局を担当している。

　同支所では、集荷場の常駐者には課長代理や係長級の中堅職員を配し、販売・部会担当には主任級をはじめとする若手職員を多く配している。これは出荷組合との関係を重視していることの表れといえる。その一方で、若手職員の生産者と実需者双方へのつながりを広げるねらいもある。

4）注3に同じ。加えて、『地上』（家の光協会発行、2019年2月号）における同
　事例の特集記事（28-30頁）を参照。

　他方、同JAの本所にはJA全農長野県本部の駐在所が置かれ、同県本部の
職員７人が常駐しており、同JAの販売と生産資材購買を担当している。

　現在、契約取引や予約相対取引での販路開拓は、基本的に県本部が実施し
ている。JA自らの開拓もあるがそれほど多くはない。一方、実際の取引条
件の交渉は、支所の販売担当が実施している。レギュラー品の分荷について
は、JAが翌日の出荷数量を県本部に伝達し、それに基づいて県本部が卸売
市場（荷受）別の出荷数量を配分している。

　県本部の手数料は、契約取引では４％、市場流通（予約相対・レギュ
ラー）では1.2％、JAの手数料はいずれも2.5％となっている。なお、同JAの
営農指導事業分配賦後の農業関連事業における税引前当期利益は２億８千万
円の黒字となっている（2018年度）。

４．産地運営に対する生産者の評価と対応

（１）年齢・販売金額別に見た部会への参加状況

　以下では、第５章でもとりあげた管内のレタス出荷者を対象として実施し
たアンケートなどに基づいて、産地運営に対する生産者の評価と対応につい
て見ていく。まずここでは、レタス出荷者の年齢と販売金額、そして部会へ
の参加状況を確認しておく。

　表7-2によれば、レタス出荷者の年齢構成は40歳代が最も多く32人、次い
で50歳代が29人となっており、70歳以上は８人にとどまっている。全国の平
均的な産地からすれば、若い生産者がきわめて多いといえるだろう。

　一方、農産物販売金額を見ると、全体では３〜５千万円が最も多く46人、
次いで５千万円以上が40人、さらに３千万円未満が32人となっている。この
結果をさらに年齢別に見ると、50歳代以下では５千万円以上の人数が最も多
いのに対し、60歳代以上では５千万円以上が少なく、３千万円未満と３〜
５千万円にほぼ均等に分散している。同事例においては、60歳代以上で経営
規模が小さくなる傾向にあるといえる。

表7-2　年齢別に見た農産物の販売金額および部会への参加状況

	計			3千万円未満			3〜5千万円未満			5千万円以上		
	該当数（人）	部会参加		該当数（人）	部会参加		該当数（人）	部会参加		該当数（人）	部会参加	
		あり（%）	なし（%）		あり（%）	なし（%）		あり（%）	なし（%）		あり（%）	なし（%）
全体	118	68.6	31.4	32	37.5	62.5	46	76.1	23.9	40	85.0	15.0
39歳以下	23	78.3	21.7	6	33.3	66.7	7	100.0	0.0	10	90.0	10.0
40歳代	32	81.3	18.7	7	71.4	28.6	11	90.9	9.1	14	78.6	21.4
50歳代	29	75.9	24.1	4	50.0	50.0	12	75.0	25.0	13	84.6	15.4
60歳代	26	46.2	53.8	11	18.2	81.8	12	58.3	41.7	3	100.0	0.0
70歳以上	8	37.5	62.5	4	25.0	75.0	4	50.0	50.0	0	-	-

資料：筆者実施のアンケートに基づき作成
注：同アンケートの回答総数は130人だが、ここでは年齢・農産物販売金額について回答のあった118人について集計している。

　この表においては、さらに部会に参加している人の割合を示しているが、全体では68.6％の参加率となっている。なお、ここでの部会とは、前述した出荷組合別に全組合員が参加している部会は除いている（以下同様）。

　販売金額に着目して見ると、5千万円以上ではいずれの年齢層も概ね8割を超える高い参加率となっている。3〜5千万円では、全体の参加率は76.1％と高いものの、60歳代以上では6割を切るなどやや参加率が低い層が見られる。3千万円未満では、全体の参加率が37.5％と低く、40歳代を除けばいずれも50％以下の低い参加率となっている。

　以上から明らかなように、部会参加者は年齢の若い大規模層に多くなっている。

（2）部会の参加有無別に見た評価

　表7-3は、レタス出荷者を部会参加の有無で分け、産地運営に対する各種の評価を示したものである。いずれの項目も部会参加者において点数が高くなっている。ただし、JAに対する評価、出荷組合に対する評価、レギュラー品に対する評価（販売単価とやりがい）では有意差は認められなかった。この点が重要である。なぜならば、新たな仕組みとして部会を通じた出荷をはじめることにより、部会非参加者への対応やレギュラー出荷への対応が手薄

表7-3　部会への参加の有無別に見た産地運営に対する評価

		部会への参加		
		①あり（点）	②なし（点）	①-②
JAに対する評価	JA全体の対応に満足している	3.61	3.58	0.03
	川上支所の対応に満足している	3.89	3.76	0.13
	出荷組合の事務局対応に満足している	4.12	3.86	0.26
	部会の事務局対応に満足している	4.14	-	-
出荷組合に対する評価	出荷組合の運営に自分の意思を反映できている	3.53	3.29	0.24
	出荷組合で決められた情報はきちんと伝えられている	3.94	3.89	0.05
	出荷組合の中では気兼ねなく話せる	3.76	3.61	0.15
レギュラー品と部会出荷に対する評価	レギュラー品の販売単価に満足している	2.88	2.71	0.17
	レギュラー品の出荷はやりがいがある	3.20	3.19	0.01
	部会を通じた出荷の販売単価に満足している	3.56	-	-
	部会を通じた出荷はやりがいがある	4.13	-	-
販売の仕組みに対する評価	販売先の選定に自分の意思を反映できている	3.42	3.00	0.42 *
	販売価格の決定に自分の意思を反映できている	3.14	2.81	0.33
	今の出荷・販売体系は自己の努力を十分生かせている	3.57	3.21	0.36 *
	今の出荷・販売体系は参加しやすい	3.56	3.24	0.32 *

資料：前掲表7-2と同様
注：1）ここでの集計対象者は当該アンケートの回答者130人。回答に無記入があった場合は設問ごとに除いて集計。
　　2）いずれの設問も5段階尺度で尋ねており、それぞれに5〜1点を与えて加重平均により点数化。
　　3）－は設問に該当しないことを意味。
　　4）*は5％水準で有意を表す。

表7-4　関東市場におけるレタスの全体及び長野県産価格

	7月					
	全体		長野県産		長野県産シェア（%）	全体100とした時の長野県産価格
	①数量（t）	②価格（円/kg）	③数量（t）	④価格（円/kg）		
2013	23,112	182	18,180	186	78.7	102
2014	22,659	160	18,098	164	79.9	103
2015	19,509	151	13,064	155	67.0	103
2016	23,444	127	18,272	129	77.9	102
2017	22,158	110	16,862	113	76.1	103

資料：農林水産省「青果物卸売市場調査報告」より作成

となり、非参加者の不満が高まることが懸念されるのだが、有意差がないという事実は、同事例がそうした状況には陥っていないことを示唆しているからである。

特に懸念されるのはレギュラー品の販売価格であろう。この点に負の影響がおよぶと部会非参加者の反発を招くことは容易に想定される。**表7-4**は、関東市場における7〜8月の長野県産レタスの価格動向を示したものである。川上支所の全出荷量の4割は関東市場に出荷されており、7〜8月は高冷地である川上村からの出荷シェアが特に高まる時期である。同表に示される長野県産の価格動向は、川上支所のレギュラー品の価格を一定程度は反映したものといえるだろう。

この表によると、長野県産の価格は年によって大きく変動しているが、全体に対する相対価格は100を上回る水準で安定的に推移している。川上支所のレギュラー品が一定の価格形成力を有しているのは確かといえ、部会非参加者が大きな不満を抱くような状況にはなっていないと推察される。

一方、**表7-3**において注目されるのは、部会参加者がレギュラー品と部会を通じた出荷に対してどのように評価しているかである。販売単価に対する満足度は、レギュラー品が2.88点、部会を通じた出荷が3.56点、出荷のやり

8月					
全体		長野県産		長野県産シェア（%）	全体100とした時の長野県産価格
① 数量（t）	② 価格（円/kg）	③ 数量（t）	④ 価格（円/kg）		
24,068	142	19,403	144	80.6	101
21,103	228	17,166	239	81.3	105
22,346	194	17,308	204	77.5	105
23,839	141	18,618	147	78.1	104
22,210	164	18,395	170	82.8	104

がいについては、レギュラー品が3.20点、部会を通じた出荷が4.13点となっており、どちらも１％水準で有意差が認められた。部会参加者は、既存のレギュラー出荷よりも部会を通じた出荷に高い評価を与えているのである。

　こうした評価の背景にあるのは、販売の仕組みに対する高い満足度と考えられる。**表7-3**に示される「販売先の選定に自分の意思を反映できている」は自律感、「今の出荷・販売体系は自己の努力を十分生かせている」「今の出荷・販売体系は参加しやすい」は公平感を表しており、これらは第５章において情緒的コミットメントの促進要因として指摘したものだが、出荷のやりがいなどについても好影響を与えていると考えられる。

　以上を踏まえると、部会を通じた新たな出荷の仕組みは、その仕組みに参加しない道を選択した人に対して否定的な影響を与えることなしに、その一方で参加する道を選択した人に対しては肯定的な影響を与えているといえるだろう。

（3）経営規模拡大を通じた経営成長

　同事例においては、部会を通じた出荷は契約取引もしくは予約相対取引となっており、価格の安定化が図られている。価格の安定は、生産者にとって経営の長期的な見通しを立てやすくするものといえる。また、部会を通じた出荷は生産者のやりがいを高めるものともなっている。こうした中で、生産者は経営規模の拡大を積極的に進めている。

　表7-5は川上村の農業構造の変化を示したものだが、1990年代においては2.0～3.0ha層が最も経営体の多い階層となっており、95年までは2.0haに構造変化の分岐点があったといえるが、部会の設立が始まった90年代後半以降、それに歩調を合わせるように2.0～3.0ha層は減少するようになり、構造変化の分岐点が3.0haへと移っている。

　2000年代以降は3.0ha層以上において増加が進んだが、2010年代に入ると3.0～5.0ha層が減少をはじめ、構造変化の分岐点が5.0haへと移っている。5.0ha以上層は、1990年と2015年を比較すると56経営体増加している。

表7-5　川上村の農業構造の変化

単位：戸、経営体

	計	0.3ha 未満	0.3〜 0.5ha	0.5〜 1.0ha	1.0〜 1.5ha	1.5〜 2.0ha	2.0〜 3.0ha	3.0〜 5.0ha	5.0ha 以上
1990	697	15	32	43	67	92	242	189	17
1995	687	26	27	42	43	69	244	209	27
2000	651	18	24	43	41	58	220	219	28
2005	609	4	11	33	47	45	187	234	38
2010	574	8	15	26	31	38	145	259	52
2015	517	10	9	27	23	24	110	241	73

資料：農林水産省「農林業センサス」
注：1995年までは販売農家戸数、それ以降は農業経営体数。

先に見た通り、部会参加者は若手かつ大規模層が多くなっている。部会を通じた新たな出荷の仕組みは、若手を中心とする経営規模拡大を通じた経営成長を後押しし、その結果として川上村の農業構造は大きく変化したと考えられるのである。

5．おわりに

本章ではJA長野八ヶ岳・川上支所を事例として、既存のレギュラー品とは別共計を行う部会に焦点を当ててその実態を確認するとともに、こうした新たな仕組みに対する生産者の評価や対応を見てきた。

部会参加者は、新たな仕組みがもたらす価格の安定化や出荷に対するやりがいを背景として、経営規模の拡大を積極的に図っていた。また、実需者の要望に細やかに応え続けている結果として共計数は増加傾向にあり、単なる取引にとどまらず、交流関係にまで発展している部会も見られた。

一方、こうした新たな仕組みは、それに参加しない人への負の影響が懸念されるのだが、同事例においてはレギュラー品の価格形成力も維持されていると考えられ、そうした状況はみられなかった。

以上を踏まえると、本章でみてきた新たな仕組み、すなわち冒頭で述べた部会の細分化再編は、今日的な外部環境の変化と内部環境の変化に同時に対

応する仕組みとして有効であるといえるだろう。

　もちろん本章でとりあげた事例の特殊性、特にトップシェア産地であることが有効性を発揮しやすい方向に作用していることは容易に想定される。部会の細分化再編の有効性について説得力を高めるには、さらなる事例研究の積み重ねが必要である。

第8章

遠隔野菜産地におけるマーケットイン型
産地づくりのための営農指導・販売事業の展開
―鹿児島県JAいぶすきにおける契約型直販事業と
生産部会再編―

板橋　衛

1．はじめに

　マーケットイン型産地づくりのための生産部会の細分化再編を行うことは、販売先のニーズに対応するのみではなく、組合員の参加意識が高くなる傾向があり[1]、生産部会組織の活性化につながっている。そのため、地域農業における生産拡大とJA販売取扱高の増加につながることが期待される。とはいえ、販売先への商品戦略を考えた生産部会再編のあり方は、それぞれの産地条件によって異なる。また、そういった新たな産地づくりを進めるに当たっては、JAの役割がきわめて重要であり、その営農指導事業と販売事業のあり方が問われる。ここでは、大消費地から遠隔地に位置するJAいぶすきを事例として、マーケットイン型産地づくりのあり方を考える。

　JAいぶすきは、薩摩半島南部に位置し、1993年３月に旧揖宿郡内の５JA（喜入町、指宿市、山川町、開聞町、頴娃町）が合併して設立されている。2017事業年度におけるJAいぶすきの販売取扱高は約215億円であり、そのうち畜産が95億円、荒茶が59億円、野菜が47億円、観葉植物が９億円である。ここでマーケットイン型産地づくりの事例として考察する品目は野菜である

1）本書第５章を参照。

単位：%

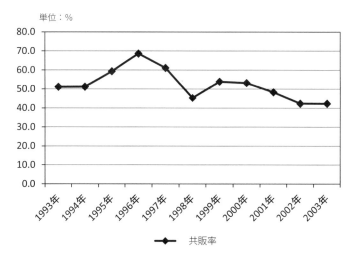

図8-1 JAいぶすきにおける野菜の共販率の推移（1993年～2003年）

資料：「農業粗生産額統計」、「JAいぶすき総代会資料」
注：共販率は推計であり、農協販売取扱高／農業総産出高である。

が、その野菜に関するJAのシェア（共販率）は約50％と推測できる[2]。遠
隔野菜産地におけるJAの共販率は一般的には高位であるが、JAいぶすき管
内には、大規模な野菜集出荷業者を始め、いわゆる産地商人が従来から多数
存在し、出荷先の価格条件を考慮し、野菜生産者から買い取りを行っている。
生産者にとって、そうした業者への販売が有利であるかどうかは様々な視点
からの検討が必要である[3]が、実態としてみると、**図8-1**に示したように、

2）旧揖宿郡の市町は、その後の行政合併により、喜入町は鹿児島市と合併し、
　頴娃町は南九州市の形成に参加し、指宿市、山川町、開聞町で、新しい指宿
　市を構成している。そのため、管内の農業総産出高は統計的に把握できない
　ので、諸資料より推測して、共販率は約50％としている。
3）業者は買い取りが主である。他方、JAを通した市場出荷の場合は精算までに
　10日前後は必要であり、その点での差は否めない。また、価格面では、業者
　の買取価格は、市場での荷が不足する場合は高値で行われるが、過剰基調で
　ある時は安くなることは言うまでもない。さらに、業者の場合は販売取扱を
　中止することもある。

表8-1　農産物の売上1位の出荷先別経営体の割合

単位：経営体数、%

	販売のあった実経営体数	農産物の売上1位の出荷先						
		農協	農協以外の集出荷団体	卸売市場	小売業者	食品製造業・外食産業	消費者に直接販売	その他
喜入町	157	47.1	7.0	27.4	3.8	0.0	13.4	1.3
指宿市	602	39.7	42.9	9.0	4.5	1.0	1.8	1.2
山川町	437	52.6	24.3	16.0	1.1	2.5	0.9	2.5
開聞町	334	51.2	23.1	16.2	3.9	1.5	1.5	2.7
頴娃町	921	32.5	27.6	28.2	6.9	2.0	0.7	2.2
JAいぶすき管内計	2,451	41.3	28.8	19.6	4.7	1.6	1.9	2.0
鹿児島県	35,671	61.7	13.4	8.5	4.2	3.7	5.4	3.2

資料：「2015年農業センサス」

注：喜入町、指宿市、山川町、開聞町、頴娃町は、旧市町単位である。

JA合併年（1993年）から旧市町単位での総産出額データが得られる2003年までのJAの野菜共販率は、40〜70％を上下している。生産者にとっては、JAと業者への販売はその時における価格等の条件による選択という点が垣間見られる[4]。農業経営体における農産物出荷先としてのJAの位置づけは、**表8-1**に示したように、旧市町によっては、必ずしも高くはないのであり、こうした構造は今日においても続いている。JAいぶすきは、こうした業者との野菜集荷販売競争に向き合いつつ合併後に営農指導・販売事業の展開を行ってきた。その対抗手段の1つとして、契約的直接販売事業の展開が位置づくのである。

　本章では、JAいぶすき設立後における野菜作を中心とした営農指導・販売事業の展開を、集出荷販売体制、営農指導体制、生産部会再編に注目して振り返り、そこにおける契約的直接販売の位置づけとその実践機能を検討する。また、契約的直接販売の展開に大きく関係している「鹿児島くみあい食品株式会社（以下、「くみあい食品」）」の青果直販事業の実態を連合会機能

4）JAの事業年度は当年の3月〜2月であり、行政の年度は当年の4月〜3月である。その差による誤差が変動となって現れていることも考えられる。

のあり方として検討する。そうした分析を通して、遠隔野菜産地における
マーケットイン型産地づくりのあり方を考察する。

2．JAの営農指導・販売事業の変化

（1）JA合併と営農経済体制の変化

　1993年3月に合併した当時のJAいぶすきの営農指導・販売事業は、本所
に営農生活部を置いて総括事業運営を行う一方で、合併計画に基づいて、合
併前のJA体制を引き継いだ5つの地区事業本部において事業運営が行われ
ていた。とはいえ、広域的な営農指導事業などを行う必要性は認識されてお
り、更なる再編が計画されていた。そのため、営農指導事業については、営
農企画プロジェクト会を編成し、事業本部間品目担当制を導入し、営農指導
員の専門機能発揮に努めていた。また、生産者組織のマーケティング活動の
一環として品目ごとの専門部会（そらまめ、実えんどう、葉茎、かぼちゃ）
を1994年に結成し、その組織を通した専門的広域的営農指導を展開した。

　そうした取り組みは1995年から主要品目の銘柄統一・共同計算の実施につ
ながっており、1997年からは、東部（喜入町、指宿市）、中央（山川町、開
聞町）、西部（頴娃町）の3ブロック別に営農総合センターを設置して、本
所直轄とする体制を構築するに至る。また、1999年には、そらまめ、かぼ
ちゃ、馬鈴薯の選果場をそれぞれ指宿市、山川町、開聞町に新設しており、
物流面での再編も進めている。このように、JAいぶすきは、合併後計画的に、
専門的かつ広域的な営農販売事業体制への再編を進めてきた。

　その後の営農指導・販売事業は、営農総合センター体制を維持しつつ、金
融情勢の変化に対応したJAバンクシステムの導入および「経済事業改革」
の展開もあり、支所再編や営農指導員を減少させた中での事業展開を求めら
れる。しかし、他方で、農業労働力の高齢化などに伴う労働力不足に対する
農家への農作業支援や国の「担い手」政策に対応した営農指導業務も必要と
なる。そのため、農業振興担当者の設置や広域専門指導員を設置するなどが

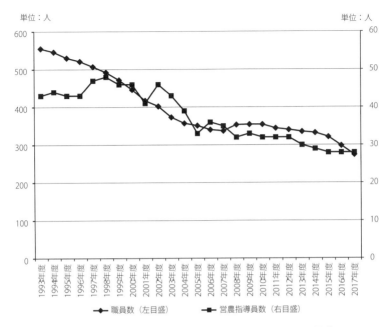

単位：人　　　　　　　　　　　　　　　　　　　　　　　　　　　単位：人

図8-2　JAいぶすきにおける職員数と営農指導員数の推移

資料：JAいぶすき総代会資料

試みられるが、取り組みはあまり定着しなかった。そして、2007年には３ブロックの営農総合センター体制から５つの総合支所体制へ、従来の体制に戻る形で営農指導・販売事業体制は再編されている。

　図8-2は、合併後のJAの職員と営農指導員の推移をみたものである。３ブロックの営農センター化に伴って、生産者との情報交換を蜜にして共販率拡大を図るため産地バイヤーを設置した1997年、営農振興担当者を設置した2006年には営農指導員の増加も確認できる。しかし、基本的には合併当初の46人から、2017年度の28人へと徐々に減少している。特に、2000年代における減少傾向が顕著であるが、これには、JAの経営問題も大きく関係しており、JAの職員数も大幅に減少している。

　その後、2016年度からは、再び３ブロック（東部、中央、西部）の経済課

体制となり、本所直轄の営農指導・販売事業体制へと再編されており、現在もこの体制で事業が行われている。

（２）現在の営農指導・販売事業体制

　現在の野菜に関する営農指導体制は、本所の農産部営農課直轄による品目別の広域指導体制であり、そらまめ、実えんどう、かぼちゃ、オクラ、土もの、葉物（キャベツ）の品目担当を２名ずつ配置している。それらの営農指導員は、東部、中央、西部のいずれかの経済課に配置しており、その地区担当としての営農指導業務にも従事する。

　営農指導員の業務内容としては、組合員への栽培・技術・経営指導を通して、圃場から集荷場までの役割を担うという整理である。しかし、品目別担当として当該品目の生産部会事務局を担当しているため、販売先市場との連絡も担っている。さらに、後述する契約的直接販売事業においては、それぞれの販売先との連絡とそれに対応した生産部会の小グループの事務局機能を担っている。

　そのため、個別の組合員に訪問した指導が不十分になっているとの反省もあり、2018年度から出向く体制と出向く活動の実践として、本所営農課内に農家支援担当者を配置した。それらの出向く営農指導員は、これまで信用事業の融資と共済事業の渉外をそれぞれ担当していた職員に加えて、JA職員OBで元営農指導員を合わせた３名で構成されている。担い手を中心とした生産者への御用聞きを通して、営農指導事業のニーズ発掘に努めている。こうして得た情報は、毎週の定例会議で共有を図り、半月に１度は常勤役員にも報告している。その中で、まずは担い手経営体の経営指導に重点を置き、記帳指導を通して組合員の青色申告作成の手伝いを主に行っている。

　他方、経済課の販売担当職員は、販売業務を担っているとはいえ、集出荷選果場での業務に追われている。そのため、販売先と生産者をつなぐ役割は、専ら品目別の生産部会事務局を担当する営農指導員の任務となっている。集出荷選果場の配置は、前述したように、合併後にかぼちゃ、そら豆、馬鈴薯

の選果場を新設し、その品目に関しては広域集出荷選果体制が整えられているが、合併前から旧JA支所段階に存在した集出荷場が現在も多く残存している。それぞれの集出荷場では受入業務が続いており、それらの集約化は課題である。しかし、管内の農産物の品目特性にもよるが、生産者個選による持ち込みが多くみられ、同じ品目においても個選品と共選品がある。これは、選果利用料金などの発生を避ける生産者の判断である。その中で、共同計算を実施しているが、個選品と共選品では出荷先市場を分けるなどの対応を行っており、販売事業全般に関わる課題でもある。その一方で、そらまめに関しては、現在の施設による選果能力では出荷ピーク時に満杯となり対応できないため、JA鹿児島いずみの施設を利用した委託選別を実施している。JAいぶすき内での選果体制としては課題であるが、鹿児島県内のJA間として施設の有効利用が図られている。

　また、オクラに関しては、生産者はバラでの持ち込みであり、それらを手作業で選別・袋詰めを行っている。その作業は他作目の生産者や市街地の住民によって請け負われており、個人宅での作業になっている。その作業場を「個人詰所」と呼んでおり、この個人詰所の確保がJAの農産部職員の役割であり、集出荷業者との取り合いにもなっている。そのため、現在、選別機を試作中であり、成果が期待されている。

3．契約型直販事業の展開と生産部会体制

（1）JAの販売取扱高の推移と管内野菜作経営体

1）品目別の販売取扱高の変化

　図8-3は、JAいぶすきの販売取扱高の推移を示している。合併当時の販売取扱高を維持していることが確認できる。品目構成的には、荒茶と畜産が増加していており、荒茶以外の耕種部門が減少しているが、25年間の変化としてみると基本的な構成には大きな変化はみられない。

　表8-2は、2015年農業センサスによるJAいぶすき管内の旧5市町の農業経

単位：百万円

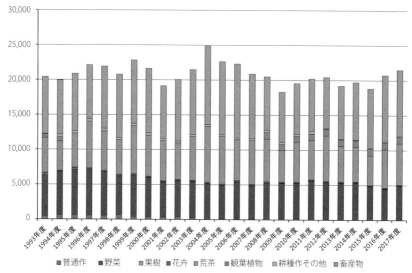

図8-3　JAいぶすきにおける販売取扱高の推移

資料：JAいぶすき総代会資料

表8-2　農業経営組織別の農業経営体数の構成

	農産物を販売した経営体数	単一経営経営体						
		計	稲作	麦作類	雑穀・いも・豆類	工芸農作物	露地野菜	施設野菜
喜入町	157	109	15.6	0.0	2.8	1.8	61.5	2.8
指宿市	602	446	0.7	0.0	2.5	0.4	74.0	2.7
山川町	437	333	0.0	0.0	3.3	0.0	75.4	2.7
開聞町	334	243	0.0	0.0	28.0	0.4	42.0	2.5
頴娃町	921	678	0.1	0.0	36.6	50.7	5.0	1.5
JAいぶすき管内計	2,451	1,809	1.2	0.0	18.9	19.3	43.3	2.2
鹿児島県	35,671	26,850	26.7	0.0	13.2	17.4	7.8	3.3

資料：「2015年農業センサス」
注：1）表8-1注と同様である。
　　2）%は、単一経営体合計に対する経営組織別の割合であり、準単一経営体合計における
　　　　主位が露地野菜部門の割合である。

営組織別経営体の構成である。単一経営における経営体数の割合をみると、喜入町、指宿市、山川町、開聞町で露地野菜経営が最も多く、特に指宿市と山川町では70％以上である。頴娃町は工芸作物（お茶）経営が50％を超えている。また、開聞町と頴娃町では雑穀・いも・豆類経営体も一定の割合を占めており、それぞれ馬鈴薯と甘藷の生産が多いためである。畜産経営体は、割合としては大きな構成ではないが、全体的に散見できる。こうしたJAいぶすき管内の地帯構成は基本的に変化していないとみられ、JAの販売取扱高の構成も基本的にこれに比例している。

　野菜作については、一時期は60億円を超えるJA販売取扱高がみられたが、2000年代以降は50億円水準で推移している。しかし、その品目構成は**表8-3**に示したように変化している。データの関係で連続した変化を十分に把握していないが、増加している品目としては、オクラ、スナップえんどう、レタスなどであり、減少している品目としては、かぼちゃ、さつまいも、すいかなどである。農業労働力の高齢化などに伴って、労力的な問題から重量野菜の生産が敬遠され、軽量野菜でかつ需要増加が期待できる品目への転換が図

単位：経営体数、％

果樹類	花卉・花木	その他の作物	酪農	肉用牛	養豚	養鶏	その他の畜産	準単一経営経営体		複合経営体
								計	主位部門露地野菜	
3.7	8.3	0.0	0.9	2.8	0.0	0.0	0.0	38	47.4	10
1.1	12.3	0.2	0.2	4.9	0.7	0.2	0.0	145	42.8	11
0.9	10.5	0.3	0.0	2.7	2.1	2.1	0.0	77	61.0	27
4.1	9.1	0.0	0.0	11.9	1.6	0.4	0.0	80	52.5	11
0.1	1.5	0.3	0.9	1.2	0.9	1.2	0.0	208	12.5	35
1.3	7.2	0.2	0.4	3.9	1.1	0.9	0.0	548	35.6	94
6.9	2.8	0.5	0.6	18.0	1.2	1.3	0.1	7,092	12.6	1,729

表8-3　JAいぶすきにおける野菜の品目別販売取扱高（1994年度、2017年度）

単位：千円、%

	1994年度		2017年度	
	金額	構成比	金額	構成比
オクラ	313,423	5.1	1,047,340	22.1
そらまめ	1,390,682	22.7	861,419	18.2
スナップえんどう	－	－	911,587	19.2
かぼちゃ	518,848	8.5	368,565	7.8
さつまいも	915,441	15.0	446,263	9.4
にんじん	710,430	11.6	302,613	6.4
キャベツ	276,387	4.5	189,802	4.0
実えんどう	441,500	7.2	145,888	3.1
レタス			68,376	1.4
干大根	611,201	10.0	48,415	1.0
ばれいしょ	152,104	2.5		
すいか	180,881	3.0		
その他	604,370	9.9	355,626	7.5
合計	6,115,267	100.0	4,745,894	100.0

資料：JAいぶすき総代会資料
注：「－」は取扱がないことを示す。その他の空欄は取扱金額が少ないため「その他」に含まれている。

られている。

　とはいえ、冒頭でも述べたように、管内には野菜集出荷業者が多数存在し、そことの集荷販売競争構造下にあり、近年は大規模野菜作経営体による個人販売も散見される。そのため、JAの販売取扱高の品目構成が管内の野菜作品目構成であるとはいえない。JAいぶすきの資料によると、2017年度の指宿市（旧指宿市、山川町、開聞町）におけるキャベツの総産出高は13億2,472万円であるが、同年のJAにおけるキャベツの販売取扱高は1億8,980万円であり、JA管内の方が広域であるにも関わらず、総産出高と大きな乖離がみられる。そこには次に見る農業構造の変化も関係している。

2）管内経営体の変化と野菜作の動向

　表8-4は、農業センサスによる農業経営体のうち法人経営体の割合を示している。JAいぶすき管内の法人経営体数の2005年から2015年までの変化としては、大きな変化はみられない。とはいえ、全体の経営体数が大きく減少

表8-4　JAいぶすき管内における法人経営体数

単位：法人経営体、%

	2005 年		2010 年		2015 年	
	法人経営体数	割合	法人経営体数	割合	法人経営体数	割合
喜入町	4	1.3	2	0.8	2	1.1
指宿市	27	3.9	35	5.6	32	5.2
山川町	25	4.0	24	4.7	25	5.6
開聞町	8	1.7	8	1.9	7	2.0
頴娃町	90	6.5	89	7.7	81	8.6
JAいぶすき管内計	154	4.4	158	5.3	147	5.8
鹿児島県	994	1.8	1,134	2.4	1,287	3.3

資料：「農業センサス各年」
注：1）表8-1注と同様である。
　　2）%は、経営体数に対する法人経営体の割合である。

表8-5　農産物販売金額規模別経営体数

単位：経営体数、%

		100 万円未満		100〜500 万円		500〜1,000 万円		1,000〜5,000 万円		5,000 万円以上	
		経営体数	割合	経営体数	割合	経営体数	割合	経営体数	割合	経営体数	割合
2010 年	喜入町	186	74.4	50	20.0	7	2.8	6	2.4	1	0.4
	指宿市	135	21.6	317	50.6	86	13.7	69	11.0	19	3.0
	山川町	87	17.1	196	38.4	116	22.7	94	18.4	17	3.3
	開聞町	159	38.0	169	40.4	46	11.0	38	9.1	6	1.4
	頴娃町	280	24.1	392	33.8	237	20.4	220	18.9	32	2.8
	JAいぶすき管内計	847	28.6	1,124	37.9	492	16.6	427	14.4	75	2.5
	鹿児島県	24,034	50.7	15,363	32.4	3,731	7.9	3,532	7.5	722	1.5
2015 年	喜入町	125	66.1	49	25.9	8	4.2	6	3.2	1	0.5
	指宿市	112	18.3	307	50.2	108	17.6	63	10.3	22	3.6
	山川町	44	9.9	177	39.8	104	23.4	102	22.9	18	4.0
	開聞町	105	30.6	138	40.2	47	13.7	47	13.7	6	1.7
	頴娃町	154	16.4	323	34.4	187	19.9	244	26.0	32	3.4
	JAいぶすき管内計	540	21.4	994	39.3	454	18.0	462	18.3	79	3.1
	鹿児島県	19,773	50.4	11,875	30.3	3,312	8.4	3,386	8.6	876	2.2

資料：「農業センサス」（2010 年、2015 年）
注：表8-1と同様である。

している中で法人経営体数は堅調な推移を示しており、鹿児島県の平均と比較しても2ポイント以上高い構成割合である。

　また、**表8-5**は、農産物販売金額規模別の経営体数とその割合の2010年・2015年センサスのデータである。JAいぶすき管内全体では、1,000万円以下の経営体数が減少する一方で、1,000万円以上の経営体が増加している[5]。

195

鹿児島県平均との比較では、500万円～1,000万円、1,000万円～5,000万円の販売金額層の経営体が分厚く形成されているのが特徴であるが、先の経営の法人化傾向と関わって、農業経営体の大規模化傾向は確認できる。JAいぶすき管内の経営組織の構成と合わせて考えると、野菜経営体においてもこうした大規模化および法人化が進んでいることが考えられる。大規模野菜経営体では、多くの雇用労働力を確保していることから、経営の安定を重視しており、価格面でも高値よりも採算を重視した価格での継続的な取引を希望している。そのため、加工業務用の生産販売も多くみられ、キャベツはその典型的な品目でもある。前述した総産出高とJA販売取扱高のキャベツの相違からは、大規模経営体による実需者との直接契約が多くみられることが推測される。

　そうした農業構造の変化、特に野菜経営体の変化に対して、JAは選果場の整備や農作業支援事業を実施しており、後述するように様々な契約型直接販売事業を展開している。JAの組合員構成をみても法人経営の正組合員数は、2000年代までは30前後であったが、2017年度では93に増加しており、大規模法人経営のニーズに対応した事業展開が実施されていることの反映である。しかし、そうした組合員の野菜作に対する品目選択までを誘導する強力な指導力は有していないのが現状ではないかとみられる。JAによる選果場新設により共同選別品の出荷が増加したケースやJAによる労働力支援によってJAへの出荷に切り替えた人参生産者などの事例はみられるが、基本的には組合員による判断で生産品目を決定している。その結果としての多品目構成と品目別の変化でもあり、前述した集出荷選果場が分散している課題とも関わっていると考えられる。

5）全体として販売金額1,000万円以下経営体は減少しているが、他方でJAや経済連による直売所の開設により、中小規模の経営体による青果物販売農家が形成されている面も考えられる。喜入町における100万円～500万円経営体の構成比が増加した要因はその結果であると推測できる。

（2）野菜に関する生産部会体制の再編

　JAいぶすきは、主要野菜品目についての銘柄統一と共同計算を早期に実現していたが、生産部会統一もそれと連動している。合併初年（1993年）には、JAが普及所や行政機関との連携を強化し、広域的な農業振興と系統共販の向上を図るために野菜振興協議会を結成しており、生産者組織の再編にも着手する。合併2年目（1994年）には品目毎の専門部が、そらまめ、実えんどう、葉茎、かぼちゃにおいて結成される。そして、3年目（1995年）から主要品目の銘柄統一と共同計算を実施しているのは前述したとおりである。JAは、この生産部会体制を基本として、共販拡大を進めてきた。

　図8-4は、2018年4月時点の野菜に関する生産部会体制である。「JAいぶすき野菜部会協議会」は、1,608名で構成されており、そのもとに、そらまめ・かぼちゃ・葉茎菜・えんどう・オクラの専門部会があり、これらはJA管内一本の組織である。また、旧JA単位に野菜部会の支部があり、それぞれの支部内に品目単位の部会が位置づいている。旧山川町の支部内には図8-4に示したように、さらに小規模な地区単位の野菜部会も存在しており、それぞれが生産部会活動を行っている。この小規模な地区単位の支部は、旧頴娃町内にもJA合併後しばらく存在していたが、現在は旧山川町のみである。

　部会活動は、主に①出荷会議、②栽培講習会、③現地検討会（中間生育、出荷前）、④出荷目揃会、⑤定例会、⑥緊急時（気象災害や品質不良等）の対応、⑦反省会および次年度対策会議であり、前述したように営農指導員がそれぞれの部会（旧JA単位の支部を含む）の事務局を担当している。営農指導員は減少しているのに対して、JAの生産部会は、旧頴娃町内の小規模地区単位の支部は解散しているが、他は1995年の野菜部会統一後のままの体制であり、1人の営農指導員が担当する生産部会数は多くならざるを得ない。

　そして、これらの生産部会に加えて、契約型直接販売に対応した小グループの生産者組織もJAいぶすき野菜部会協議会の中の生産部会として位置づいており、1つの共同計算の単位である。それらの一つひとつの小グループ

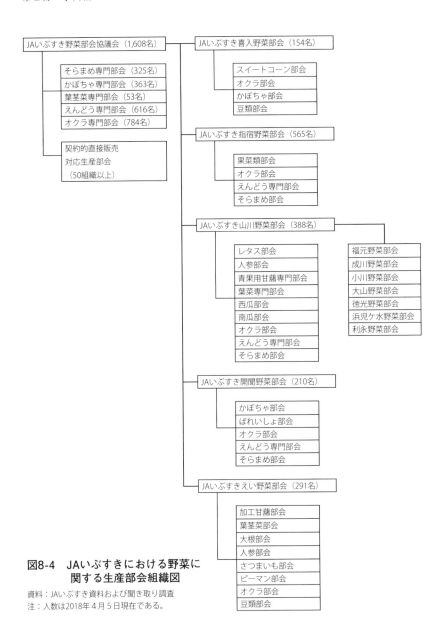

図8-4　JAいぶすきにおける野菜に関する生産部会組織図

資料：JAいぶすき資料および聞き取り調査
注：人数は2018年4月5日現在である。

生産部会にも営農指導員が事務局として張り付いている。

（3）契約的直接販売の展開と生産部会体制

1）契約的直接販売の拡大と現状

　1990年代のJAいぶすき総代会資料によると、販売事業の展開としては、銘柄統一と共同計算を進めることと並行し、経済連や青果会社との情報交換を通して、新規作目導入を探り、契約的販売や事前値決め販売に取り組んできたことが読み取れる。つまり、合併当初から品目別のロットを拡大した有利販売をめざす戦略と差別化戦略を進めていたとみられる。こうした取り組みの背景には、産地集出荷業者との集荷・販売競争に加えて、特に若い世代の組合員からの「自分たちの農産物を直接消費者に届けたい」という要望があった。JAは、JA青年部組織を再興し、そうした若い世代の要望を受けとめると同時に、販売事業として直接的な販売を模索していったのである。その結果、マーケット側からのニーズが拡大してきたことも起因し、契約的直接販売の取り組みが徐々に本格化する。2005年頃には経済連の駐在職員と連携して契約的の取引を進め、消費地への産地情報の発信に努めている。

　2017年度における実績は**表8-6**に示した通りであり、数量ベースで25％、金額ベースで16％が契約的直接販売によるものである。現在のJAいぶすきで販売取扱高上位3品目のオクラ、そらまめ、スナップえんどうは10％前後であるのに対して、人参やキャベツは50％を超えている。キャベツに関しては加工業務用が一定量を占めているとみられる。先述したように、キャベツに関してはJAの販売取扱高は生産量に対して著しく少なかったが、JAが契約的直接販売に積極的に取り組むことにより、一定程度のシェアを確保している。

　こうしたマーケットからのニーズは現在においても増加傾向にある。実需者や取引先業者は3地区の経済課に直接商談に来ることがほとんどであり、品目担当の営農指導員がそれに対応している。営農指導員にとっては、商談が成立すると担当する生産部会が1つ増加することにもなり、業務拡大とな

表8-6　JAいぶすきにおける野菜の契約的直接販売の実績（2017年度）

単位：t、千円、%

	2017年度販売取扱高		うち契約的直接販売			
	数量	取扱高	数量	割合	取扱高	割合
オクラ	1,297	1,047,340	144	11.1	126,819	12.1
そらまめ	1,593	861,419	137	8.6	69,516	8.1
スナップえんどう	873	911,587	70	8.0	64,422	7.1
南瓜	1,691	368,565	464	27.4	89,140	24.2
さつまいも	4,066	446,263	730	18.0	96,930	21.7
人参	2,673	302,613	1,553	58.1	167,209	55.3
キャベツ	1,715	189,802	1,258	73.4	121,691	64.1
実えんどう	193	145,888	0	0.0	271	0.2
その他	3,357	472,417	-	-	-	-
合計	17,458	4,745,894	4,356	25.0	735,998	15.5

資料：JAいぶすき資料

る。しかし、JAの販売事業の方針としては、マーケットのニーズにはできるだけ応えることを基本としている。また、組合員側から提案的に、契約型直接販売の要望が出されることもある。

2）契約型直接販売に対応した生産部会体制

　JAは、こうした取引先のニーズに応じた取り組みを行う場合に、その販売単位に対応した生産量を確保するために、その生産を担当する組合員を組織化する。それが、マーケットに対応した数名による小グループであるが、野菜部会協議会の1つの生産部会でもある。1つの組織は2〜6人で構成されるケースが多く、それが事務局を担当するJA側にとっても運営・管理に適した単位である。実際には10名以上の組織となるケースもあるが、事務局側としてみると運営は難しくなるようである。

　産地に対して、新規に実需者から商品提案が示された場合、JAから組合員全体にその生産要望内容に関する説明を行う。しかし、実際に小グループを組織化する場合には、JAが意図的に組合員を人選するケースがほとんどである。それは、契約的直接販売を行うに当たって、その契約内容や取り組みに対する考え方などを十分理解し、協力してくれるかどうかを重視して組合員を選定しているためであり、地域的な組合員間の構成範囲も考慮してい

る。特に限定している訳ではないが、一度結成した小グループは、構成員を
固定し、特に問題が無く取引先からのニーズがある限りは継続して契約的直
接販売を行っている[6]。

　そうした組合員は、結果的に専業的な野菜生産経営体が中心であるが、先
にみた大規模法人経営体に偏った構成というわけではない。また、契約の内
容によっては、JAが市場出荷用のレギュラー品の中から選別して実需者対
応を行うケースもあるが、ほとんどの契約的直接販売では、こうした小グ
ループを組織した対応を行っている。

3）契約の内容とJAの機能

　実需者は、契約内容によるが、加工業者や量販店である。しかし取引先と
しては、経済連、くみあい食品、青果会社などであり、JAはそういった機
関と契約を行う。価格は、加工業務用はシーズン固定的であり、用途別に取
引先による価格差はあまりない。他方、量販店への販売用は、基準価格を基
本として、市場価格の動向によって30％ほどの範囲内で上下する変動制が一
般的である。しかし、基準となる価格や変動条件などは様々であり、量販店
販売用としてPB商品化している商品では栽培方法に取り決めがあるケース
も多く、そのことを考慮した価格設定になっている。いずれにせよ、生産者
数名の1つのグループ毎に、それに対応した取引先があり、その単位で、品
目、出荷形態、取引時期、取扱量、価格を取り決めている。価格水準に関し
ては、前述したように、雇用を伴う大規模法人経営が増加していることもあ
り、高価格のみではなく安定的な価格条件を希望する生産者が拡大している。
　事務局を担当するJAの営農指導員は、取引先との商談を通して契約内容
の確認を行い、日々の連絡を担当する。そして生産者側に対しては契約内容
に即した生産・技術指導を行い、栽培方法に特徴を有する場合には、それが
厳守されているかの確認も行っている。出荷時期になると、取引先の注文に

6）李（2016）においても同様の分析が行われている。

応じた販売計画を立案し、生産者への出荷配分を進める。そこでは、欠品を発生しないように数量をコントロールすることが必要であり、1つの経営体における当該品目の契約分を3～4割に限定することで、取引先の注文にはグループ内で余裕を持って対応できるように運営管理している。

　このように、JAは取引先と協力して、実需者に対し、卸売市場流通における仲卸業者の機能と同様な役割を発揮しており、組合員に対しても高価格や安定価格での販売というメリットを実現しているといえる。そのため、通常販売業務より多くのJA機能を必要としているが、販売手数料はレギュラー品の市場出荷にみられる通常の販売手数料と同様である。

4）JAによる独自の直接販売と直売所の開設

　その他にもJAは、独自で県内の量販店対応を行っている。これは、15年ほど前に地産地消運動の一環として、コープかごしまと連携してインショップ事業に取り組んだことに始まり、その後、県内各地の量販店や農産物直売所での販売に拡大している。出荷形態により販売手数料は異なるが、事業開始から黒字での運営が続いている。

　また、2017年には資材店舗と直売所併設の「あっど！いぶすきみのり館」を開設している。2018年4月5日現在、直売所への出荷者で構成される産直部会員は230人（旧喜入町43人、指宿市77人、山川町29人、開聞町45人、頴娃町36人）であり、この中には主に加工品のみを販売している組合員も含まれる。

4．くみあい食品による青果直販事業の展開と産地対応

（1）くみあい食品の概要と青果直販事業

　くみあい食品は、1974年に鹿児島県経済連が中心となり、県内JAと漬物会社の出資により、漬物の製造販売を目的として設立された株式会社（協同会社）である[7]。鹿児島県内産の主に大根を原料とした漬物製造を行うため、

単位：千万円

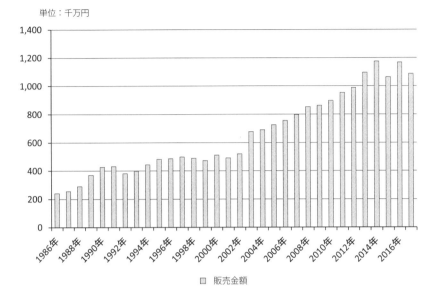

図8-5　くみあい食品の販売金額の推移

資料：くみあい食品

原料生産地に近い頴娃町（1977年）と大崎町（1982年）に工場[8]を設置して、大根漬物製造を開始している。また、漬物製造のみでは事業拡大が難しいとの判断により、1986年から青果直販事業を開始しており、その後、1991年には蒲生、1993年には加世田の工場運営を受託し、それぞれ冷凍食品事業、農産品加工事業を行っている。これらの工場は2003年から直営にしている。

図8-5は、くみあい食品の販売取扱高金額の推移を示している。2017年度の取扱高は108.8億円であり、そのうち86.4億円が青果直販事業であり、同社における中心的な事業である。青果物は鹿児島県内の産地から買取で集荷し、生協やスーパーなどの量販店に販売している。特に地域生協への販売が多く、販売地域としては関東地方が約60％である。こうした直販事業は経済連でも

7）くみあい食品の分析に関しては、坂爪（1999）、李（2013）、を参照。

8）頴娃町の工場は現在も操業しているが、大崎町の工場は閉鎖され、現在は同地でメガソーラー事業を行っている。

行われているが、経済連は加工業務用が中心であり、くみあい食品は量販店
への生鮮品販売が中心である。

　くみあい食品の青果事業部の直販・特販営業課の職員は21名で構成されて
おり、そのうち14名が全国の量販店への営業活動を通して商談をまとめてい
る。消費地では、鹿児島県内JAの協力を得て、鹿児島県産品フェアなどを
行っており、販路開拓と拡大に努めているが、近年は量販店からの注文が多
く、国産の生鮮野菜の安定供給に対するニーズの高さを物語っているとみら
れる。量販店との商談では、価格や取扱量などの年間契約が主であり、通常
の大枠の発注は比較的前もって産地に注文されるが、日々の具体的な数量に
ついては、数日から数週間前になる。最終的な値決めもその段階となり、
JAいぶすきの契約内容でも説明したように市場価格を勘案して基準価格か
ら上下することがある。

　また、量販店からの細かなニーズに対応するためと産地段階での手取りを
高くするためにパッケージ機能を有する青果センターで包装と加工を行って
いる。その中で、量販店からの注文には緊急の対応が必要とされることもあ
り、消費地に近い関東地方のJAにパッケージ業務を委託することもある。

　直販・特販営業課の14名のスタッフは、量販店対応を行うと同時に、鹿児
島県内の産地から青果物を集荷するため、産地との商談も行っている。産地
はくみあい食品の出資者でもあるJAが主であり、JA外からの集荷は近年ほ
とんど行っていない。欠品が生じる可能性がある場合は、それぞれのJA内
で調整に努め、それが難しい場合にはJA間での調整を行っており、例外的
にJA外からの買取調整もある。これは、量販店との契約単位の全てを１つ
の産地（JAや数名の生産者による生産部会組織）で賄うのではなく、複数
のJAや県単位で対応することで可能としている。しかし、差別化商品の中
には産地を特定化したケースもあり、そういった場合には販売先への欠品を
生じないための産地指導がきわめて重要になる。

　その産地におけるくみあい食品の契約方法ついて次にみてみよう。

（2）青果直販事業における産地との契約

　くみあい食品は、実需者からの要望を受け、それに対応した青果物を確保するためにJAに商談に赴く。JAをメインにする要因は、くみあい食品の出資者でもあるJAの販売事業拡大につながる野菜作振興を事業目的に位置づけているからである。そこでは、JAの担当者や場合によっては生産者に対して、量販店などが必要としている商材の説明と産地に対して求められる条件が示される。通常は、各JAの総代会があり、年度の野菜生産が開始される6～7月に開催しており、具体的な品目・価格・数量・出荷時期・生産方法を説明する。くみあい食品は、その条件に合意した産地と契約を進めることとなるが、基本的に契約はJAと交わしている。産地体制として、契約的取引に対応した小グループの生産部会を組織するか、既存の生産部会の中で生産者に個別に生産を依頼して必要量の確保を図るか、レギュラー品の中から選果・選別を通して契約量を賄うかはJA側に任せている。もちろん契約内容によっては、生産方法から異なるため、レギュラー品からの対応のみでは難しいケースもあるが、基本的な判断はJAである。先のJAいぶすきのケースでは、小グループによる生産部会が多数形成されていたが、くみあい食品と取り引きのある他の県内JAでは、JA全体の部会として対応するケースが多く、JAいぶすきの場合がむしろ例外的である。

　くみあい食品の直販・特販営業課の14名のスタッフは、商談の時のみではなく、出荷が開始される時期や量販店からの要望の変化が生じた時など、必要に応じて何回も産地に足を運び生産状況の把握に努めている[9]。量販店との商談はなるべく鹿児島で行うようにし、量販店の担当者に産地を案内して

9）現在は、直販・特販営業課の職員が品目担当として産地指導と営業量販店対応の両方を行っているが、過去には量販店対応と産地対応を別々の職員が担っていた時もある。その場合に、産地側の情報を把握した上での量販店対応という点で不十分になり、産地側からの情報発信という点でも課題を有していたため、現在の体制になっている。ただ、現状の体制が継続するかは今後の判断による。

産地への理解を深めてもらうこともくみあい食品の重要な役割と考えられて
おり、産地と実需者をつなぐ機能を担っている。また、直販・特販営業課の
残りの7名は、主に技術指導を担当しており、日々の指導やPB商品・差別
化商品に対応した生産方法の確認・指導を行っている。近年はGAP関連で
の指導業務が重きをなしてきている。このようにくみあい食品の職員による
直接的な産地指導がみられるが、日常の生産管理や契約量に応じた集出荷調
整は、基本的にJAの職員に任せており、JAいぶすきでは営農指導員の役割
であった。

　くみあい食品による産地指導は販売先を確約した上での指導であり、産地
に対して生産を勧める上で説得力を有しており、産地側としても安定的な販
売計画が成り立っている。ただ市場価格の動向によっては、生産者にとって
必ずしも十分な価格メリットとはならないケースもある。しかし、JAいぶ
すきにおける農業経営体の大規模法人化にみられるように、近年は安定的計
画的販売を要望する生産者も多く、契約的取引を理解した産地や生産者が増
加している。こうしたことが、実需者側からの要望の増加のみではなく、く
みあい食品の取扱高が増加している要因ではないかと考えられる。

5．おわりに

　これまでみてきたように、JAいぶすきにおける野菜を中心とした販売事
業は、一方では主に卸売市場に対する有利販売を目的とした対応を行ってき
た。そのため、合併後、早期に主要品目について生産部会を統一して銘柄統
一と共同計算を実現し、販売ロットの拡大を図っている。また、営農経済事
業を旧5JAの体制から3ブロックの広域体制に再編し、1つの産地として
の一体感を強めてきた。こうした事業展開は、遠隔野菜産地でよくみられる
対応である。他方、それと並行して、マーケットに対応した契約型直接販売
を積極的に進めている。そして生産部会体制としては、その販売単位に対応
した数名の生産者で構成する小グループの生産部会の組織化に取り組んでき

た点が特徴的である。

　こうした取り組みを進めた背景には、管内における多くの産地集出荷業者との集荷販売競争があり、他方で生産規模を拡大した組合員や世代交代した組合員による安定的販売や直接的販売への要望があった。近年における既存の生産部会の課題として、部会役員などを担うことを敬遠する若い世代の組合員が部会への加入を渋るケースがある。こうした、所謂ばらける組合員を、小グループの生産部会の組織化によってJAに結びつけることにつながっていると考えられる。

　このようなマーケットイン型産地づくりを推進したのはJAであり、特に営農指導員による生産部会対応が注目される。営農指導員は品目担当により技術指導を担う傍ら生産部会の事務局機能も担当している。そこでは、生産者の要望を受けとめて共同販売の結集力を図っているが、契約型直接販売事業では取引先との調整機能も担っている。産地情報を実需者につなぐと同時にマーケット情報を生産段階に反映させているのである。しかも営農指導員は減少し、小グループの生産部会が増加する局面での営農指導員の生産部会対応であり契約的直接販売事業への対応である。現状では営農指導員によるマンパワーで対応しているが、基本的なJAの人材力が求められている点は否めない。

　そこで、その契約的直接販売の推進を補完する役割として、くみあい食品による全県的な対応が注目される。大消費地との距離がある遠隔野菜産地として、消費地対応という点での役割のみではなく、産地指導という点でもくみあい食品は重要な役割を果たしているとみられる。契約の単位を全県的な対応とするケースもあり、くみあい食品による実質的な連合会機能とみることができる。

　このような、合併後に契約的直接販売を積極的に進めた野菜販売事業の展開により、JAいぶすきの野菜の販売取扱高は50億円水準をキープしているとみられる。しかし、集出荷業者との競合構造は継続しており、労働力の高齢化などに伴う生産力の減退傾向も否めない。それらの問題には、JAによ

る労働力支援事業の展開や集出荷選果場の再整備が課題である。また、集出荷業者との競争という点では、生産者への代金精算の更なる迅速化も求められる。それには総合事業を展開するJAの総合経営力が必要である。とはいえ、そうした事業を実施するには新たな投資も必要であり、コスト負担も求められる。JAの経営力が問われることとなるのである。

　そういった点で、純農村に位置するJAいぶすきの経営は、詳しい分析は示していないが財務的な限界がある。部門別の事業利益としては、農業関連事業は黒字であるが、その事業利益で営農指導事業を賄うまでには至っていない。こうしたことからも連合会機能が課題であり、JAグループ鹿児島が進める集出荷選果施設の有効利用等を行う産地連携は、鹿児島県としての1つの産地づくりの取り組みとして期待される。

引用・参考文献

李哉汯（2013）「南九州地域における野菜産地づくりと産地マーケティング展開に見る特徴」『食農資源経済論集』第64巻第1号.

李哉汯（2016）「JA鹿児島県経済連グループが主導する直販事業への取り組み」八木宏典編集代表、佐藤了・納口るり子編集担当『日本農業経営年報No.10　産地再編が示唆するもの』農林統計協会.

坂爪浩史（1999）『現代の青果物流通―大規模小売業による流通再編の構造と論理―』筑波書房.

第9章

JAによる実需者との契約的取引の
マネジメントと営業機能強化
―静岡県JAとぴあ浜松の野菜の契約的取引を事例として―

岩﨑　真之介

1．はじめに

　実需者との契約的取引において特に重要となるのが、産地の営業活動である。営業活動は、企業とその販売先との間に立って両者を結びつける活動であり、新規顧客の開拓や既存顧客との関係維持などの対外的活動と、企業内部への顧客のニーズの伝達やそのニーズに対応するための他部署との折衝といった対内的活動からなる。

　本章の課題は、JAとぴあ浜松を事例として、JA（単協）による実需者との野菜の契約的取引のマネジメントについて、特に営業活動に着目しつつ、その実態とそこから示唆される点を検討することである。

　同JAでは、新たに特販課を中心とする営業体制を整備し、同課が加工・外食・中食業者やスーパーへ営業活動を展開して顧客を開拓するとともに、営農指導担当者と連携して生産部会や系統外出荷者から取り組みに参加する生産者を確保し、実需者との野菜の契約的取引を拡大させている。

　本章の構成は次の通りである。まず、第2節で地域農業とJA営農経済事業の概況を整理する。次に、第3節で特販課主導による実需者との契約的取引の基本的な仕組みと体制を整理し、第4節では具体例を示してスーパー向け取引と加工・業務用向け取引の実態を論じる。続いて、第5節で営業担当者の人材育成の取り組みについても検討を加える。最後に、第6節で当該事

例から示唆される点について考察を行う。

2．地域農業とJA営農経済事業の概況

（1）JAの概況[1]

　JAとぴあ浜松は、1995年4月に旧14JAの合併によって設立された。エリアは静岡県浜松市（現在の北区三ヶ日地区（旧・三ヶ日町）および天竜区を除く）・湖西市の2市である。組合員数は正組合員2万3,543人、准組合員5万5,073人、役員数は62人（うち常勤7人）、職員数は1,426人である。各事業の取扱高は、貯金残高1兆1,495億円、貸出金残高2,071億円、長期共済保有高3兆8,007億円、購買品供給高92億円、販売品取扱高230億円である。

（2）地域農業の概況

　浜松市の農業産出額は533億円、同じく湖西市は86億円である[2]。特に浜松市の産出額は全国の市町村でもトップクラスの水準にあり、同JAのエリアは農業生産が非常に盛んな地域である。

　同JAの販売品取扱高230億円の主な内訳は、農産園芸118億円、花き34億円、果樹23億円、畜産28億円、ファーマーズマーケット24億円であり、野菜を中心とする園芸部門が大部分を占めている。この園芸部門について、取扱高10億円以上の上位品目を挙げると、ネギ24億円、温州ミカン18億円、チンゲンサイ15億円、セルリー11億円、キク10億円、タマネギ10億円となる。また、園芸部門における取扱高1億円以上の品目を数えると23にのぼっており、主要品目では比較的に規模の大きい産地を形成している一方で、多品目型の園芸産地としての特徴を併せ持っているといえる。

1）ここで示した数値はいずれも2017年度末のもの。
2）農林水産省「市町村別農業産出額（推計）」（2016年）。なお、資料の制約から、浜松市の産出額は同JAのエリア外である北区三ヶ日地区および天竜区を含むものとなっている。

　浜松市は、農業のほか製造業も盛んであり、県内最大の79.8万人の人口[3]を擁する政令指定都市である。加えて首都圏および名古屋圏にも近く、市場へのアクセスに恵まれていることから、同JAのエリアでは農産物をめぐって激しい集荷競争が展開されているものと推測される。

（3）JAにおける営農経済事業改革の概要

　同JAでは、**図9-1**に示したように、販売品取扱高が1996年度に310億円でピークを迎え、以降、右肩下がりで推移していた。こうした状況を受けて、2005年度に経済事業の再興に向けたプロジェクトが立ち上げられた。そのメンバーは、参加を希望する職員のなかから、当時の常務理事が面談により選定を行った。このプロジェクトにより「営農事業再興基本計画」がとりまとめられ、2006年度から実施されることとなった。同計画では、生産者のもと

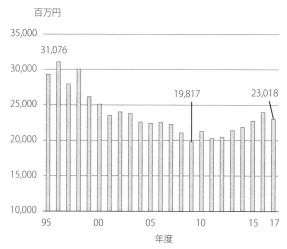

図9-1　JAとぴあ浜松の販売品取扱高の推移

資料：同JA提供資料をもとに作成

3）総務省「国勢調査」（2015年）。

へ出向く活動の強化に向けた営農指導体制の見直しや、直接販売のための営業体制整備などに取り組むことが示され、途中、JA自己改革としての新たな取り組みを加えながら、これまで順調に実施されてきている。

　こうした改革の着実な実践が功を奏して、販売品取扱高は2009年度の198億円を境に上昇傾向に転じており、2017年度には230億円まで回復をみせている。

　販売高の変化を品目レベルでみると、大きく減少したのは果樹全般と花き、セルリーであり、反対に増加したのは葉ネギ、チンゲンサイ、コマツナなどの周年野菜とキャベツとなっている。葉ネギやチンゲンサイなどの施設野菜では、生産者の経営規模拡大の進展が生産拡大の要因の一つとなっており、JAが設備投資の補助などの担い手支援に精力的に取り組んだことが成果として現れているといえる。

（4）現在の営農経済事業体制

　同JAの営農経済事業体制を概観しておこう。営農経済事業にかかる拠点は、営農センターが7カ所、販売センターが3カ所、専門センターが3カ所となっている。

　営農指導体制は、「営農事業再興基本計画」のなかで、出向く活動の強化などの観点から見直しが行われており、現在は次のような体制となっている。すなわち、営農指導担当者は「営農アドバイザー」と位置づけられ、「技術指導員」と「営農相談員」の2階層に区分されている。「技術指導員」は、高い専門性を有し、出向く活動や経営支援農家の支援、生産部会事務局などの業務を担っている。「営農相談員」は、基本的に若い職員であり、生産資材購買を担当しながら営農相談や出向く活動にも従事し、営農アドバイザーとしての経験を積んでいる。また、これら営農アドバイザーに加えて、アドバイザーの指導を担う「専門指導員」が本店に配置されている。

　販売体制についても同じく見直しが行われており、現在の体制は、卸売市場での受託販売を担当する営農販売課および販売センター、実需者との契約

的取引などを担当する特販課、ファーマーズマーケットを担当する地産地消課から構成されている。この販売体制については次節で詳述する。

生産部会対応については、営農アドバイザーが担当している部会と、販売担当者が担当している部会がある。

3．実需者との契約的取引の仕組みと体制

本節では、特販課が主導して取り組む実需者との野菜の契約的取引について、基本的な仕組みと体制を詳述する。

（1）営業体制の整備

同JAでは前述のように、営農経済事業の改革の一環として、2006年度から販売事業改革の取り組みを開始した。そのねらいは、販売事業の再興に向けて、営業体制を構築し、実需者から得られた情報を生産振興につなげることであった。

そのため、2006年度に営農販売課に営業担当者２人を配置すると、2008年度に営業担当の東京駐在１人を配置、2009年度に実需者との契約的取引などを統括する部署として新たに特販課を設置、2011年度にパッキングセンターを稼働、といったように体制強化を推し進めてきた。

現在、実需者との契約的取引を統括するのは営農販売部特販課である。特販課には正職員７人（後述の東京駐在職員２人を含む）、パート職員２人が配置されている。同課の担当業務は、JAの資料によれば、取引先への営業提案活動、契約取引、販売企画・商品開発、パッキング事業、消費宣伝、輸出、食育、営業担当者の育成などである。加えて、同課付きの営業担当者２人が東京駐在所に駐在しており、卸売市場・中間事業者・実需者への営業活動や、スーパーなどの売り場調査に当たっている。

213

（2）基本方向と実績

　ここからは、契約的取引の基本的な仕組みを見ていこう。同課が取り組む実需者との契約的取引は、分荷業務中心の従来的な販売とは異なり、JAから新たな販売企画を提案して契約的取引で販売していくものである。その際、特徴的なこととして、これまでの市場出荷分の中から実需者へと販路を変更するのではなく、生産者の生産拡大に結びつく企画・提案を行うことが強く意識されている。

　取り組みは既存の共販品目を対象とすることが多いが、それまでJAで販売の取り扱いがなかった品目でも行っている。

　同課が取引を行う実需者は、スーパーと加工・外食・中食業者が主である。実需者を特定しない無条件委託での市場出荷は基本的に取り扱っていない。

　同課の取扱高は、2017年度には12億7,000万円となっており、年々成長を続けている。取扱高のうち、加工・業務向け野菜は約7億円、スーパー向け野菜は3億円を占めている。

（3）取り組みの進め方

　取り組みの進め方は、生産者の要望や生産拡大を図るうえでの課題を出発点に、①それらの課題解決に資するような販売企画を立て、②取引先へと提案して意見を聞き、③部会の担当職員や生産者と協力して、作業の仕方や荷姿について実証試験を行い、④取り組みへ参加する生産者を確保して生産・販売を行う、というのがオーソドックスな流れとなっている。

　取り組みに当たっては、その企画に取り組むかどうかについて当該品目の部会・協議会の役員会に諮っており、そこで了承が得られれば、生産者を確保し取り組みを開始する。生産者の確保は、手挙げ方式で行う場合（第5章の図5-4の細分化再編型に相当）と、部会全体で取り組む場合（同図の従来型に相当）があり、どちらで行うかは部会が判断する。

写真　JFフードサービス商談会における同JAの展示（同JA提供）

（4）販売企画とその提案

　同課が提案を行う販売企画は、栽培方法に関しては従来のレギュラー品と同様で、調製作業の仕方や荷姿を変更するものが中心である。そうした変更によって生産者の作業負担を軽減し、作付の拡大に結びつけることがねらわれている。栽培方法については、レギュラー品から変更すると市場出荷が困難になるため、過剰時のリスクを低減する観点から、基本的にレギュラー品を踏襲するようにしている。ただし、加工・業務用向け取引の一部では、数量（重量）確保が特に重要となるため、レギュラー品とは異なる、収量に特化した栽培方法や品種を導入している。

　実需者に対する販売企画の提案は、東京駐在職員が中心となり、各事業者のもとへ出向いたり、都市部で開催される商談会へと参加して実施している。

（5）営農アドバイザーとの連携

　取り組みでは、営農アドバイザーとの連携を緊密にして進めることが意識されている。この連携がうまくいっていると成果があがりやすく、反対に連携がとれていないとうまくいきにくいようである。

　また、営農アドバイザー側が販売の方へ意識を向けていることもまた重要な点である。一例を挙げると、契約的取引で確実な納品を行うためには作物の生育状況の把握が欠かせないが、販売に意識が向いているアドバイザーの場合、生産者の報告を鵜呑みにせず、自ら現場に出向いて生育状況の把握に努めるという。

（6）集荷および販売の取引形態

　生産者からの集荷と取引先への販売については、スーパー向けでは、受託販売かつ市場帳合の形をとっている。

　他方、加工・業務用向けでは、受託販売に加えて買取販売も行っている。また、実需者との直接取引と中間事業者を介する取引があり、後者が主となっている。実需者との直接取引の場合も、中間事業者を介する場合も、商談については同課が実需者と直接に（中間事業者を介する場合は三者で）行っている。

（7）欠品リスク対応

　欠品リスク対応としては、特に加工・業務用向けにおいて、各生産者に対し当該取引用の作付を一定割合までにとどめるよう要請している。

　また、産地段階で欠品が生じた際には、スーパー向けでは、帳合で入る卸売市場が数量確保の対応を行う。加工・業務用向けでは、中間事業者を介する場合は中間事業者が、直接取引の場合は取引先が数量を確保しており、これらに伴って発生した損失の補償を求められる可能性があるため、同課では契約的取引にこうしたリスクが伴うことをあらかじめJAの常勤理事に説明

して了承を得ている。

（8）販売手数料

　契約的取引では、市場出荷と比べさまざまな労力を要することから、JA
の販売手数料も通常の市場出荷（2％）と比べて高く設定している。

　このうち受託販売の場合、手数料はおおむね2〜7％の範囲で、JAの労
力や運賃に応じて設定している。生産者に対しては「通常の2％に加えて実
費を差し引いて精算する」旨の説明を行い、了解を得ている。

　また、加工・業務用向けの一部で行っている買取販売の場合、その性質上、
手数料相当額は都度異なるが、2％よりも多くJAに残すことを意識して取
引を行っている。受託販売と同様の手間に加えて、欠品対応の労力や逆ざや
発生のリスクを負担していることから、例えば加工・業務用キャベツのケー
スでは、シーズントータルで6〜12%程度はJAに残るように取引を行って
いる。

4．加工・業務用向けおよびスーパー向けの契約的取引の実態

　前節で基本的な仕組みを見た契約的取引について、本節では、個別の取り
組みのうち主要なものを取り上げてより具体的な実態をみてみよう。

（1）スーパーとの契約的取引

1）直接取引から市場帳合へ

　同JAが2006年度に営業担当者を配置し、最初に取り組んだのがスーパー
との直接取引であった。手探り状態のなか、まずは何でもやってみようとい
うことで、JAから商談を持ち掛ける形で、同年に大手チェーンスーパー数
社との直接取引を開始した。ところが、スーパーとの直接取引は先方からの
受発注内容の変更が頻繁に行われ、前日や当日の変更も少なくなかったため
非常に手間がかかり、担当職員が忙殺される状況が発生した。そのため、特

販課は2010年にこれらのスーパーとの直接取引をすべて終了し、出直しを図ることとなった。こうした経緯から、現在、特販課のスーパーとの契約的取引では直接取引は行われておらず、卸売市場が帳合する形がとられている。

2）主要な取引の実態

　特販課では、市場帳合への切り替えを行ってから、改めて同JAの農産物をしっかりと販売してもらえるスーパーを探し、関東で100店舗ほどを展開するあるスーパーと取引を行うこととなった。手始めに同JAの重点品目であるセルリーについて、JAでレギュラーとは異なる少量パック包装を行って販売したところ、同スーパーの野菜部門の月間売上高でセルリーが第１位を記録するなど、非常に好調な売れ行きとなった。これを皮切りに、同課はさまざまな品目で同スーパーへ独自アイテムを提案していき、取引は順調に拡大していった。同スーパーとの間でうまくいった商品は、他のスーパーへも自信を持って提案できる商品となり、市場の帳合によって日々の受発注や欠品対応が合理化されたことも相まって、スーパーとの契約的取引は飛躍的に拡大することとなった。

　以下では、同課が行うスーパーとの契約的取引のうち主要なものについて、その概要をみてみよう。

①葉ネギ

　葉ネギは同JA最大の約24億円の販売高を有する品目である。販売面においても部会の発言力が強く、部会では従来からの出荷先市場との関係を重視しており、JAが実需者との取引に取り組み始めた当初は、出荷先市場の取引先と同課の取引先とのバッティングへの懸念など、否定的な意見が出されることが少なくなかった。

　その後、生産者の規模拡大が進むなか、出荷先の卸売市場において過剰基調となる厳しい状況が生じた。その際に、特販課がスーパーとの葉ネギの契約的取引を企画・提案し、生産者が十分に納得いく価格で販売を行ったことから、同課の取り組みに対する部会の理解が一気に進展した。商品自体はレ

ギュラー品と同じものであり、スーパーなどと周年取引を行っている。

②芽キャベツ

　芽キャベツは、レギュラー品では、生産者は収穫後の出荷調製作業に多くの労力を要するが、同課の契約的取引では大小混在のバラ形態で出荷しており、袋詰めは仲卸業者かスーパーが行っている。この取引を開始してから、芽キャベツの生産者が増加し、生産は毎年拡大している。取引先スーパーにとっては、手間はかかるが、値ごろ感を出して販売できる点がメリットとなっている。

③エシャレット

　生産者が袋詰めを行い、消費者がワンコインで購入できる少量パックとして販売している。スーパーにとってのメリットは、②と同様、値ごろ感を出して販売できることである。レギュラー品とは別共計であり、「細分化再編型」に相当する。

（2）加工・業務用向けキャベツの契約的取引

1）系統外出荷者への販売企画提案

　同JAが加工・業務用向けの契約的取引として初めて取り組み、また取引が最も拡大している品目がキャベツである。

　この取り組みは、同JAが手探りで営業活動に取り組むなか、2006年度に中間事業者から取引を持ち掛けられたことが契機となって開始された。キャベツはもともと管内で生産されていたが、当時はJAへの出荷はなかった。キャベツ生産者はバレイショなどとの複合経営が多く、バレイショはJAへと出荷していたが、キャベツは昔からの出荷組合や個人販売を行っていた。

　そこでJAは、これらの生産者に対して、キャベツの加工・業務用向けの販売企画を提案してJA出荷を呼び掛けていった。手始めに生産者への説明会を開催することとなったが、いきなり開催しても出席者は少数にとどまるものと予想された。そのため、まず協力を得られそうなキャベツ生産者50人ほどを営農アドバイザーがピックアップし、次いでJA役員と営業担当者が

彼らを個別訪問して話だけでも聞きに来てもらえるよう依頼して回った。その結果、説明会には三十数人の生産者が出席し、そのほとんどが取り組みにも参加することとなった。

　通常の市場出荷と比べ低価格での取引が基本となる加工・業務用向けの企画では、参加する生産者を確保するうえで、そのメリットについて、このように個々の生産者に対して丁寧に説明を行うことが重要であると考えられる。

２）仕組みと実績

　同JAではキャベツの生産部会は組織されていなかったため、取り組み参加者の組織として2007年に「キャベツ研究会」が設立されている。取り組みへ参加するかどうかは、毎年、意思確認を行っているが、参加者の顔ぶれはほぼ固定的である。

　取引における実需者はカット野菜メーカーなど数十社で、それらの業者とJAとの間に入る中間事業者が主なところだけでも10社以上あるほか、実需者との直接取引も行っている。特販課は生産者と契約を結び、キャベツを買い取りで集荷しており、毎年キャベツの作付前の時期にその年の買取価格を生産者へ提示している。

　栽培方法や品種は、収量に特化したものを採用している。荷姿は、生産者の収穫・運搬作業における省力効果が高い、容量300kgの大型の鉄コン（鉄製コンテナ）がメインである。生産者はこの鉄コン出荷でなければ一定以上の規模拡大は困難であり、当初は通常の10kgコンテナで出荷していた生産者においても鉄コン出荷への移行が進んでいる。また鉄コン形態は、市場や商系では取り扱われていないことから、生産者は系統外への出荷が難しく、取引先も同JA以外からの調達は容易でないため、JAとしても取り組みやすい出荷形態となっている。

　取引においては安定供給が何よりも重要であり、20日ごとに生育状況の定点調査を実施して、定期的に取引先へ出荷の見通しを伝えている。欠品リスクへの対応では、各生産者に、当該取引用の作付をキャベツの作付全体の3

割までにとどめるよう依頼しているが、不作の際はそれでも不足が生じることがある。

　また、端境期をなくすため、JAはキャベツの保管用冷蔵庫を設置して出荷時期の延長を図っている。加えて、2015年度からは同JAとJA鹿追町（北海道）、JA尾鈴（宮崎県）の3JAで「リレー出荷高度化協議会」を設立し、リレー出荷体制の構築に向けた試験研究にも取り組んでいる。

　加工・業務用キャベツの取り組みの実績は、2006年に数量550tでスタートしてから順調に拡大してきており、2016年度は4,416tとなっている。ただ、2017年度は極端な不作に見舞われ、5,100tの見込みに対し、前年を下回る3,870tの実績となった。同年の作付面積は約81ha、取り組みに参加した生産者数は80人、販売金額は約3億円である。

　加工・業務用向けキャベツにおける生産者のメリットとして最も大きいのは、安定価格での取引による収入安定化であり、若手の生産者や後継者を確保している生産者、農業法人などが積極的に参加しているようである[4]。またJAの買取価格は、生食用と比べればやや低いものの、加工・業務用としては高めの水準に設定されている。

　同課の加工・業務用向けの契約的取引は、このキャベツを契機として、取引先から求められる形で他の品目にも広がってきている。

5．営業活動を担う人材の育成

　同JAでは、営業活動を担う人材の確保が十分ではないという状況を受け、営業担当者の人材育成に注力している。その取り組みは大きくOFF-JTによ

4）このことに関連して、同JAへ加工・業務用キャベツを出荷する若手生産者の1人は、日本農業新聞の取材に対し、「子育てや生活費など、自分の世代には安定した収入が必ず必要。地域の若い農家や後継者のいる農家はほとんど取り組んでいる」と述べている。「［経営特報］急成長　カット野菜を狙え」『日本農業新聞』2012年12月15日。

るものとOJTによるものに分けられる。

（1）OFF-JTの取り組み

　OFF-JTとしては、月に1回、若い販売担当者を集めて研修会議を実施している。この研修では、JAの販売事業がどのような仕組みとなっているかについて、特販課の職員が資料を作成しレクチャーを行っている。こうしたことを行っているのは、販売担当者であっても実際には販売事業の全体像や細部（荷受けや精算など）をしっかりと理解できていないことが少なくないためであるという[5]。

　またこの研修では、研修生1人ずつが、販売に関わる課題を自ら発見し、解決策を検討して、3月に発表を行っている。研修生がとりまとめた報告書は、常勤役員にもあげられている。2017年度のある研修生のケースでは、サトウエンドウの生産振興を図るため、生産者から聞き取りを行い、それを踏まえて労働負担の大きい選別作業の省力化が可能となる販売企画を検討し提案を行った。現在、この職員は提案内容の実現に向けて調整に当たっており、近々取り組みを開始する予定となっている。

　さらに、この研修とは別に、職員には野菜ソムリエの資格取得を促しており、現在までの取得者数は40人に達している。当該資格と、その取得の過程で得た知識は、営業活動や食育活動などで活かされている。

（2）OJTの取り組み

　他方、OJTとしては、特販課における日々の営業活動の経験が重要な意味を持つと考えらえる。現・営農販売部長（前・特販課長）は、実需者との取引拡大に取り組むなかで、スーパーの担当者と協力してさまざまな企画を試行したり、スーパーのバックヤード業務を、実際にバックヤードに立って自ら担うといった経験を重ねてきており、そのなかでどのような商品が売れる

5）例えば、販売経費がどれだけかかっているかを理解していないため、販売価格が高いか安いかを正しく評価できていないケースなどがあるという。

のかを肌で感じてきたことが、氏の販売企画力の重要な源泉となっていると考えられる。このように、顧客である実需者と緊密にコミュニケーションをとるとともに、協力して課題解決に当たるといった経験を有する人材を増やしていくことが、営業体制を構築するうえでは特に重要となるだろう。

6．考察―JAの営業機能強化に向けて―

　ここまで、同JAにおける実需者との契約的取引の取り組みについてみてきた。取り組みの成果について実証的な検討を行うことはできなかったが、取り組み実績が増加基調にあることから、少なくとも参加する生産者にとって有益なものとなっていることや、JAにとって販売事業の利用伸長につながっていることはいえるだろう。

　次に、この取り組みの特徴的な点を列挙するならば、①特販課という契約的取引の司令塔的部署の設置、②東京駐在職員の配置による首都圏での営業活動の展開、③生産拡大に結びつけることを強く意識した販売企画の提案、④加工・業務用向け取引における生産者へのメリットの丁寧な説明、⑤特販課と営農アドバイザーとの緊密な連携、⑥作付の上限設定や卸売市場・中間事業者を介することによる欠品リスク対応、⑦スーパーとの取引で栽培方法をレギュラー品から変更しないことによる過剰リスク対応、⑧同じくスーパーとの取引における卸売市場機能の活用、⑨JAの機能に応じた販売手数料設定と生産者への説明、⑩OJTとOFF-JTとを組み合わせた営業人材の育成、などが挙げられるだろう。

　続いて、営業活動に関わって特に重要であると考えられる3つの点について考察を行う。第1に、同JAでは、契約的取引において、生産者が抱える課題の解決に資するような販売企画の提案が行われていた。産地づくりにおいて多くの場合にマーケットイン志向が求められることは言うまでもないが、取引を持続的なものにしていくためには、産地側がマーケットのニーズに一方的に適応するのではなく、個々の生産者や部会の実状を考慮して両者のバ

ランスをとることもまた必要である。生産者の高齢化や人手不足が著しく進
行するなかにあっては、このことは特に重要であろう。

　加えて、生産が拡大基調にあるような例外的なケースを除けば、契約的取
引の拡大は市場出荷のロット縮小による競争力低下を招くおそれがあること
から、同JAのように、生産拡大に結びつくような販売企画を追求すること
も重要であろう。産地と取引先とを結ぶ役割を担う営業担当者には、こうし
た点を意識した営業活動が求められるといえる。

　第2に、同JAでは、単協独自の営業体制が構築されていた。営業活動の
うち対外的な活動では、首都圏など大消費地での活動機会が多くなるため、
担当者の頻繁な出張に要する費用や、大消費地に駐在させる人員の確保が必
要となる。こうした費用負担や人材確保の余地といった点から、実際には単
協ではなく連合会が営業機能を担う場合も多いものと考えられる。その一方
で、同JAのように単協自らが営業機能を持つことによって、産地と取引先
とのコミュニケーションは量・質の両面で圧倒的に高水準なものになると考
えられる。1点目で述べたような生産段階の実状を踏まえた商談も、こうし
た体制によって可能となっているといえるだろう。

　第3に、営業活動を担う人材の育成についてである。同JAでは、おそら
く全国のJAでも稀有なケースであると推測されるが、OFF-JTによる営業人
材の育成にも力を入れており、その内容は示唆に富むものである。その一方
で、営業人材の育成ではやはりOJTによる部分も重要であり、また営業業務
の習得には少なくない年月が必要であるため、3年を超えて営業活動に継続
的に従事させるなど、柔軟な人事政策が検討されるべきであろう[6]。加えて、
同JAのように大消費地への駐在職員を配置する場合、そのポストを経験し

6）例えば、JAみいのケースでは、「基本的には経験がものを言う業務であり、営
　業業務を十分に習得するには、少なくとも5年程度の年数が必要」であると
　されており、人事異動においても長期間継続して従事できるよう配慮がなさ
　れている。岩﨑（2020）、13頁。本章第10章においても、量販店との直接取引
　の担当者に関して、これに近い指摘がなされている。

た職員のその後の配置が、契約的取引の成長の鍵を握るものと考えられる。

引用文献

岩﨑真之介（2020）「マーケットイン型産地づくりを支えるJAの営業活動と生産者
　の参画―JAみい（福岡県）の取り組み―」『月刊JA』2020年 7 月号：10-15.

第10章

立地条件と経営資源を生かした量販店との直接取引
—千葉県JA富里市を事例として—

尾高　恵美

1．はじめに

　本章で取りあげる富里市農業協同組合（JA富里市、以下「JA」と略す）は、千葉県北部の富里市を管内としている。ニンジンやスイカをはじめとする野菜の大産地であるとともに、大消費地の首都圏内にあり、交通の便も良い。そのため、生産者の個人出荷も可能であるうえ、出荷組織や集荷業者が多く、激しい集荷競争が展開されている地域でもある。

　近年JAでは、物流面での有利な立地条件を生かして、量販店において管内産野菜の売り場を確保するために、限られた品目であるが、サプライヤーとして量販店との間で直接取引を行っている。サプライヤーとは、量販店や加工業者といった実需者に農産物を供給する納入業者で、仲卸業者などの中間流通業者がその役割を果たすことが多い。西井（2019）が指摘しているように、JAがマーケットのニーズを生産者につなぐことが求められる状況において、注目すべき取組みといえる。

　本章では、地域農業とJAについて概観したうえで、主力農産物のニンジンに焦点を当てて、聞き取り調査に基づいて、直接取引の取組内容と実施体制について少し詳しくみていくこととする。

227

２．地域農業の概要

（１）立地条件の特徴

　JA管内の富里市は北総台地にあり、利根川に注ぐ根木名川（ねこながわ）と、印旛沼に注ぐ高崎川の分水嶺となっており、肥沃な土壌を生かした野菜生産が盛んである。

　市内には東関東自動車道の富里インターチェンジがあるほか、成田と川崎を結ぶ国道409号線や九十九里と船橋を結ぶ国道296号線が走っている。道路交通の便が良いため、市内や周辺地域にはパッケージセンターやカット野菜工場が複数存在している。加えて、JAの集出荷場から60km圏内に、量販店の物流センターや外食・中食業者のセントラルキッチンが多く立地している。道路交通を利用して、１時間30分以内にトラック輸送することが可能である。

　このような産地からのアクセスの良さは、実需者へのサプライヤーの機能を担ううえで欠かせない条件である。実需者との取引では、注文を受けてから、納品するまでの時間が短い。例えば、ある量販店との取引では、15時に注文数量が確定し、18時に産地から物流センターに向けてトラックが出発するというタイムスケジュールとなっている。JAでは、冷蔵倉庫に予定数量を貯蔵しておき、注文数量の確定を受けて外注先でパッケージを行い、納品する方法で対応している。遠隔産地の場合は、都内までの輸送に数日かかるため、対応することは物理的に困難である。

（２）農業生産構造の特徴

　管内は、規模が大きく、常雇いを雇用している農業経営体が比較的多い。農林水産省「世界農林業センサス」「農林業センサス」によると、2015年の農業経営体数は799経営体で、2010年に比べて、全体の経営体数は10.5％減少したが、３ha以上の経営体数は6.6％増加した。

　経営耕地面積別の構成比をみると、１ha未満（経営耕地なしを含む）の

割合が22.0％、1ha以上3ha未満が57.8％、3ha以上が20.2％を占めている。2010年に比べて、1ha以上3ha未満の割合は4.0ポイント低下し、3ha以上は3.2ポイント上昇した。

　また、2015年における販売金額1千万円以上の農業経営体の割合は、2010年に比べて3.4ポイント上昇して37.5％となった。全国平均の9.1％、県平均の11.9％に比べて著しく高い。さらに、常雇いを雇用した経営体の割合は15.3％で、これも全国平均の3.9％、県平均の5.1％より高くなっている。

　経営体の販売先に関しては、農産物売上1位の出荷先が農協の割合は65.1％で、全国平均の66.2％をやや下回るももの、千葉県平均の51.3％を大きく上回っている。集荷競争が激しい地域であることを加味すると、健闘しているといえる。

（3）主な作物

　2019年における市内の耕地面積2,470haの91.1％が畑である（農林水産省「作物統計調査」）。作物の大半を野菜が占めており、主な品目は、作付面積が大きい順に、ニンジン（2015年の作付面積は692ha）、スイカ（202ha）、ダイコン（97ha）、サトイモ（72ha）、トマト（47ha）となっている（農林水産省「2015年農林業センサス」）。

　1970年代前半に、スイカのトンネル栽培が普及したことにより、後作として夏播きの秋冬ニンジンの導入が進んだ。近年は、機械化により省力化が進んだことにより、ニンジンの作付面積は拡大している。一方、重量野菜で作業の機械化が限られているスイカは、生産者の高齢化が進み、2015年の作付面積は2000年に比べて43.6％減少した。

　農林水産省「平成30年市町村別農業産出額（推計）」によると、富里市の農業産出額は141.2億円であり、このうち野菜が108.7億円（農業産出額の77.0％）で最も多く、次いで畜産物が10.4億円（7.4％）となっている（**図10-1**）。野菜の産出額は全国29位であり、品目別にみると、ニンジンは30.5億円で1位、スイカは27.0億円で3位となっている。

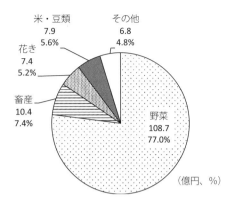

図10-1　富里市の農業産出額の構成比（2018 年）

資料：農林水産省「平成30 年市町村別農業産出額（推計）」

3．野菜の営農指導と販売に関するJAの業務体制

（1）JAの概要

　JAは、1948年に富里村農業協同組合という名称で設立された。その後、自治体の名称が村から町、町から市に変更したのに合わせてJAの名称も変更したが、管轄する範囲は変わっていない。

　2018年度末の組合員数は2,950人・団体、このうち正組合員は1,732人・団体、准組合員は1,218人・団体であり、正組合員比率は58.7％である。

　同年度の主な事業量をみると、貯金残高は226.4億円、貸出金残高は60.0億円、貯貸率は26.5％である。また、生産資材購買品供給高は16.7億円である。直売所などの産直事業の取扱額は7.4億円であり、その収益は生活その他事業に計上されている。

（2）野菜に関する生産部会

　野菜では、主力の４品目については品目部会を設置している。2018年度の部会員数は、人参部会が371人（市内の農業経営体の46.4％に相当）、西瓜部

会が182人、トマト部会が54人、大根部会が32人となっている。

　人参部会、西瓜部会、大根部会のなかには、「もっと安心生産グループ」がある。これは、農薬の使用回数と化学肥料の施用量を慣行栽培の半分以下に抑えて、ちばエコ農産物の認証を取得した生産者のグループである。秋冬ニンジンでは70人（人参部会員の18.9％）、生育期間が冬期の春夏ニンジンでは40人（春夏ニンジン生産者全員）、スイカは29支部中1支部、ダイコンは8人（大根部会員の25.0％）が取り組んでいる。

　このほかに、直接取引向けに出荷する生産者の「直販部会」（185人）があるが、部会としての活動や予算はとくにない。産直センター（直売所）に出荷する生産者の「直売部会」（433人）もある。

（3）販売事業の体制

　直売所の運営と産直部会事務局は、産直事業課が担当している。それ以外の農産物販売業務と生産部会事務局は、営農部次長1人と同部販売課職員10人の計11人の職員で対応している。

　以前は、卸売市場出荷を担当する販売事業課と、量販店や加工業者などとの直接取引を行う直販開発課の2課体制で販売業務を行っていた。現在は販売課に1本化したが、販売課内で、卸売市場出荷の担当（4人）と、それ以外の直接取引担当（7人）に分けている。直接取引の業務では、業務用ダイコンについては1人の職員がすべての取引先を担当して分荷を行っている。それ以外は、取引先別に担当職員を割り当てており、1人の職員が数社ずつ担当している。

（4）営農指導の体制

　営農指導課に4人の営農指導員を配置し、技術指導を行っている。とくに主力作物であるニンジンとスイカについては高い指導能力を有している。希少な病害虫やその対応については、普及員や全農に相談するなど、連携して指導を行っている。

4．農産物販売・取扱高の動向

（1）受託取扱高と買取販売高の推移

　青果物が大宗を占めるJAの農産物販売では、受託販売と買取販売の両方に取り組んでいる。受託販売は、JAが生産者からレギュラー品を受託して、卸売市場に販売を委託するものである。

　一方、買取販売は、JAが生産者から、引荷[1)]を含めて買取を行い、実需者に対して基本的には直接取引により販売している[2)]。卸売業者や全農千葉県本部を介する場合もある。実需者は、量販店（主にPB商品）が中心であるが、外食・中食業者、原料加工業者、量販店のインショップなど、多様である。このうち外食・中食業者との契約取引は、外食市場の拡大に対応して1996年から取り組んできたが、欠品の許容度が低いため、ピーク時に比べて対応する生産者は減少してきた。代わりに、集荷量の変動に比較的柔軟に対応できる量販店との取引が増えてきた。

　2018年度の販売・取扱高83.1億円のうち、受託取扱高が49.0億円（販売・取扱高の59.0％）、買取販売高が34.0億円（41.0％）となっている（**図10-2**）。これまでの推移をみると、販売・取扱高は、2016年度の75.9億円から2017年度に83.6億円へと、金額にして7.7億円、率にして10.2％増加した。増加額の93.4％に相当する7.2億円は、買取販売高の増加によるものである。この年から、管内の端境期に他産地から仕入れてパッケージを行ってPB商品として納入する事業を拡大したことが買取販売高の増加に大きく寄与した。

1）ここでの引荷（ひきに）とは、生産者がJAに、契約でないレギュラー品として出荷（販売委託）したものを、PB対応や出荷調整のために、JAがその日の市場価格の平均で買い取ること。
2）以下では、買取販売については、JAがサプライヤーとなっているため「直接取引」と表記し、卸売市場を経由する場合もある「直接販売」と区別している。

図10-2　販売方法別にみた販売・取扱高の推移

資料：JA富里市資料

（2）2018年度の受託取扱高の内訳

　2018年度における受託取扱高49.0億円の内訳を作物別にみると、青果物が40.9億円で、受託取扱高の83.3％を占めている（**図10-3**）。その他は、畜産物が6.1億円（12.5％）、花きが1.1億円（2.3％）、米・麦・雑穀が0.2億円（0.4％）となっている。2018年度の青果物の主な品目は、ニンジン（受託取扱高22.6億円）、スイカ（12.0億円）、トマト（3.2億円）、ダイコン（0.5億円）となっている。

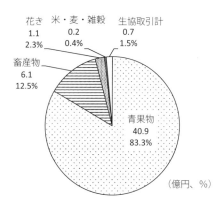

図10-3　受託取扱高の品目別構成比（2018 年度）

資料：JA富里市ディスクロージャー誌

5．JAによる量販店との直接取引―ニンジン取引を中心に―

　次に、販売・取扱高が最も多いニンジンを中心に、生産、集荷や販売の状況を概観し、直接取引にかかるJAの機能とそれを発揮するための対応策についてみていく。

（1）人参部会の取組み

　前述したように、富里市のニンジン産出額は市町村別で日本一である。出荷ロットが大きいことは共同販売において有利に働く一方で、生産者数も多く、それだけ品質にバラつきが生じやすいという面もある。人参部会では、品質の高位平準化のために次のような取組みを行っている。

　1つめは、品種選定である。栽培品種については、毎年、試験栽培を行い、次年度の推奨品種を選定している。試験栽培は部会役員に委託し、その結果はJAの広報誌で公表している。推奨品種の選定においては、機械作業に適していることに加えて、技術レベルに関係なく、すべての部会員が優れた外観と高い秀品率や収量を得られることを重視している。

　2つめは、土づくりである。人参部会では、毎年、土壌診断を行い、その結果を施肥設計に活用している。ちばエコ農産物の認証を取得している「もっと安心生産グループ」のメンバーは必須で、それ以外は希望する部会員が受診している。

　3つめは、出荷基準の徹底である。人参部会では、共通の出荷規格や品質基準に基づいて各生産者が選別したものをJAに出荷する持ち寄り共選を採用している。各作型の出荷が始まる直前に、出荷規格・品質基準や出荷先別の荷姿の確認を行う査定会を開催している。査定会では、市場関係者が全国産地の生産、出荷や単価の動向を報告し、JA職員だけでなく、生産者も共有している。

　出荷期間中は、集荷場で出荷物をランダムで検査している。さらに、2週

間に1回の頻度で、人参部会の役員と各支部代表者、JA営農指導員が参加
して、各生産者の出荷物が出荷基準に適合しているか検査を行い、適合して
いない場合には個別に指導を行っている。

　4つめとして、もっと安心生産グループでは、栽培技術の勉強会を行って
いる。千葉県農業事務所（普及センター）、全農千葉県本部や種苗会社を講
師に招いて、年に2回栽培講習会を開催し、減農薬・減化学肥料栽培の技術
向上に取り組んでいる。

（2）ニンジンの集荷と販売の概要

　2018年度におけるニンジンの販売・取扱高（受託取扱高と買取販売高の合
計）は33.6億円である。内訳は、①受託による卸売市場向けの委託販売が
22.6億円、②買取や引荷による量販店や加工業者など向けの直接取引が11.0
億円である（**図10-4**）。②のうち規格外品のジュース加工用向けの直接取引
は0.7億円である。

　①受託による卸売市場向けの委託販売は、管内生産者から段ボールで荷受
したものを、荷姿を変えずにレギュラー品として卸売業者に販売を委託する
もので、一部では予約相対取引に取り組んでいる。

　②買取（引荷を含む）による量販店や加工業者など向けの直接取引のうち、
管内産は5.4億円で、生産者から契約に基づいて買い取ったり、出荷最盛期
に引荷により集荷したものである。残りは他産地から買取によって調達した
もので販売額は5.6億円である。

　直接取引では、量販店向けに、パッケージ加工してPB商品として出荷す
る方法が中心となっている（**図10-4**の太線）。JAと量販店は契約に基づいて
取引している。量販店では、他店と差別化したり、価格競争を回避するため
に、量目、栽培方法やパッケージがレギュラー品と異なるPB商品の取扱い
を増やしている。市場流通ではPB商品への対応が難しいため、量販店は市
場外の取引ルートで調達することが多い。

　管内産ニンジンの販売・取扱高28.0億円のうち、ちばエコ農産物の認証を

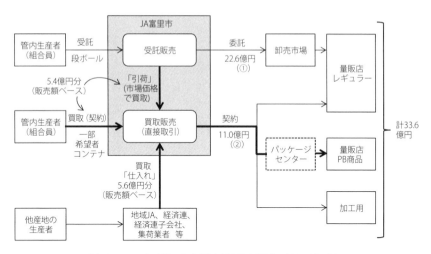

図10-4　ニンジンの集荷と販売の概略（2018年度）

資料：聞き取り調査により作成
注：1）受託／委託、買取／契約は、JAからみた集荷と販売の形態。
　　2）金額は販売額ベース。

受けたニンジンの販売額は3.4億円（管内産の12.1％）、このうち量販店のPB商品として販売している金額は1.2億円（ちばエコの35.3％）である。

6．量販店との直接取引においてJAが果たしている機能

次に、量販店との直接取引において、JAが果たしている役割を整理する。藤島（2010）によると、業務用野菜の契約取引では、中間流通業者の役割として、(1)産地の組合せによる数量と期間の調整、(2)日々の品ぞろえと数量調整、(3)価格形成、の３点がとくに重要である。これを踏まえて、以下では、(1)に相当するものとして周年供給機能、(2)に相当するものとして需給調整機能、(3)に相当するものとして値決め機能に着目し、加えて量販店との取引において必要なパッケージ加工機能、代金決済機能や産地開発機能についても述べる。

236

（1）周年供給機能

　管内産の出荷時期は、秋冬ニンジンは11月上旬から３月下旬まで、春夏ニンジンは５月下旬から７月中旬までである。JAでは、これ以外の端境期に他産地からの仕入れを行って、直接取引先の量販店に納品している。他産地からの仕入れは、以前より卸売市場から調達して細々と行っていたが、2017年度からは、管内産の売り場を確保することを目的に、取引先の要望に応じて、他産地から直接仕入れるようになった。この結果、他産地から仕入れたニンジンの販売額は直接取引額の５割を占めるようになった。

　他産地から仕入れている野菜は、ニンジンのほかに、豆類（スナップエンドウ、インゲン、ソラマメ、エダマメ）、サツマイモ、タマネギ、バレイショといった比較的貯蔵性の高い品目である。このうちニンジンと豆類については、九州から東北・北海道の産地をリレーさせる形で調達し、取引している量販店に年間を通して、JAが納品を行っている。

　これら野菜の他産地の仕入れ先は、地域JA、経済連やその子会社、集荷業者、卸売業者や仲卸業者など、合わせて10先である。地元のJAに出荷していない農業法人の場合は、物流でも商流でも、地元の集荷業者を介している。仕入れ先との間で顔が見える関係を築くとともに、生産者のこだわりを把握して量販店に伝えるために、JA富里市の販売職員が定期的に産地を訪問している。

　量販店のバイヤーにとっては、JA富里市との商談により、通年で調達できるため、取引コストを削減できるメリットがある。また、遠隔産地にとっては、JA富里市を介することにより、リードタイムが短い量販店に販売できるメリットがある。

（2）需給調整機能

　JAでは、需給調整のため、量販店との調整に加えて、不足時には他産地と連携し、過剰時には引荷を行い自ら貯蔵して市場出荷を抑制している。外

食・中食業者との取引に比べて柔軟に需給調整できるため、量販店との取引
は拡大してきた。

１）不足時の対応

　天候の影響などで出荷量が契約量に満たない場合や出荷時期が前後する場
合は、早めに取引先の量販店に連絡して対応を協議している。量販店では、
同じ時期に複数の産地と取引しているので、JAでは他産地や卸売市場と連
携して、管内の出荷量が減少したときには、他産地が多めに出荷するといっ
た補完関係を築いて対応している。

　JAの集荷量が契約量に満たないとき、産地、生産者や栽培基準の指定が
ある場合は欠品になる。とくに指定がない場合は、欠品を回避するために、
取引先に産地変更を確認した上で、JAが卸売市場から購入して、産地偽装
にならないように産地名を表示して納品することもある。

２）過剰時の対応

　秋冬ニンジンの出荷最盛期である11月下旬から12月中旬にかけて、卸売価
格が低迷する傾向がある。卸売価格の暴落を防ぐために、JAでは、そのと
きの卸売価格で引荷を行い、JAないし民間の冷蔵倉庫に一時的に貯蔵して、
数量を調整しながら直接取引で出荷している。このような需給調整は、量販
店との契約によって、安定した価格で確実に販売できる販路を確保している
ため、可能となっている。

　加えて、過剰になることが予想される場合には、量販店に特売を組んでも
らうといった対応をしている。

（3）値決め機能

　JAでは直接取引の商談において、生産者の再生産価格を最低ラインとして、
1日〜1週間単位で価格を決めている。卸売価格が暴落した場合にも、事前
の商談内容に基づいて再生産価格を下回らないように交渉している。このた

め、直接取引の販売価格は、通常の市場出荷の卸売価格に比べて安定している。

　量販店向けの直接取引では、引荷や商談を行うため、卸売価格の予想が重要な業務となっている。通常の卸売市場出荷の場合、販売価格が確定するのは出荷前日だが、販売課では出荷する 1 ～ 2 週間先の卸売価格を予想している。

（4）パッケージ加工機能

　集荷段階の荷姿は、大部分が段ボールで、コンテナを使用する場合も一部ある。PB商品として販売するために、それを各量販店の小袋や量目の指定に基づいてパッケージする作業が必要になる。JAでは、その作業を、管内にある複数のパッケージ業者に委託している。

　パッケージの産地表示には、他産地から仕入れたものでも、生産された地域名を記載している。

（5）代金決済機能

　通常、卸売市場出荷の販売代金は、卸売業者から売立日の 3 ～ 5 日後にJAに入金される。一方、直接取引における量販店からJAへの入金については、取引先ごとに売買基本契約書で定めている。多くの取引先は、半月ごとに締めて半月後に支払い、月末締め翌月15日支払い、月末締め翌月末支払い、の 3 パターンのうちいずれかであり、卸売市場出荷に比べて決済サイトは長い。

　JAから管内生産者には、受託の場合は、JAが引荷した分を含めて、荷受した日の 3 ～ 5 日後に販売代金を振り込んでいる。直接取引向けに生産者から契約などに基づいて買取を行った分については、月 2 回15日ごとに締めて15日後に振り込んでいる。

　このように直接取引では、量販店から代金が入金される前にJAが立て替えて、生産者に支払っている。直接取引は、市場出荷に比べて、再生産価格

の確保により収入が安定するメリットはあるが、決済サイトが長い。管内の生産者は経営規模が比較的大きく、常雇いの労働力を受け入れている場合には給与という形で固定費的な支出が生じる。生産者の資金繰りが円滑になるように、JAでは信用事業の余裕金で立て替える形で、決済サイトの調整を行っている。総合事業によって直接取引が可能となっているといえる。

　また直接取引では、信用リスク対策として新規の取引先には開始前に必ず信用調査を行っている。

（6）産地開発機能

　これまでニンジンを中心に述べてきたが、取引先から、管内で栽培していない品目や品種の取引について要望を受けることもある。そのような場合、販売課が窓口となって対応している。まず、要望を受けた品目や品種の栽培条件や必要な設備や農業機械について、営農指導課や種苗会社に相談する。管内で栽培できると判断したら、収支計算の参考になる販売価格帯や設備・機械を記載した提案書を作成し、生産者に提示して希望者を募っている。同時に、種苗会社から種のサンプルを取り寄せて、希望者数人が1〜2年試作した後で、本格導入している。

7．販売機能を実現するための経営資源の確保

　次に、量販店との直接取引において上述した機能を発揮するために、JAでは経営資源をどのように確保しているかをみてみたい。カネに関しては、前述したように、決済サイトの調整を行うために信用事業を営むメリット生かして対応している。ヒト、モノ、情報に関しては、次のような対策をとっている。

（1）販売職員の人材育成

　直接取引では、JAが行う必要のある値決めや数量の交渉、パッケージや

物流の手配は、前述したように販売課職員が行っている。直接取引の業務に関する大まかなマニュアルを作成しているが、取引先ごとに配送先や荷姿などが異なり、全ての業務のノウハウをマニュアルにすることは難しいという。このため、業務の習得はOJTが中心となっている。新任職員は、熟練した先輩職員から流通の仕組みや販売にかかる経費などについて教わっている。実務については、最初は先輩職員が取引先との商談を行い、経験の浅い職員は出荷先ごとに荷物を振り分けて伝票を記入する仕事をしながら、徐々に習得するようにしている。

　1、2年目の職員は、販売業務に携わっていても実感を持って仕組みを理解することは容易でなく、3年目くらいからようやく理解できるようになり、直接取引の担当者として一人前になるまでには最低でも5年ほどかかるとのことである。

　直接取引の業務は標準化が困難で、習得するには数年が必要であるため、販売課職員の人事ローテーションでは3年のルールを適用せず、比較的長期間在任するように配慮している。

（2）関連施設の確保

　JAは、固定資産は所有せずに借りた方が良いという方針である。過剰時に管内産を引荷したり、他産地から調達したものを貯蔵するには冷蔵倉庫が必要になるが、この方針に基づいて、小規模な貯蔵施設の所有にとどめ、その能力を超える分は冷蔵倉庫を賃借している。また、PB商品に加工するにはパッケージセンターが必要になるが、パッケージ作業は外注している。

　施設を自ら取得した場合には減価償却費や人件費といった固定費が生じるが、外部の施設の賃借や外注により変動費化されている。農産物は天候変動などにより作柄の波が大きいが、最小限の施設所有により、損失につながるリスクを抑えている。

（3）幅広い情報収集

　JAでは、引荷や量販店との価格交渉のために価格の先読みを行っている。価格予想のために、他産地や流通業者とのネットワークを構築して、生産・出荷に関する情報を収集している。流通関係者からも情報が入りやすいように、他産地の紹介を含めてさまざまな相談に対応するようにしている。

8．量販店との直接取引の成果

　以上のような量販店との直接取引は、管内生産者の経営だけでなく、JAの経営においても大きな支えとなっている。

（1）管内生産者の農業経営の下支え

　量販店における管内産野菜の売り場を確実に確保するために、他産地からの仕入れを含めて周年供給を行っている。また、直接取引では、卸売価格が下落した場合にも、量販店との契約に基づく取引により、再生産可能な手取りを確保できている。卸売市場への委託販売でも、最盛期にはJAが引荷を行って一時的に貯蔵し、市場出荷量を調整することにより、卸売価格の暴落を防いでいる。

　このようにJAが買取や直接取引に取り組むことによって、安定した価格で販売することが可能となっている。第2節で述べたように、管内では経営規模が比較的大きい生産者が増えている。農業所得の安定により、生産者の規模拡大につながっているとJAでは捉えている。

（2）JA経営の下支え

　前述したように、他産地の出荷物を仕入れて販売する事業を強化した結果、JAの販売・取扱高は1割増加した。

　また、受託販売の手数料率は1％程度であるのに対して、買取販売による

量販店との直接取引の粗利率（買取利益／買取販売品販売高）は、年により変動はあるが、平均３～５％と受託販売手数料に比べて高い。量販店との直接取引やインショップへの出荷等を含めた買取販売全体でみると、粗利率は10％前後となっている（JA富里市ディスクロージャー誌）。

　この結果、買取販売による粗利益（買取利益）の農業関連事業総利益に対する割合は、2016年度の63.7％、17年度の65.7％、18年度の86.6％と年々高まっている。同様に事業総利益合計に対する割合をみると、39.8％、42.2％と続き、18年度には53.5％と過半を超えている。

　買取による直接取引の粗利益は、農業関連事業利益の黒字維持だけでなく、JA全体の経営安定に寄与していると思われる。

9．おわりに

　本章では、JA富里市の販売事業について、量販店との直接取引に焦点を当てて紹介した。取組みの特徴と実現に向けた業務体制づくりへの示唆をまとめると、次の４点に集約できる。

　最大の特徴は、出荷ロットの大きさと良好な物流環境を生かしつつ、サプライヤーとしての役割を強化することにより、量販店との直接取引を拡大していることである。サプライヤーの役割を果たすためには、ヒト・モノ・カネ・情報といった経営資源を整備し活用する必要がある。

　２つめの特徴は、出荷ロットの強みを有利販売に結びつけていることである。生産者の経営規模が多様化する状況において出荷ロットを生かして共同販売を行うためには、出荷物の同質性を保つ取組みが不可欠である。そのために生産部会では、すべての部会員が作りやすい品種を選定するなど、出荷規模の維持と品質の高位平準化の両立に取り組んでいる。これは、出荷の安定性が重視され、JAが実需者から評価やクレームを直に受ける直接取引では一層重要になると思われる。

　３つめの特徴は、直接取引を担う人材を長い目で育成していることである。

直接取引では、他産地や流通関係者とネットワーク構築を通じて情報収集して価格の先読みを行ったり、取引先ごとに異なる物流や経費に対応する必要があり、ノウハウをマニュアル化できる業務は限られている。このため、ローテーションを工夫しながらOJTで育成しているが、直接取引の担当者として一人前になるためには5年ほどかかるとのことである。高い専門性が求められる直接取引の業務では、標準化に努めるとともに、中長期的な計画に基づく人材育成や人員配置が必要であることを示唆している。

　4つめの特徴は、トータルで経営リスクが高まらないようにしていることである。直接取引では、JAが価格変動や在庫のリスクを負っている。一方、施設については、外部施設を活用することにより、自己所有は最小限にとどめ、固定費を変動費化して、作柄変動によるリスクを抑えている。直接取引を拡大するには、個々の取引のリスクだけでなく、JA全体としてリスクを抑制する経営判断が求められることを示唆している。

参考文献

青山浩子（2006）「外食業者、サプライヤー、産地間の連携事例から―契約取引において、今産地が求められているもの―」『野菜情報』2006年12月号：18-26.

清野誠喜・森江昌史・佐藤和憲・森尾昭文（2011）「先進的JAにみる青果物営業活動の現状」『農村経済研究』29（2）：64-70.

仲野隆三（2008）「JA富里市の多様な野菜流通の実践」『JA総研レポート』5：11-15.

西井賢悟（2019）「めざしたいところは、マーケットのニーズを、もっとダイレクトに生産者につなぐこと」『地上』73（2）：21-24.

藤島廣二（2010）「国産野菜をめぐる流通現場の取り組み―業務用野菜の契約取引における中間流通業者の役割」、農畜産業振興機構『野菜情報』2010年7月号：16-21.

森江昌史（2016）「大都市近郊野菜産地の再編―JA富里市の販売事業展開とその特徴」、八木宏典・佐藤了・納口るり子編『産地再編が示唆するもの』：42-51.

第11章

高品質化・ブランド化による共販組織再編と販売事業の強化
—和歌山県JA紀州を事例として—

岸上　光克

1．はじめに

　本章で取り上げるJA紀州（旧JAみなべいなみ、現いなみ営農販売セン
ター）ミニトマト部会は、国内産地の乱立や輸入増大を受け、量から質へと
転換し、高品質化によるブランド化で、高価格かつ安定価格での取引を実現
させている。また、取引先市場への出荷量は、市場や小売との協議で決定さ
れることをみると、ブランド構築により、JAは強い交渉力をもつことが特
徴的である。

　そこで、本章では、JA紀州が取り組む、高品質化・ブランド化によるマー
ケットイン型産地づくりについて、その仕組みと意義を明らかにする。

　構成は、以下のとおりである。まず、JAと地域農業の概況を整理すると
ともに、ミニトマト部会のブランド化の経緯を把握する。そして、部会の現
状と特徴を踏まえたうえで、同事例について考察を行う。

2．JAと地域農業の概況

（1）JAの概況

　JA紀州は、2014年4月にJA紀州中央、JAグリーン日高、JAみなべいな
みの3JAが合併し誕生した。和歌山県の中央に位置し、御坊市、日高郡6

表 11-1　販売事業・直売事業・ウメ加工事業の販売高の推移

(単位：千円)

	年度	2014	2015	2016	2017	2018
実数	販売事業	10,753,005	10,400,682	10,383,366	10,343,126	10,222,685
	米・麦	137,204	152,944	188,159	159,609	105,444
	野菜	4,441,475	4,235,491	4,213,697	4,066,844	3,997,916
	果実	2,843,187	2,792,831	2,838,420	2,971,431	3,081,080
	花き類	3,202,271	3,090,829	3,023,526	3,010,168	2,886,238
	林産物	74,459	66,311	59,327	79,317	87,396
	その他	54,406	62,274	60,235	55,755	64,609
	直売事業	283,363	298,979	360,751	415,423	446,731
	ウメ加工事業	647,958	660,463	909,840	912,908	1,054,380
構成比	販売事業	100	97	97	96	95
	米・麦	100	111	137	116	77
	野菜	100	95	95	92	90
	果実	100	98	100	105	108
	花き類	100	97	94	94	90
	林産物	100	89	80	107	117
	その他	100	114	111	102	119
	直売事業	100	106	127	147	158
	ウメ加工事業	100	102	140	141	163

資料：JA紀州『JA紀州のご案内ディスクロージャー誌2019』2019年3月より筆者作成

町（美浜町、日高町、由良町、印南町、みなべ町、日高川町）、田辺市龍神村を有する。

　2018年度における組織概要と販売事業の方針を確認する[1]。組合員数は、2万5,417人となっており、その内訳をみると、正組合員が1万1,212人（個人1万1,180人、法人32団体）、准組合員が1万4,205人（同1万4,120人、同85団体）となっている。販売事業は約102億円（うち、花き29億円、果菜類19億円、ウメ18億円、豆類16億円、柑橘類12億円など）、直売事業は4.5億円（3か所）、ウメ加工事業は10.5億円となっている（**表11-1**）。主要品目は、ミニトマト、南高梅、ウスイエンドウ、キヌサヤエンドウ、スターチス、カスミソウ、小玉スイカなどとなっている。「紀州みなべの南高梅」は地域団体商標を、今回取り上げるミニトマト「赤糖房（あかとんぼ）」、「優糖星

1）JA紀州『JA紀州のご案内　ディスクロージャー誌2019』2019年3月を参照。

表 11-2　JA 紀州における組合員組織の状況（2018 年度）

単位：人

組織名	構成員数	組織名	構成員数
青年部	61	中央木炭部会	18
女性会	1,025	中央椎茸部会	13
年金友の会	12,431	みなべいなみ梅部会	1,522
プレミアム倶楽部	1,760	みなべいなみ豆部会	489
日高北部果樹部会	219	みなべいなみ花き部会	83
日高北部キュウリ部会	29	**みなべいなみミニトマト部会**	100
日高北部ネギ部会	16	みなべいなみスイカ部会	109
日高北部ミニトマト部会	36	みなべいなみよう菜部会	103
日高北部ニンニク部会	52	みなべいなみ柑橘部会	56
日高北部蔬菜部会	165	みなべいなみメロン部会	2
日高北部花き部会	68	みなべいなみイチゴ部会	2
日高北部米穀部会	308	みなべいなみ木炭部会	4
中央野菜部会	545	直売所利用会	380
中央花き花木部会	532	Aコープかわべ産直部会	89
中央柑橘部会	425	さわやか日高利用会他Aコープ直売所含	349
中央梅部会	261		

資料：JA 紀州『JA 紀州のご案内ディスクロージャー誌 2019』2019 年 3 月より抜粋

（ゆうとうせい）」、「王糖姫（おとひめ）」は商標登録を取得している。

　表11-2で組合員組織の状況をみると、青年部は61人、女性会は1,025人となっており、JA合併後に統合されている一方で、部会組織は合併後も旧JAごとに設置されている。例えば、ミニトマト部会をみると、日高北部ミニトマト部会、中央野菜部会（部会のなかに、ミニトマトグループ）、みなべいなみミニトマト部会の3つとなっている。

（2）管内農業の概況

　同JA管内は、1970年代から80年代にかけてエンドウ類を中心とした施設野菜栽培が増加し、全国でも有数の野菜産地を形成した。今でも、海岸線は温暖な気候を利用したサヤエンドウ、キュウリ、トマト、レタスなどの野菜生産が盛んである。果樹では、みなべ町におけるウメ生産（青ウメ果実出荷と梅干し生産）が盛んであり、主産地を形成している。

　第2次農業振興計画から管内の特徴をみると、以下の通りである[2]。2015年の専業農家数は1,921戸となっており、1995年（1,846戸）より微増となっているが、2010年（1,955戸）より微減している。第1種兼業農家（1995年：1,550戸、2015年：590戸）、第2種兼業農家（同：2,519戸、2015年：1,567戸）は大幅な減少にある。販売農家における年齢構成をみると、20歳代が3％、30歳代が6％、40歳代が9％、50歳代が16％、60歳以上が66％と、全国同様に高齢化が進んでいる。経営耕地面積規模別農業数（販売農家）の現況をみると、「0.3未満～1.0ha」層が2,295経営体（構成比56％）と最も多く、次いで「1.0～2.0ha」層が1,153経営体（同28％）、「2.0～5.0ha」層が606経営体（同15％）、「5.0ha以上」層が20経営体（同1％）となっている。

　以上のように、同JA管内では比較的零細な組合員農家によって、県内有数の園芸農業が展開されている。また、計画策定のための組合員アンケート調査結果をみると、組合員農家の出荷先はJA72％（共販70％、直売所2％）、個人販売13％、加工業者9％、その他6％となっている。

3．ブランドミニトマトの取り組み経緯

　以下では、量から質へと転換し、高品質化によるブランド化で、高価格かつ安定価格での取引を実現させているJA紀州みなべいなみミニトマト部会の取り組み実態を把握する。特に、「赤糖房」、「優糖星」、「王糖姫」という高糖度ミニトマトの取り組み経緯を整理する。**表11-3**は、みなべいなみミニトマト部会における高糖度化への取り組み経緯である。部会設立は、1978年であり、当初は露地栽培を中心としていたが、前述の通り1970年代後半には施設栽培が増加し、一大産地を形成しており、大阪の市場へ出荷していた。その後、1990年ごろには国内産地が乱立し、価格の低迷や産地間競争が発生したことから、これまでの量ではなく、質にこだわった取り組みの必要性を

2）JA紀州『第2次農業振興計画』（令和2～6年計画）を参照。

表 11-3　みなべいなみミニトマト部会における高糖度化への取り組み経緯

年次	部会における主な動向
1978	ミニトマト部会設立（露地中心）
1990	７人の生産者が部会から独立（量でなく質を重視、JA 担当職員１人）
1993	「赤糖房グループ」誕生（ミニトマト部会から独立）
1998	「赤糖房グループ」活動が安定（部会員 20 人程度）
2001	ミニトマト部会内部に「優糖星グループ」誕生 部会内の２人が「ロケットトマト（品種：アイコ）」販売（後の「王糖姫」）
2003	「赤糖房グループ」をミニトマト部会内へ再編
2004	「優糖星」商標登録
2005	「赤糖房」商標登録
2011	「王糖姫」商標登録

資料：JA 紀州いなみ営農販売センターへのヒアリングより筆者作成

訴える部会員が現れた。当時、県農林大学校では、糖度は高いが栽培は難しいという「キャロル７」の試験栽培が行われていた。この品種を導入して新たなブランドを確立しようと考え、部会員７人がミニトマト部会外にグループを結成し、JA営農指導員とともに栽培方法や販路開拓を模索した[3]。この際、マーケットの意向を把握するために卸売市場関係者を加え、何度も協議を行った結果、「真っ赤に完熟した高糖度の房どりのミニトマト」を生産するグループとして「赤糖房」グループ（1993年）が誕生した。「赤糖房」として出荷するためには、最低糖度8.5度以上で房どりが条件となっており、同グループは独自の検査体制を構築するとともに、出荷先市場も新たに開拓した。そして、当初７人であった構成員も1998年には20人程度にまで増加した[4]。

　このような動きがみられるなか、2000年前後に、更なる国内産地の乱立と輸入ミニトマトの急増により、産地は一層厳しい状況を迎える。このときには、ミニトマト部会内に、量から質にこだわった取り組みが必要であると考

3）JA営農指導については、それまで野菜担当が行っていたが、「キャロル７」については、高糖度であることや品質を重視すること（量から質への転換を図ること）などから、果実担当が営農指導を行うこととなった。
4）「赤糖房」の生産者は、印南町切目地区の生産者が中心となっている。

える部会員が一定数存在し、彼らは「赤糖房」グループの指導助言を受け、部会内に「優糖星」グループ（2001年）を結成した。「優糖星」として出荷するためには、最低糖度8.0度以上でバラどりが条件となっており、当初9人で結成された。また、同時期に部会内の2人が「アイコ」の試験栽培を開始するとともに、「ロケットトマト」として販売を始めた。この取り組みは、現在の「王糖姫」グループとなっている。「王糖姫」として出荷するためには、最低糖度7.0度以上でバラどりが条件となっている。

　そして、2003年頃、JAが選果場の統一に取り組んだ際、「赤糖房」グループをみなべいなみミニトマト部会内部のグループとすることとなり、現在の部会体制（部会内に「赤糖房部」、「優糖星部」、「王糖姫部」を設置）が確立した。また、ミニトマトのブランド化を確立するために、「優糖星」は2004年、「赤糖房」は2005年、「王糖姫」は2011年に、それぞれ商標登録を行った。

　図11-1は、JA紀州みなべいなみミニトマト部会における栽培面積と販売金額の推移を示したものである。2001年度の栽培面積は2.4ha、販売額は3.1億円であり、2014年の広域合併後もブランド化の取り組みにより大幅な減少

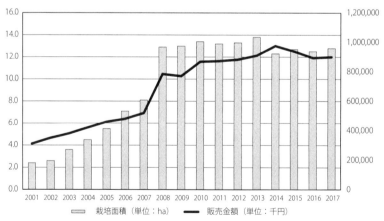

図11-1　JA 紀州みなべいなみミニトマト部会における栽培面積と販売金額の推移

資料：JA 紀州いなみ営農販売センター提供資料より筆者作成

はみられず、2017年度の栽培面積は12.8ha、販売額は9.0億円と順調に増加傾向を示していたが、近年は横ばいとなっている。

４．みなべいなみミニトマト部会の組織の実態

（１）部会の概要

　以下では、みなべいなみミニトマト部会の実態を把握する[5]。同部会内には、「赤糖房部」、「優糖星部」、「王糖姫部」とともに、「レギュラー（「ミニトマト」）」が設置されている。

　表11-4は、「赤糖房部」、「優糖星部」、「王糖姫部」の条件と特徴をまとめたものである。栽培面積は1,376aであり、その内訳をみると、「赤糖房」が508a（栽培面積に占める割合：36.9％）、「優糖星」が582a（同：42.3％）、

表 11-4　「赤糖房部」、「優糖星部」、「王糖姫部」の条件と特徴（2018 年度）

	赤糖房部	優糖星部	王糖姫部
最低糖度	8.5 度以上	8.0 度以上	7.0 度以上
品種	キャロル 7	キャロル 7	アイコ
構成員	特定地域	管内全域	管内全域
出荷形態	房どり パック詰め又は 6kg バラコン	バラどり 4kg バラコン	バラどり 4kg バラコン
栽培面積	508a	582a	286a
部会員数	37 人	51 人	29 人

資料：JA 紀州いなみ営農販売センターへのヒアリングより筆者作成

5）前述のとおり合併前の旧３JAごとに部会組織は存在するが、ミニトマトに関しては「ミニトマト部会連絡協議会」を結成している。2019年7月末現在、同協議会内に、①「みなべいなみミニトマト部会（98人）」、②「キャロル7　バラグループ（6人）」、③「アイコ部会（24人）」、④「キャロル7　房どりミニトマト部会（8人）」、⑤「サンチェリーピュア・アイコ　ミニトマト部会（30人）」が設置されている。①はいなみ・みなべ営農販売センター、②・③・④は御坊・日高川営農販売センター、⑤は日高営農販売センター、がそれぞれ事務局を担っている。

「王糖姫」が286a（同：20.9％）となっている。部会員数は98人となっており、「赤糖房部」が37人、「優糖星部」が51人、「王糖姫部」が29人の構成員となっている。「赤糖房部」と「優糖星部」への同時登録（両方への出荷）はできず、「赤糖房部」と「王糖姫部」もしくは「優糖星部」と「王糖姫部」の同時登録は可能となっている。

　例えば、「赤糖房部」は、JAみなべいなみ管内のほ場でミニトマト栽培を営み、「ミニトマト部会と連携を取り、部員相互の共同意識を高め、ミニトマトの生産技術の研究と振興を図り、強固な産地形成、発展に寄与する事」という目的に賛同し、部が認める者で組織されている。

（2）部会の運営体制

　図11-2は「赤糖房部」の体制を示したものである。運営体制は、部長１人、副部長２人、会計１人、監事２人と班長数名となっており、任期は２年で再任は妨げないとなっている。部会運営や生産・販売に対する要望は班で検討し、役員会、全体会議で決定される。また、各班で月１回の園地まわりを実施するとともに、目揃え会（年２～３回）、栽培講習会（年１回）、消費宣伝活動、栽培・販売反省会、総会などを計画的に行っている。

　また、「赤糖房部」の内規のなかに、部員の心得として、①自己経営管理を行い、部員間の情報伝達、助け合いを行う。②新規栽培者に対する指導は必ず行う。また、部員は分からない点があれば、そのままにせず、必ず納得して生産、販売をする。③販売単価、収益の追及にとらわれず、栽培の基本を重視し、品質の安定と、消費拡大に努める。④部の運営、役員に対する協力は惜しまない。⑤会議、講習会、園地まわり、目揃え会等への部活動に必ず参加する。（参加できない場合は、班長の了解を必ず得ること）という内規があり、部会の強い結束が伺える。

　生産面においては、①個人栽培面積と生産方法については、毎年の栽培検討会時に予約を取り、会議で検討し決定する。②生産技術の統一を図る。③安全、安心で消費者に自信を持って販売できるような赤糖房づくりに努める。

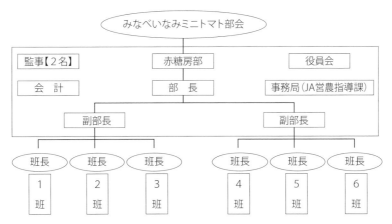

図11-2　みなべいなみミニトマト部会における「赤糖房部」の体制

資料：JA紀州いなみ営農販売センターへのヒアリングより筆者作成
注：「優糖星部」「王糖姫部」も同様の体制である。

④環境に優しい農業を目指す。が謳われている。

　その他の特徴的な点として、前述した「優糖星部」との複合加入は認めないこと、新規栽培（部への参加）予定者は1年間の体験入部（園地巡視や部会活動への参画）が必要であることなどがあげられる。

（3）出荷の特徴

　まず、生産者が出荷するまでの流れを確認すると、以下のとおりである。①生産者個人が糖度などをチェックし、自分で出荷できると判断すると、JAの営農販売センター（以下では「センター」）に検査を依頼する。②センター（営農担当）担当者が糖度計を使い糖度を計測することに加え、食味、園地状況など総合的に出荷できるかを判断する（出荷可能であれば、販売担当に連絡をする）。③センターから出荷許可が出ると、出荷直前に、生産者が再度独自で糖度計による糖度計測を行う。④選果場に出荷するが、毎日一人ずつ、抜き打ちで販売担当が糖度をチェックする[6]。

　前掲**表11-4**にあるように、出荷方法をみると、「赤糖房部」は個別にパック詰めを行うことを基本として、6kgバラコンでの出荷も可能であり、「優糖星部」と「王糖姫部」は4kgバラコンでの出荷となっている。また、部内での「申し合わせ事項（自主的な部員の約束事項）」として、生産面では、堆肥、通路堆肥、元肥、土壌分析の実施など、出荷面では、出荷規格の厳守、出荷予約や予約数量に関すること、10aほ場の場合は最低2回以上に分けて収穫すること、などが謳われている。

　「赤糖房部」の部員であれば、「優糖星部」としての出荷も「レギュラー（ハウスミニトマト）」としての出荷も可能となっている。また、「優糖星部」の部員であれば、「レギュラー（ハウスミニトマト）」としての出荷が可能となっている。そして、「王糖姫部」の部員であれば、「レギュラー（アイコ）」としての出荷が可能となっている。

（4）販売の特徴

　販売に関しては、JA販売担当1人が配置されており、出荷先は関東と中京、関西地方の4つの卸売市場となっている。通常の卸売市場出荷であれば、相場により価格は変動するが、高品質生産によるブランド化が実現しているみなべいなみミニトマト部会においては、JAからの提案により2004年度からほぼ一定の価格での取引を行っている[7]。3つのブランド化された部は相対取引となっており、ミニトマト部会の「レギュラー」として出荷される「ハウスミニトマト」や「アイコ」は通常のセリ取引となる。

6）④の行程において、JA販売担当のチェックで糖度が基準に満たない場合は、全量持ち帰ることとなる。仮に持ち帰ることになれば、作業が大幅（半日程度）に遅れてしまう。そのため、農家は絶対に自信のある農産物（ミニトマト）を出荷する。

7）2004年度からJAの提案により、ほぼ一定の価格で取引しており、「赤糖房部」が1,500円/kg、「優糖星部」が1,000円/kg、「王糖姫」が900円/kg、となっている。すべての出荷先（小売）は把握しており、ほとんどが百貨店や高級スーパーマーケットとなっている。

　各市場への出荷量については、「生産者代表」、「JA」、「卸売業者」、「仲卸業者」、「小売（各回 1 社のみ）」が参加する会議（年 3 回）において、出荷先市場の状況を踏まえたうえで決められ、通常の取引でみられる欠品対策は不要となっている。

　JA販売手数料は2.5％であり、2014年の合併の際に1.0％引き下げたにも関わらず、高品質化・ブランド化による取り組みによって、販売額は増加傾向にある。また、各種手数料や運賃、農薬分析費などの各種経費を引いた農家手取は販売金額の80％程度となっている。

（5）産地の抱える課題への対応

　2014年の広域合併を契機として旧JA管内以外の出荷者や新規就農者の部会参加などによる生産者間の栽培技術のバラつき、担い手の減少・高齢化や生産意欲の低下への対応が急務となるなかで、JAは高品質化・ブランド化に取り組んでいる。前者については、班体制の導入など部会体制の強化、栽培チェック表や個人成績表などの導入によるきめ細やかな園地まわりの実施、全園地での土壌分析の実施などにより対応している。後者については、通いコンテナによる出荷調整作業の省力化（バラコン出荷で仲卸業者による調製作業の実現）、新規部会員の獲得による栽培面積や出荷量の維持拡大（みなべ地区「赤糖房部」10人、日高川地区での「王糖姫部」7 人の新規栽培者）などにより対応している。また、JAは、ブランドミニトマト「優糖星」と日本一のウメ産地「紀州みなべの南高梅」のコラボによる加工品（「tomato-ume」）の開発と販路拡大などにも取り組んでいる。

　さらに、JAと生産者が一体となり、地元小学校への食材提供や出前講義などの食育活動などによる、ミニトマトのファンづくりにも積極的に取り組んでいる。

5．おわりに

　卸売市場より川下に位置する実需者は多様化しており、そのニーズもまた多様化している。本事例は、産地間競争や輸入農産物の増大に対して、一部の部会員が量から質への転換を図り、その後、部会全体で高品質化・ブランド化に取り組み、実需者の高級商品ニーズに対応した産地づくりを行ってきた取り組みである。なかでも「赤糖房部」にみられる高品質化・差別化の実現とそれを実現させる部員の結束力、JAとの連携は特徴的である。さらに、JAは質重視（ブランド化）の対応とともに、多くの生産者が産地づくりに参加できる体制整備（「レギュラー」出荷）にも努めた。

　取り組みのポイントは、以下のとおりである。第1に、一部の部会員が部会の外に「赤糖房グループ」を結成し、独自の検査体制とともに販路開拓と価格設定を行った。その際、JAは営農指導員の担当を野菜から果樹に変更し、量から質への対応を図るとともに、販路開拓にも積極的に関与した。第2に、国内産地の乱立や輸入増大など産地の危機に直面した結果、これまで量を重視していた部会の中にも自発的に質への転換を図る意識が芽生え、部会全体で高品質化によるブランド化に取り組むこととなった。この際、部会員は、先行して量から質への転換を図っていた「赤糖房グループ」に指導を仰いだ。また、JAは「赤糖房グループ」に部会内小グループを提案し、部会員との協議のもと部会への再結集を実現させるとともに、小グループごとの販路確保と拡大に取り組んだ。第3に、JAは前述のブランド化とともに、部会のミニトマトとして出荷できる「レギュラー」枠を確保し、（「レギュラー」といっても格外品ではなく、一定の品質を確保している）を設け、幅広い生産者が出荷可能な部会を組織している。第4に、部会とJAが一体となった園地まわりの強化や全園地での土壌分析と個別面談の実施により、小グループ内の品質のバラつきにも対応している。第5に、JAは調製作業を仲卸業者へ依頼することに成功し、農家のバラコン出荷が可能となり、作業の軽減

（約70％程度の作業軽減と推測されている）を実現させている。また、市場関係者や量販店などとの協議により、一定の価格による全量取引を実現させ、農家の経営安定も寄与している。第6に、部会とJAが一体となって、紀州みなべの南高梅とのブランド同士による加工品の開発とともに、消費者への理解深化（ファンづくり）にも積極的に取り組んでいる。

　このような部会内小グループ化の取り組みによって、生産者は一定の価格による取引によって所得の安定化・増大とバラコン出荷により調製作業の省力化が実現している。また、JAが生産者の量から質へという意向に対して柔軟に対応したことで、JAや部会への満足感が生まれ生産者の結集とともに、JA（部会）離れの抑制につながっている。生産者とJAが綿密に連携するとともに、JAは生産者の自発的な取り組みを積極的に支援すること、また、卸売市場や量販店などとの関係性を構築し、実需者ニーズを的確に把握することが重要である。

参考文献

大西敏夫・辻和良・橋本卓爾編著（2001）『園芸産地の展開と再編』農林統計協会.

第12章

革新的技術導入と部会の細分化再編による ミカンの高級商品ニーズへの対応

―静岡県JAとぴあ浜松の「天下糖一」の取り組みを事例として―

岩﨑　真之介

1．はじめに

　果樹を中心とする、嗜好品的性格の強い園芸品目においては、高級商品ニーズへの対応がマーケットイン型産地づくりの重要課題であるといえる。高級商品ニーズへの対応では、栽培過程で革新的技術の導入が求められる場合が少なくないだろう。ただ、こうした技術の導入には相応の労力や費用の負担が必要であると考えられ、何らかの制約からそれに対応できない生産者や、経営方針にそぐわないために導入を望まない生産者の存在も当然に想定される。したがって、そうした取り組みは参加を希望する生産者のみで行うべきであり、参加する生産者の主体性を活かすよう配慮しながら進めることが肝要であると考えられる。

　本章の課題は、JAとぴあ浜松を事例として、生産部会の細分化再編による温州ミカンの高級商品ニーズへの対応の実態と意義について、特に小グループ活動を活かした革新的技術導入のプロセスに着目して検討することである。

　同JAが実践するミカンのこだわり栽培では、取り組みに参加する生産者を小グループ化し、全面マルチ栽培と小グループ活動などによる徹底した品質管理を行い、糖度が高く食味の優れたミカン生産に取り組んでいる。そのうえで、こだわり栽培されたミカンのうち品質検査に合格したものだけを

「天下糖一」の独自ブランドで販売しており、共計についてもレギュラー品とは別に行っている。

　本章の構成は次の通りである。まず、第2節で、地域の柑橘農業の概況を整理し、同JAがミカンのこだわり栽培をどのように進めてきたのかを確認する。次に、第3節でこだわり栽培の仕組みと体制について詳述する。最後に、第4節で当該事例から示唆される点について考察を行う。

2．取り組みの経過

（1）地域の柑橘農業の概況[1]

　同JAの2017年度における柑橘の販売高は約20億円、販売数量は7,029tであり、柑橘部会の栽培面積は519haである。全国的に不作であった2017年度は、販売数量が過去最低の水準となったが、近年はおおむね20億円、9,000tほどで推移している。部会を一本化した1999年当時の販売数量は1万4,000～5,000tであり、生産者数の減少などによって約20年間で3分の1ほど減少している。

　温州ミカンの栽培品種は「青島」、「宮川」、「興津」、「高林」などが主で、ネーブルや不知火といった中晩柑やハウスミカンも生産されており、シーズンを通して（6月～翌年3月）販売できることが売りの一つとなっている。

　同JAのエリアのうち、果樹の生産は主に湖北地域と湖西地域で行われている。また、柑橘生産がとりわけ盛んな浜松市北区三ヶ日地区のJAみっかびとはエリアが隣接している。

　なお、第9章でも述べたように、JAとぴあ浜松のエリアには人口79.8万人[2]の政令指定都市である浜松市が含まれ、首都圏および名古屋圏にも近いなど、市場へのアクセスに恵まれていることから、農産物をめぐって激しい集荷競争が展開されているものと推測される。

1）地域農業一般とJA営農経済事業の概況については第9章第2節を参照。
2）総務省「国勢調査」（2015年）。

（2）プロジェクトを通じた産地づくりの方針決定

　同JAでは、前述のような柑橘生産の縮小を受け、JAから柑橘部会へ働き
かける形で2016年度にプロジェクトチームを立ち上げ、今後の産地づくりの
具体策にかかる検討を開始した。プロジェクトチームには、当初は柑橘部会
の本部役員５人と、JAの指導部署および販売部署から職員７人が参加し、
途中からこれに技術水準の高い部会員８人と青年部代表２人が加わった。

　園地の状況から生産者の規模拡大には限界があったこともあり、プロジェ
クトでは当初から、産地が目指すべき方向は高品質化、それもマルチ栽培に
よる高糖度ミカンづくりであるとの合意がある程度形成されていた[3]。また、
こうした方向性について取引先の市場に意見を求めたところ、高糖度ミカン
に対する実需者ニーズは強くぜひ取り組んでほしい、といった見解であった。
そこでプロジェクトでは、まず技術などを学ぶため、先進的にマルチ栽培に
取り組んできた九州のミカン産地の視察を行った。そのうえで、同年から早
速こだわり栽培の取り組みを開始した。

　なお当地域では、過去にもマルチ栽培に取り組んでいたが、マルチ作業に
労力がかかる割に十分な成果があがらず、取り組みを縮小した経過があった。
これについて、前述の産地視察の結果、マルチ作業の仕方や時期などに問題
があったことがわかり、新たな取り組みにおいてはこうした点の改善が図ら
れることとなった。

3）「農林業センサス」によれば、2015年におけるJAとぴあ浜松のエリア（浜松市
　（北区三ヶ日地区および天竜区を除く）、湖西市）におけるミカン栽培経営体
　数は1,636経営体、ミカン栽培面積は1,171ha、１経営体当たりの平均栽培面積
　は71.6aであるのに対し、隣接するJAみっかびのエリア（浜松市北区三ヶ日地
　区）ではそれぞれ827経営体、1,451ha、175.5aとなっている。この数値には各
　JAの系統外出荷者も含まれているが、エリア全体の栽培面積と平均栽培規模
　でJAみっかびが上回っており、特に平均栽培面積の差が大きい。JAとぴあ浜
　松の柑橘部会が集約的な栽培による高品質化の方向を選択したことは、こう
　した競争条件に適合的なものであったと考えられる。

（3）取り組みの実績

　こだわり栽培を開始するに当たって、プロジェクトチームのメンバーである5人の本部役員は、率先して取り組みに参加するとともに部会員への参加の呼びかけを行った。その結果、1年目の2016年度は28人の部会員の参加を得てスタートを切ることとなった。

　表12-1は、こだわり栽培の実績の推移を示したものである。こだわり栽培に参加した生産者数は、2016年度の28人から、2017年度は58人、2018年度には81人と順調に増加している。また、参加者1戸当たりのこだわり栽培面積も拡大している。全体の面積は2018年度には17.7haとなり、2016年度から約5倍に拡大している。

　こだわり栽培に参加する生産者の年齢層は、高齢の生産者が多くを占め、青年部員の参加は5人にとどまっている。その要因には、若手の生産者はブドウやナシとの複合経営であるか、3〜4haの大規模経営であることが多く、マルチ作業への労働投入が容易でないこと、夏場のマルチ作業は作業者への負担が大きく忌避されがちであることなどがある。

　同JAでは、こだわり栽培の最初の目標として5年目の販売数量500tを目指しているが、3年目で既に400tに達する見込みであり、目標達成に向けて順調な進捗状況となっている。

表 12-1　こだわり栽培の実績の推移

	2016	2017	2018
生産者数（戸）	28 (100)	58 (207)	81 (289)
面積（a）	361 (100)	1086 (301)	1772 (491)
1戸当たり面積（a/戸）	13 (100)	19 (145)	22 (170)

資料：同 JA 提供資料をもとに筆者作成
注：括弧内は 2016 年度を 100 とする指数。

なお、取り組みがある程度軌道に乗ったことを受けて、前述のプロジェクトチームについては2018年度をもって解散されている。

3．こだわり栽培の仕組み

（1）取り組みの体制

1）JAの体制
　同JAの果樹にかかる営農販売事業体制については、販売業務は果樹販売センター、営農指導業務は湖北営農センター[4]がそれぞれ担当している。果樹販売センターには、センター長1人、ミカンの販売担当3人（係長1人を含む）、落葉果樹の販売担当3人が配置されている。また湖北営農センターには、センター長1人（果樹販売センター長との兼務）、技術指導員4人、営農相談員3人が配置されている。

　果樹の生産部会事務局は、同営農センターの営農アドバイザーが担当している。

　また、現在の役員体制においては指導担当と販売担当が一体性を持って業務に当たることが重視されていることもあって、販売センターのミカン担当3人については、販売業務の少ない時期には指導業務のサポートも行っている。

　こだわり栽培については、営農指導部署と販売部署との連携のもと、センター長、販売センター係長、ミカン販売担当2人および営農アドバイザー4人が対応している。

2）生産部会と小グループ
　同JAの柑橘の生産部会は柑橘部会であり、2017年度の部会員数は721人である。部会員の柑橘栽培面積の平均は約72aである。

4）果樹担当の営農アドバイザーは全員が同営農センターに配置されている。なお、営農アドバイザーについては第9章第2節（4）を参照。

　柑橘部会は、1995年のJA合併から4年後の1999年に部会を一本化している。1999年当時の部会員数は約1,000人であり、生産者の高齢化と後継者不在によって現在までに3割弱減少している。ただ、近年は50歳代前半で農外の就業先を退職してUターン就農し経営継承するケースや、30歳代の若い後継者が同じくUターン就農するケースが増えてきている。特に後者については、若手の農業者が増えたことで何か活動を行おうという機運が高まり、2008年ごろに若手農業者のグループが組織された。2016年には、このグループが母体となって柑橘部会青年部が発足している。現在、青年部には約20人が所属しており、部員の年齢層は30歳代前半〜40歳代半ばとなっている。青年部は、その前進である若手グループ時代から産地視察や農作業受委託に取り組んでおり、次世代の産地のリーダー層となることが期待されている。

　柑橘部会の運営は、5人の本部役員が中心となって行っており、各集落の支部長32人がその補佐と支部運営に当たっている。

　柑橘部会の中には、こだわり栽培の参加者の小グループが組織されており、第5章図5-4における典型的な「細分化再編型」であるといえる。小グループは品種ごとに3つのグループ（極早生、早生、青島）が組織され、それぞれに30〜40人ほどが所属しており、複数のグループに所属する生産者も多い。事務局は各グループとも営農アドバイザー1人と販売担当者1人の2人体制となっている。活動内容は、小グループ単位で後述の果実分析を行っているほか、各グループの班長・副班長が同じく後述の園地巡回を行っている。また、活動が比較的に活発な極早生のグループでは、自主的な活動として、一部の地区のメンバー同士で園地を見せ合って技術の研鑽に取り組んでいる。

　なお、柑橘部会内にはこれら以外に、技術的な特異性が強いハウスミカンと中晩柑でそれぞれ研究会が組織されている（「ハウスみかん研究会」、「中晩柑研究会」）。

3）共選・共販体制

　同JAでは、1999年の柑橘部会の一本化と合わせて、同年に柑橘の選果場

を統合し、ブランドの統一と共計一本化を行っている。選果場についてはもともと５つの施設があったが、いずれも更新時期を迎えていたため、周辺地域で初となる光センサーを導入した大型選果場を整備し統合を行った。現在、共販で出荷される柑橘は全量がこの選果場で選果されており、選果は大きさ・外観・糖酸度を基準に行われている。

（２）説明会の開催と園地登録

　こだわり栽培の取り組みでは、まず、毎年３月に生産者への説明会を実施している。JAと部会はこだわり栽培の栽培ルールを文書化しており、説明会ではその内容の周知を図っている。

　参加を希望する生産者は、園地台帳に基づき、こだわり栽培を行う園地の登録を行う。園地登録では、密植状態にあり日光が地表へ十分に届かない園地は、マルチ栽培の効果が十分に発揮されないため、間伐を行うか、登録園地から除外している。

（３）栽培管理

　こだわり栽培では、マルチシートを樹の根元まで敷き詰める全面マルチを行って十分に水分ストレスをかけることで、糖度が高く食味の優れたミカンの栽培を行う。

　JAはこだわり栽培に参加する生産者からマルチ資材の注文をとり、４月に資材を配達する。栽培のポイントとなるマルチ作業では、ミカンの品種ごとに作業の期限が設けられており（７～８月）、生産者はこの期限までに作業を完了させる必要がある。この時期には、JAの営農アドバイザーが園地を巡回しマルチ作業の指導を行う。作業の期限以降には、こだわり栽培の各小グループの班長・副班長と職員が園地を巡回し、マルチ作業が完了しているか確認を行っている。

　また、全面マルチを行っても、摘果が不十分だと糖度が十分に上がらず後述の検査で不合格となってしまう。こだわりミカンは販売単価が高く、生産

写真　こだわり栽培の完全マルチ被覆が行われた園地（同JA提供）

者には少しでも多く収量を確保しようとする心理が働いて摘果が不十分になりがちであるため、同JAでは摘果の徹底についても併せて指導を行っている。

　8月からの2～3カ月間（期間は品種によって異なる）は、毎月1日と15日を目安に果実分析が行われる。分析は小グループの活動として行われており、生産者が登録園地の果実を営農センターに持ち込んで糖酸度を計測し、その結果から生育状況を把握して灌水などの栽培管理へ反映させている。JAもその結果を踏まえて指導を行う。

　なお、水分ストレスが重要となるこだわり栽培においても、適度に灌水を行わなければ樹が弱ってしまうが、その灌水のタイミングの見極めが取り組みの課題となっていた。そこでJAは、2018年度に、ハウスミカンで行っていた方法を参考に、果実の肥大状況調査を行いそれをもとに灌水のタイミングを判断する試みを行った。調査では生産者有志の協力も得られることになり、職員と生産者とで調査を行ってデータを収集した結果、一定の知見が得られたことから、今後、栽培ルールに灌水時期の判断基準を盛り込む予定である。

（4）サンプル検査による合否判定

　各品種の収穫を控える10月から翌年１月を迎えると、こだわりミカンとして出荷するための品質基準を満たしているかについて、サンプル検査による合否判定が行われる（実施時期は品種ごとに異なる）。判定では、職員が登録園地を回り、園地ごとに10a当たり10果の果実を採取して糖度を計測する（「青島」では酸度も計測）。その結果、果実の７割以上で品種別の糖（酸）度基準に達していれば合格、そうでなければ不合格となる。ここで不合格となった場合、その園地のミカンは一切こだわりミカンとして出荷することができず、慣行栽培のレギュラー品と同じ区分で出荷されることになるため、この合否判定は非常に重要な意味を持っている。2017年度の実績では、登録園地の約９割がこの合否判定で合格している。ただし、こだわり栽培で不合格となった園地は、慣行栽培の園地と比べて、レギュラー品の中でも販売価格が高い上位等級の比率が当然高くなるため、こだわり栽培が販売成果にまったく反映されないようなことにはならない。

（5）選別

　合格した園地のミカンは、収穫されると、レギュラー品と同様に全量が選果場で選別される。選別では、光センサーによる糖（酸）度選別も行われる。選別の結果、糖酸度と外観の基準を満たしたものは、こだわりミカンのなかの上位等級である「天下糖一」ブランドとして、高級感のある５kgの黒箱の荷姿で出荷される。対して、基準を満たさなかったものについては、こだわりミカンではあるが「天下糖一」の下位等級に位置する「天下御免」として10kg箱で出荷される。両者の比率は、おおむね３割程度が「天下糖一」として出荷されており、残る７割程度が「天下御免」扱いとなっている。

　選果場では、レギュラーとこだわり栽培とで選果日（または選果ライン）が分けられ、両者が混入することのないように作業が行われている。

　選果場の利用料は、レギュラーが１kg当たり26円であるのに対し、こだ

わりミカンは29円に設定されている。利用料に差をつけている理由は、荷姿が10kg箱であるレギュラーに比べて、こだわりミカンでは５kg化粧箱の「天下糖一」があるため、出荷資材費が割高となり、作業にもより長い時間を要するためである。

　ところで、こだわり栽培ではレギュラー同様に全量が光センサーにかけられるが、それでも前述のように収穫前の段階でサンプル検査による合否判定が行われている。その理由は、一つには、こだわり栽培の区分だと選果場の利用料がレギュラーよりも高くなるため、「天下糖一」比率が十分に確保できないと見込まれる園地については、不合格としてレギュラー区分で出荷する方が生産者の利益につながるということがある。また、もう一つの理由として、こだわり栽培品には糖酸度だけでは測ることのできない食味の良さがあるとされる。これについては、取引先の卸売業者にも両者を食べ比べてもらい、同様の評価を得ている。こうした理由から、慣行栽培ミカンについては、光センサー選果の結果、糖酸度がこだわり栽培の基準を満たしたとしても「天下糖一」や「天下御免」としては販売していない。

（6）販売

　出荷先はレギュラー、こだわりミカンともにすべて卸売市場である。こだわりミカンについては京浜３社、中部１社および地元１社に出荷しており、品種ごとに出荷先を分けている。卸売市場での取引方法は相対取引（一部はせり取引）である。卸売業者に対しては希望価格をあえて伝えず、シーズンを通して同一価格で販売できる価格を提示してもらうよう求める方針をとっており、結果としてシーズン固定価格に近い形の取引となっている。

　実需者との契約的取引は行っていないが、卸売市場の先の実需者（小売業者）はすべて把握しており、百貨店や高級果専店、大手チェーンスーパー、地元スーパーなどとなっている。スーパーでは、高級果物コーナーやお歳暮などのギフト用として販売されている。また、市場の卸売業者に、質の高い果実を扱う小売店のバイヤーを産地へ連れて来てもらい、JAの販売担当者

が生産のこだわりや売り方について直接話をしたうえで取引を開始すること
もある。

　販売手数料はJAが２％、経済連が１％、卸売市場が７％であり、レギュ
ラーとこだわり栽培とで差は設けていない。

　こだわり栽培ミカンの販売状況は、「天下糖一」「天下御免」ともに好調な
売れ行きとなっている。2017年度の実績を、一番の主力品種である「青島」
について見てみると、レギュラーのA品の平均価格が１kg当たり361円であ
るのに対し、こだわり栽培でそれに相当する「天下糖一」は452円であり、
レギュラー品を91円上回る高水準にある。また、同JAのこだわり栽培ミカ
ンを取り扱う実需者のなかには、それと併せて新たにレギュラーの取り扱い
を開始する取引先が出てきており、こだわり栽培の取り組みはレギュラーの
販路拡大にも寄与しているといえる。

（7）生産者の経営収支への影響

　ここで、こだわり栽培への参加による生産者の農業経営収支への影響につ
いて、ごくおおまかな試算により若干の検討を行う。まず、こだわり栽培ミ
カンは、「天下糖一」「天下御免」ともに好調な売れ行きとなっており、前述
のように、価格はレギュラー品を上回る高水準にある。こだわり栽培の単収
については、慣行栽培とほぼ同程度となっている。

　対して、こだわり栽培で新たに発生する物財費は、基本的にはマルチ資材
代のみであり、価格は10a当たり10万円程度で（省力的な巻き取り式の場合
これに加えて15万円程度必要）、３年間は使用可能であるため１年当たりの
追加的費用は３万円を上回る程度におさまっている。

　これらのことから、こだわり栽培は慣行栽培と比べてより労力を必要とす
るが、取り組みに参加する生産者の農業所得増大に結びついている可能性は
高いものと推察される。参加者の農業経営における意欲も非常に高い状況に
あるという。

4．考察—生産者の主体性発揮に向けて—

　ここまでの分析を踏まえ、まず、同JAの取り組みのポイントを整理して
みよう。同JAにおけるミカンのこだわり栽培は、細分化再編型による高級
商品ニーズへの対応の典型といえる取り組みである。すなわち、川下のニー
ズを受けて、栽培過程における革新的技術の導入に取り組む生産者の小グ
ループを組織し、技術の導入をJAがサポートしている。取り組みに参加す
る生産者のミカンについては、革新的技術に基づく品質の高さを根拠に別商
品として扱っている。共計もレギュラー品とは分けており、こだわり栽培の
直接的な利益が新たなチャレンジをした生産者のみに帰属する仕組みを作っ
ている。

　続いて、生産部会の細分化再編に関わって、2つの点について考察を行う。
一つは、小グループ活動についてである。こだわり栽培の取り組みでは、品
質管理の徹底に必要となる圃場巡回や果実分析といった作業の多くを、小グ
ループ活動として生産者自らが担っていた。今後、JAグループにおいて、
人的資源を営農販売事業へと潤沢に投入することはほとんど不可能であると
予測されるなかで、生産者がこうした役割を担っていくことは、産地づくり
の取り組みを持続的なものとするうえで非常に重要である。

　また、こうした小グループ活動は、生産者にとって改めて仲間づくりの機
会となり、意欲の向上につながるものと考えられる。さらに、こだわり栽培
の小グループ活動では、自主的に圃場検討会を行う生産者も見られる。産地

5）同JAでは、こだわり栽培を開始したことで、取り組みに参加していない生産
　者においても、マルチ栽培を導入し高糖度化を図ろうという気運が高まって
　おり、実際に、全面マルチではない通常のマルチ栽培に取り組む生産者も増
　えてきているという。通常のマルチ栽培は、全面マルチのこだわり栽培に比
　ベマルチ作業の労働負担が小さく、糖度改善にも効果が一定程度期待できる。
　このように、部会の細分化再編による革新的技術の導入では、取り組みに参
　加していない生産者へ波及効果が現れる場合もありうると考えられる。

の競争力を高めうる新たな技術や商品が、こうした主体的な研究活動の中から生まれてくる可能性は少なくないだろう。JAグループにおいては、例えば必要に応じて資金面のサポートを行うなど、こうした活動を大切に育てていくことが重要であろう[5]。

　もう一つは、生産者にとっての選択の余地の確保についてである。こだわり栽培では、参加者は高齢の生産者が中心であり、若手の参加は相対的に低調であった。これは、若手生産者の多くが他品目との複合経営や大規模経営であって、マルチ作業が労働面でほかの作業と競合してしまうことなどが要因であり、必ずしも否定的に捉える必要はないだろう。

　取り組みの担当職員によれば、現在のミカン作の価格条件や収益性のもとでは、若手が就農することは容易でなく、おおむね親がリタイアを迎えるタイミングである50歳代に農外の就業先を早期退職し就農・継承する、それによって産地の生産が維持されていくという道筋の方が現実的であるとされる。これらの世代は、労働力や経営展望の面で積極的に規模拡大を図ることは想定しにくく、こだわり栽培により、限られた栽培面積のなかでも彼らが農業所得の増大や技術的なレベルアップに挑戦できることは、彼らの就農可能性や就農後の持続性を高めるうえで有効な方策となっているものと考えられる。

　その一方で、豊富な労働力や園地を確保できる若手生産者などについては、規模拡大や複合化を志向する道も残されているというように、こだわり栽培に部会全体で一律に取り組むのではなく、農業経営の状況に応じた選択が可能となっており、このことが多様な生産者の就農や営農継続に寄与しているものと推察される。生産者の異質性が高まるなかでは、同JAのように、その異質性に即した選択の余地を確保することで、生産者が自律感を実感しうるような産地運営を図ることが、生産者の自発性や主体性を引き出すことにつながるといえよう。

終章

農協共販とJAの機能
—マーケットイン型産地づくりの課題—

板橋　衛

1．農協共販としてのマーケットイン型産地づくり

　本書は、マーケットイン型産地づくりとJAというテーマの下、第Ⅰ部で
農協共販の今日的課題を考察し、第Ⅱ部でマーケットイン型産地づくりに取
り組む事例を対象として実態分析を行ってきた。実態分析からは、6つの産
地の取り組みを事例として分析を行ってきたが、マーケットや管内生産者の
要望に対応した農産物の販売を実施するために、JAは営農経済事業の再構
築を図って、農協共販を展開していた。また、そこでは、生産部会の細分化
再編への取り組みも確認された。

　こうした取り組みは、農協共販を取り巻く環境の変化に対応したものであ
る。ただ、マーケットの対象となる実需者やその要望は様々であり、産地内
における青果物生産を担う生産者や農業構造、生産部会の位置づけも多様性
を有している。そのため、JAの販売事業すなわち農協共販のあり方および
生産部会の細分化再編の形態もそれぞれ異なっていた。

　とはいえ、それぞれの青果物産地において、JAおよび生産者が主体的な
取り組みとして、マーケットのニーズに応じ、産地内の生産者の要望を酌量
して農協共販を展開してきたとみられる。つまり、各産地の取り組みには、
地域農業振興としての産地づくりという概念が含まれていると考えられる。

　JAの販売事業には3つの役割があるとみられている[1]。1つは、再生産

1）全国農業協同組合中央会（2000）を参照。

を確保できる農産物価格の実現とその価格安定を図ることである。ここでは、需給調整機能の発揮が重要になる。2つは流通の合理化であり、物流面の整備がポイントである。3つは消費者の需要に対応した安定価格と商品性の向上である。安定供給は消費者対応としての生産者の義務でもあるが、品質が担保された農産物の高価格形成は生産者の手取り価格の向上にも寄与する。そのため、商品性の向上として、規格・品質の統一に加えて、差別化戦略が図られる。

　共同販売はそのための手段であると考えられるが、JAが共同販売に取り組むことの意味には、管内の多様な組合員（生産者）の要望に応えることが含まれる。それが、実需者や一部の生産者の販売代行的な販売事業ではなく、産地（JA）の主体性を有した販売事業につながるのである。そこでは、農協共販は地域農業振興の一環である産地づくりとしての性格を有していると考えられる。

　終章では、そうした視点からこれまでの分析・考察を検討する。

（1）第Ⅰ部のまとめと農協共販の課題

　第Ⅰ部は理論編として、マーケットイン型産地づくりの現状を見る視点として、農協共販について様々な角度から分析を行ってきた。

　第1章「農協共販の展開—マーケットイン型産地づくりの歴史的考察—」では、農協共販の歴史的展開について、その実績と議論を農協の事業体制の変化と関連付けて分析を行い、現状の到達点と課題を概観した。第2章「流通構造の変化と産地への影響」では、卸売市場経由率の推移などから流通構造の変化を概観した。そして、小売業と加工・業務用野菜の動向分析から実需者ニーズの細分化の実態を明らかにし、それに対応する産地の課題を示している。第3章「生産構造の変化と産地体制への影響」では、青果物産地の構造変化として、担い手の高齢化と大規模経営への生産集中の実態を分析した。その中で、大規模経営体、特に法人経営体においては、出荷・販売先が多様化している実態を明らかにし、それらに対する産地としての対応の必要

性を指摘している。第4章「マーケットイン型産地づくりによる環境変化への対応—JAグループの方針とJA営農販売事業の課題—」では、JA全国大会決議におけるJAの営農販売事業の対応方向を振り返り、JAグループ側の事業体制の変化を分析した。さらに、JAの営農販売事業のあり方として、事例をもとに、営業活動、営農指導と販売事業の分担のあり方を考察した。第5章「農協共販における組織の新展開と組織力の再構築」では、農協共販のあり方を組織問題の視点からアプローチし、生産者とJAの取引関係を統制する主体として生産部会を位置づけた。そして、流通・生産構造の変化等に対応した生産部会の細分化の方向性は、組織力を高める効果があることを指摘している。第6章「農協共販におけるマーケットとの相互作用を通じた生産者の学習と動機づけ—徳島県JA里浦の事例からの考察—」では、個選個販による販売を中心とした農協共販の仕組みの中で、それに対応した生産者の選別・出荷行動の分析を行った。そして、それらの取り組みが生産者の学習を進め、同時に農協共販への結集を維持することにつながっていると指摘している。

　第1章で確認したように、農協の営農経済事業体制の拡充により、農協共販は一定の到達点に至った。しかし、第2章と第3章で分析したような流通・生産構造の変化の中で、共販率の低下傾向が示すように、弱体化の傾向を示している点は否めないとみられる。それへの対応として、第4章でみたJA全国大会の方針に示唆され、第5章でも考察された生産部会の細分化の必要性が、現実的な課題として浮かび上がってきている。そのことは、第6章でみた個選個販による農協共販の結集力、近年多くのJAで取り組まれている直売所における生産者の個選個販による販売の盛況が示唆しているとみられる。

　とはいえ、JAによる地域農業振興の一環としての農協共販および産地づくりという視点からの生産部会のあり方も考えなければならない課題である。そこで、第1章、および第4章、第5章との重複部分もあると思われるが、あらためてJAの産地づくりという視点から生産部会のあり方を考えてみたい。

（２）農協共販とマーケットイン型産地づくりの接点としての生産部会

１）生産部会の設立と産地の育成

　総合農協において生産部会を組織化する動きが本格化するのは、基本法農政下における系統農協側からの取り組みである営農団地づくり運動を通してである。それは、農協が組合員を作目別に目的集団として組織化する先駆的農協をモデルとし、農産物生産振興のための産地づくりを進めるために、当該作目に関しての営農指導、販売業務、資金供給などの組合員支援を実施していく事業展開でもあった。

　他方、こうした農協による産地体制の整備は、都市部への農産物の安定的な供給体制を整え、農産物市場の安定化を図る政策的意図とも一致する。そのため、卸売市場の整備や集出荷貯蔵施設整備への構造改善事業の実施などを通して進展していくのである。そこにおける産地形成の論理は大量消費に対する生産・販売であり、大量・安定・継続的に農産物を販売（輸送）することであった。そのため、施設整備は行政的支援もあり進展していく。

　とはいえ、重要なのは組合員の協力であり、そのための組織体制の整備として、産地化を図る農産物を生産する組合員の組織化が図られ、生産部会が設立される。ここでの主な生産部会機能は、生産拡大と計画的出荷への生産体制を整えることにある。しかし同時に、地域の組合員が多数参加できる作目選定を通して、地域農業（管内）を構成する組合員の多くが生産・販売拡大に関与し、そのメリットを受けるための組合員組織としての生産部会である点も見逃せない点である。

２）産地における需給調整機能と生産部会体制の確立

　基本法農政下における青果物や畜産物などに対する選択的拡大政策は、総合農協の営農指導・販売事業の構造を変化させるインパクトを有していたが、他方で全国的には深刻な農産物過剰問題を引き起こし、相対的に大幅な価格下落を引き起こす。そのため、農協は作目の生産振興のみではなく、販売面

を考慮した計画的な生産・出荷調整に取り組む必要性に迫られてくる。その過程では、品種の選定、使用する肥料・農薬の統一、集出荷販売計画に即した作型ごとの作付面積の調整、集出荷時における農産物の規格基準の策定と検査など、生産面から販売面に至るまでの取り決めを、生産部会単位で詳細に定めていくことになる。集出荷においては、その時における需給動向による調整も必要である。作付面積の制限・調整や販売金額の精算面において組合員に不公平感のない対応を図るには、生産部会内での取り決めが重要な役割を果たすことになる。

　こうした需給調整機能を兼ね備えた産地体制を整えるためには、組合員との協力関係が決定的に重要であり、農協と生産部会との関係強化が特に必要であったのはそのためである。また、輸送貯蔵技術の進歩や野菜生産出荷安定法などの政策的バックアップもあり、遠隔地での産地化が進むことになる。そこでの集出荷選別貯蔵施設の運営に組合員つまりは生産部会が係わることにもなる。それは、固定資産投資に見合った増資、施設維持を可能とする利用料金の決定、施設の専属利用契約の締結などである。そこに組合員が責任を持つことで、農協や施設を単位とした生産部会のより強固な結束につながったのである。

　このように、農協や施設を拠り所として需給調整機能を有した産地を形成する過程で、生産部会はその機能を充実させ、内部の結束力を高め、その体制を確立する。

3）農協の販売事業における共同販売と差別化商品対応の両立

　大量消費に対応した大量生産・出荷を基本とし、需給調整機能を有する産地においてブランド農産物が形成され、1つの産地（農協、生産部会）としての体制を確立するのであるが、日本農業の総産出額の低下に伴い、農協の販売取扱高も減少傾向を示すようになる[2]。他方、消費構造にも変化がみられ、実需者側からの要望が多様化することにより、従来の大量消費に対応した需給調整を有する安定的な大量生産出荷の産地体制のみでは、そうした

ニーズへの対応が難しくなってくる[3]。そこで、農協の販売事業は、そうした実需者側のニーズに即した差別化商品などへの対応に取り組むこととなる。

とはいえ、実需者からの要望の多くは差別化された農産物のみの供給であり、地域の農産物を全て請け負うことではない。ある品目の中でも一部の規格・等級を必要としている。その要望に応じて、同一の品目を生産する組合員を細分化すると部会は分裂することになりかねない。

そのため、産地（部会）を取りまとめる農協は、規格選別などを徹底し、産地段階でのパッケージ機能も発揮して差別化商品への対応を図り、その販売で得たメリットの組合員への還元方法に苦心する。そうはいっても、産地の生産構造や当該品目の市場競争構造によっては、別組織を設立して差別化商品への対応を行うケースもみられる。そこでは、農協の差別化商品への販売事業の対応と、従来の共販組織でもある地域の組合員が多数参加できる地域網羅的な販売体制の両立が、農協による産地づくりの新たな課題となる。つまり、生産部会体制は、精算方法等を細分化して1つの組織のままで対応するか、別組織を設立して対応するかである。

これは、農協の販売テクニックという表面的な対応では決してない。地域内の組合員が協力してお互いに技術を研鑽し、より高品質な農産物を皆が生産できるように取り組んできた農協の産地づくりが基礎にあり、生産部会体制が確立しているからこそ考えねばならない課題である。

その生産部会のあり方が産地づくりの視点からみても課題として浮かび上がる。そこで、産地側からの主体的対応である産地づくりという視点から6つの事例を検討してみよう。

2）第3章参照。
3）第2章参照。

2．マーケットイン型産地づくりの実態とJAの機能

（1）マーケットイン型産地づくりへの取り組み

　青果物産地がマーケットイン型産地づくりに取り組む契機は様々であるが、流通・生産構造の変化を背景とし、生産者や実需者の要望に応えるべく、産地側すなわちJAの主体的対応がみられる。その中で、産地としての特徴を示すことができる農産物を選定し、商品として販売する場合のセールスポイントを定めている。加工・業務用需要に対応する農産物生産と量販店などの小売業における何らかの差別化商品への対応とでは、産地における生産方法も自ずと異なり、生産部会組織のあり方や営農経済事業の展開方向にも相違がみられる。

　マーケットイン型産地づくりに取り組む契機として、生産者側からの要望があった点は、減農薬などの栽培方法を取り入れ、安定的販売を望んだ組合員がみられたJA長野八ヶ岳、若い世代の組合員から、自分達の農産物を直接消費者に届けたいとの要望があり、青年部組織を再興したJAいぶすき、ミニトマトの産地が乱立する中で、質にこだわった取り組みの必要性を訴えた組合員がみられたJA紀州などにみることができる。そして、それに対してJA側が、生産者の独自の活動を認め、支援し、販売先との契約を進めていた。

　また、むしろJA側がマーケットイン型産地づくりを牽引したケースとしては、販売取扱高の減少が続く中で営業体制を構築して実需者との契約的取引を進めたJAとぴあ浜松、青果物産地としての立地条件を活かして量販店に対するサプライヤー機能を発揮しているJA富里市、産地のめざすべき方向性を高品質化商品の生産販売とし、高糖度ミカン生産の技術拡大を進めたJAとぴあ浜松（ミカン）にみられる。ただ、JAとぴあ浜松では、当初はJA側の発案で取り組みを進め、プロジェクト結成を行っているが、それを推進するに当たっては、生産者側の協力を重視している。

契機としては生産者側の発案やJA側の主導的取り組みなど様々であるが、産地づくりを進めるに当たっては、JAと生産者側の協力体制が必要になっている。そこでは、生産部会組織のあり方がポイントの1つであり、当該品目における既存の生産部会とマーケットイン型の商品生産に取り組む生産者の組織のあり方が課題となる。

（2）生産部会の細分化再編の実態

　そうしたマーケットイン型産地づくりを進めるに当たっての生産部会の組織化の状況は事例により異なっていた。既存の生産部会とは別に組織化を図っていたのは、JA長野八ヶ岳、JAいぶすき、JA紀州、JAとぴあ浜松（ミカン）である。JAとぴあ浜松では、品目や契約方式によっても異なるが、既存の生産部会の判断で、部会組織全体で取り組むか、手上げ方式で別グループを組織化するかを判断していた。JA富里市では、農薬や化学肥料の施肥量を抑えた生産方法を行うグループを組織化しているが、マーケットに対応した商品生産のための別組織化は行っていない。

　別グループの生産部会組織は、マーケットに対応した何らかの差別化商品の1つの販売単位であり生産単位でもある。差別化された生産を行っているという意識を生産者間でより強く共有する必要があり、1つの共同計算としての販売単位を形成している。そうした1つの生産・販売単位を形成していることを生産者とJAが強く意識する必要性から、別単位の組織が形成されたと考えられる。

　その細分化された組織活動に注目すると、従来の生産部会活動よりも生産者の参加意識が高い点が注目された。特に加工・業務用として契約取引を行っているケースでは、販売先との契約数量の遵守意識の強さが確認できる。これは、事例の中では少人数で固定化された組織が多かったことに起因しているかもしれないが、目的意識的に結びついた組織として、JAの指導を通してお互いが契約内容を強く意識しているためとみられる。また、小売業や消費者グループ等との直接取引においては、消費者との交流を実施している

ケースもあり、販売先の反応を実感し、それを生産者間で認識し合っていることが参加意識を高めているとみられる。

　また、その参加意識の高さと関連して、生産者が生産・販売の成果に対して納得感を有している点も注目された。細分化組織の事例として、差別化商品等への対応を行っている場合は、一般的にはレギュラー品よりは高めの価格設定になっている。そうしたことも関係しているとみられるが、マーケットのニーズに対応して生産者自らがJAに要望して設立した細分化組織であるという自覚が基本にある。そこには、高価格という点よりも自分たちの組織の生産品として別精算で販売されているプライドがあると考えられる。事例JAにみられる販売取扱高の増加は様々な要因が関係するが、この販売の成果に対する納得意識がJA全般にわたる販売事業への結集を高めた結果である点も見逃せないとみられる。

　このように、生産部会の細分化効果は、差別化商品の販売取扱にともなう販売単価の上昇や加工・業務用等の新たな販路拡大によるJAの販売取扱高の増加という事業面でのメリットのみではなく、生産部会組織の活性化という点でも大きな成果を示しているとみられる[4]。実需者の要望に的確に対応するマーケットインの考え方は重要であるが、それに応えることは、高価格形成を目的とした販売テクニック的対応のみではなく、生産者の要望にも応じたものであった。そのための生産部会のあり方の1つが本研究会の事例でみられた細分化再編であるとみられる。

（3）JAによる産地づくりと細分化再編

　事例では、既存の生産部会活動がベースになっている産地が多くみられたが、そもそも生産部会とは、JAが新たな品目の産地形成を企図するに当たって、管内の多様な組合員の結集を図るために組織され、販売対応の組織単位でもある。その対応する販売先のマーケット環境が大きく変化して多様化し

4）理論的には第5章で詳しく分析されている。

ている現状を考えると、生産部会の組織化も自ずと多様化・細分化せざるを得ないのかもしれない。しかし、それをマーケットの要望にのみ従って行っていたのでは、産地の主体性が失われ、ある面で実需者の製造工場となりかねないと思われる。

　そうではなく、JAが生産部会の事務局等の役割を担うことを通して、マーケットの要望を勘案しつつ、それに対応した生産部会内や管内生産者の再結集を図るための生産部会組織の再編を主体的に進めなければならない。その中での選択の1つが細分化再編であるが、組合員の多様な要望に応えるという点では、従来取り組まれてきた産地づくりとしての生産部会の組織化に通底する同様な目的であるとみられる。そういった産地づくりという点では、事例農協においても細分化再編以外の対応において注目されるべき点がみられた。

　JA長野八ヶ岳では、部会（細分化グループ）を出荷組合のコントロール下におき、産地のまとまりを重視し、レギュラー品の出荷量を大幅に減少させない取り組みを行っている。また、部会に参加することが難しい生産者への対応として、出荷組合単位で部会に参加できる仕組みを用意し、直接取引でのメリットを産地全体に広く行き渡らせている。

　JAいぶすきでは、農協全体としての生産部会の再編を行って共選共販体制を強化しているが、個選の受け入れも認め、合併前の部会単位の活動もJAへの結集単位として維持している。そして、農協外への出荷を主としていた大規模経営体に対して、加工・業務用野菜の契約を用意し、農協共販への参加を呼びかけている。

　JAとぴあ浜松では、差別化および加工・業務用の生産については、農協が主体性を発揮しつつも、既存の生産部会に提案して多くの生産者の参加を図る取り組みにしている。また、加工用キャベツは、これまで農協出荷を行っていなかった生産者に働きかけ、農協としての産地づくりの幅を広げている。

　JA富里市では、生産部会の同質性および高位平準化を保つための技術体

系の確立に努めており、全体の底上げを図っている。さらに、外部産地から
の買い入れを行うことで、サプライヤーとしての機能を強化し、価格交渉や
出荷調整を行って、卸売市場出荷分も含めた取扱農産物全体としての価格の
下支えになる役割を担っていた。

　JA紀州では、なるべく多くの生産者がミニトマトの差別化商品の生産部
会に入れるように、レベルの異なる部会の組織化を行っている。同時に、レ
ギュラー品としての販売先を確保することで、全体としての生産出荷販売額
の増加につなげていた。

　JAとぴあ浜松（ミカン）では、差別化商品の技術体系の確立に努めつつ、
全体の技術革新につなげることも目的にしている。また、高糖度ミカン生産
に参加する生産者は、比較的小規模で高年齢層の組合員を中心としており、
小規模生産者の収益向上に貢献している。他方で若手の大規模層はミカン以
外の果樹作物との複合経営や大規模化で農業収入を拡大しており、産地全体
としては担い手層の厚みを増している。

　このように、JAによる地域農業振興の一環としての産地づくりに結びつ
いているという点にも注目する必要がある。つまり、細分化再編の部会活動
の活性化という面では、その細分化部会のみではなく、既存の生産部会を含
めた産地全体の活性化につながっている点が事例分析からは明らかになった
とみることができる。JAは、こうした細分化された組織の事務局機能を担
当し、新たな業務にも従事している。それは、従来とは異なる生産技術指導
や販売先との様々な交渉などである。その機能について次に整理しておく。

（4）マーケットイン型産地づくりにおけるJAの機能

　マーケットイン型産地づくりをJAが進めるためには、従来と同様な販売
事業の展開や生産部会組織への対応では実需者や生産者の要望に応えること
は難しい。販売先である実需者との契約内容にもよるが、日々出荷する農産
物の品質や数量には、より厳密さが要求されることになり、マーケットの状
況によっては、その注文が日々変化することも想定される。そうした実需者

との情報交換とそれに対応した集出荷業務が産地であるJAの販売事業として求められる。また、その実需者の要望に対応した商品生産のための栽培技術指導が営農指導事業の新たな課題となる。

　そのため、卸売市場への委託販売を中心として、産地を1つにまとめるという従来通りの営農経済事業の展開では、マーケットイン型産地づくりのための事業機能を発揮することは難しく、JA事業の再編が必要になる。JAがそうした事業再編に取り組む場合に、既存の営農販売部門とは別に、「直販課」や「特販課」などの新たな部署を設けて、専任のスタッフを揃えるケースがある。他方、従来と同様の事業体制の中で、営農指導や販売事業に携わる職員が、プラスの任務としてマーケットに対応した実需者との販売交渉や生産指導および細分化された生産部会の事務局を担うケースもある。その場合、JAの営農経済事業部門の全体の要員にもよるが、職員の業務が増加することが想定される[5]。

　JA長野八ヶ岳では、集荷場に常駐職員を置いて、生産者独自の活動が活発である出荷組合との関係を強く保ち、販売の専任者が契約的取引等の販売対応、部会（小グループ）事務局を担当していた。また、連合会（JA全農長野県本部）の駐在所の職員もJA長野八ヶ岳の販売と生産資材購買を担当している。現在は、マーケットに対応した直接的取引である契約取引や予約相対取引の販路開拓は基本的に県本部が実施している。

　JAいぶすきでは、JA合併後、広域的営農指導体制を構築するための再編を行う中で、JA全体の職員数と同様に営農指導員は減少した。しかし、その限られた営農指導員が、従来の業務にプラスする形で、マーケットに対応した直接取引の生産者グループの事務局機能と実需者との日々の対応を実施していた。また、実需者との直接取引では、連合会（くみあい食品、経済

5）JAとぴあ浜松では、「特販課」を設置して量販店の日々の対応を直接引き受けていた。しかし、そうした独立した部署においても、あまりにも職員業務の煩雑化を生じていると判断し、量販店への直接販売については中止している。詳細は第9章参照。

連）から取り組みの打診を受けるケースも多く、その後の実需者との交渉面
においても連合会によるサポート機能がみられた。

　JAとぴあ浜松では、2006年度からの販売事業改革の取り組みの中で、営
農販売課に営業担当者を２人配置した。その後、実需者との契約的取引を統
括する部署として「特販課」を設置し、東京に駐在職員を派遣している。特
販課の職員は、内部において計画的な研修を実施すると同時に、日々の業務
を通して実践的な経験から専門的な直接販売のスキルを磨いている。

　JA富里市では、販売課における職員の中の直接取引担当者が量販店対応
を行っており、仲卸業者と同様な機能を発揮している。直接取引の業務は、
品目や取引先によって内容が異なるため、それぞれの業務を担当しながら職
員は業務を習得している。

　JA紀州では、ミニトマト生産者による品質にこだわった取り組みを営農指
導員が受け止め、生産者と共に生産方法や販路開拓を行ってきた。また、部
会の細分化グループの事務局も営農指導員が担当しており、圃場回り、土壌
分析を通してグループ内の品質のばらつきが生じないように取り組んでいる。

　JAとぴあ浜松（ミカン）では、マルチ栽培による高糖度ミカンづくりへ
の取り組みを、生産者と営農指導員がともに参加してプロジェクトを立ち上
げている。全体の生産部会の事務局は営農指導員が担当しているが、差別化
商品に関しては、果樹販売センターの販売担当職員と地域の営農センターの
営農指導担当職員が一体となって取り組んでいる。

　こうした職員の業務負担の問題に加えて、マーケットイン型産地づくりを
進めるための経営コストも考慮しなければならない課題である。実需者の要
望に対応するためには産地段階に新たな集出荷選果や貯蔵等の施設が必要に
なるケースもあり、荷姿や包装の要望に応じたパッキングセンターや加工場
なども検討することとなる[6]。また、当然であるが営農指導員や販売担当者

6）JA富里市では、パッケージ作業を外注して直接的な施設投資を抑えている。
　詳しくは第10章参照。また、JA紀州では、調製作業を仲卸業者に依頼してい
　る。詳しくは第11章参照。

の人件費負担も考えなければならないのである。

　これまでの分析では、生産部会の細分化再編を進めてマーケットに対応した産地づくりを実践することは、組合員のJA事業への参加意識と事業内容に対する納得感を醸成し、組合員のJAへの再結集を強めることが明らかとなった。そして、そのことが農協事業にプラスに作用することで、販売事業のみならず農協経営全体の収益力向上につながることが期待されている。とはいえ、そのためには卸売市場における荷受業者・仲卸業者の役割や小売業のバックヤード機能をJAが担当しなければならない場合も多く、営農指導事業や販売事業においてプラスの役割を担う必要がある。そこでは、施設や人材面でのコスト増加は避けては通れないが、農協経営全体のバランスも考慮しなければならない課題である。

３．農協共販の今日的課題

（１）農協共販の展開とJAの機能

　表終-1は、農協共販の展開に関して、主に系統農協の状況と方針を指標として画期にわけて整理したものである。戦前は対商人との関係が強く意識され、中間利潤を節約する役割としての農協共販が注目された[7]。しかし、戦後は近藤康男氏によって、そのことは農協が独占資本の利潤に貢献するための機能に過ぎないと規定されることになる[8]。それに対して、美土路達雄氏、伊東勇夫氏らは、農民の組織体である農協という視点を重視し、農民や農協職員の主体的対応の必要性を示した[9]。また、こうした理論的な分析に対して、具体的・実践的な農協共販のあり方として、マーケティング論が示された点は第１章でみた通りである。

　そうした農協共販の研究に対して、実態はどうであったのであろうか。**表**

7）桂瑛一（1969）を参照。
8）近藤康男（1954）を参照。
9）美土路達雄（1959）、伊東勇夫（1960）を参照。

表終-1　青果物を主とした農協共販の展開

時代区分	系統農協の方針	共販率	生産部会	営農指導員	販売事業
戦前〜 戦後まもなく	対商人としての中間利潤節約	低い （統制期間除く）	出荷組合として組織化	農業会として指導開始	統制機関として機能
1945〜 1960 年頃	整備促進体制、経営刷新運動	低い	総合農協の下では少数	経営悪化で減少	政府管掌作物の販売中心
1960〜 1975 年頃	営農団地造成運動	上昇 （低い）	営農団地造成と連動して組織化	増加	施設整備と併せて整備・拡充
1975〜 1985 年頃	地域農業振興	上昇 （50%以上に）	農協の販売品目単位に組織化	増加 人数的にはピーク	卸売市場への販売体制確立
1985〜 2000 年頃	系統農協組織・事業再編	現状水準を維持	農協合併にともなう再編	減少傾向	農協合併にともなう再編
2000〜 2015 年頃	営農経済事業改革	低下傾向	大型化と細分化	減少傾向 （傾向は弱まる）	実需者への直接販売、直売所開設
2015〜 今日	支店の見直し、農協「改革」・自己改革	低下傾向	大型化と細分化	減少傾向	物流施設の再編、直接的販売強化

終-1および第 1 章と第 5 章でみてきたように、主に青果物共販でみると、1970年代中頃までは、共販率は上昇傾向にあったとはいえ、決して高い値では無く50%を下回っていた。農産物市場の需給バランスがどちらかというと売り手市場的な状況下であり、農協に結集して品質やロットを揃える必然性はそれほど高くはなかったとみられる。また、農協の営農指導事業と販売事業の体制は、系統農協あげての営農団地造成運動により拡充されてきたが、まだ不十分であったためと考えられる。

　その後、農協の営農販売事業の体制が拡充されてくる。他方、農産物市場の需給バランスは、供給過剰の傾向を示すことになる。そうした中では、供給側にある程度の需給調整機能が求められる。そのため、生産者は農協共販に結集して、農協による需給調整機能に参加して価格の安定を図ることが必要になった。その結果として、1970年代から1990年代にかけては生産部会が広範に結成され、農協共販率が向上した点は、第 1 章および第 5 章で分析した通りである。

　この時期は、農協共販の一定の到達点とみることができるが、農協経営が安定していたことも見逃せない点である。そのため、農協合併がほとんど行われず、農協＝産地＝農産物の銘柄（ブランド）＝生産部会組織としての体

制が、安定的に形成される素地があったのである。農協はその管内で生産される品目に対して、営農指導を通して技術水準の高位平準化を図り、集出荷選別施設の充実を伴った販売体制を確立し、生産部会を組織して生産者との協力関係を強固にして、地域農業振興の一環としての産地づくり・産地形成を図っていた。

　そうした農協共販体制は、1990年代段階では、共販率としてみると一定の維持が図られるが、第2章と第3章で分析したように、流通・生産構造の変化を受け、2000年代になると低下傾向を示すことになる。しかし、この時期は系統農協の組織事業再編期でもあり、農協合併が急速に進んだ時期と重なる。農協現在数統計では、1990年3月末で3,680農協であった農協数は、2010年3月末には754農協にまで減少している[10]。そういった点では、流通・生産構造の変化に対する系統農協側の対応という点が、マーケットイン型産地づくりと農協共販のあり方を考える上での結節点である生産部会の再編に大きな影響を与えたとみることができる。生産部会組織は、農協の販売事業の展開のために設立・育成されてきた組織であり、農協組織・事業の動向とは無関係ではありえないのである。農協単位に組織化されている生産部会であるため、特に農協合併の展開が産地体制なかんずく生産部会の再編に大きな影響を与えているとみられる[11]。

　1つは、農協合併に伴って、同一作目の生産部会を統合するかどうかという問題である。旧農協段階でそれぞれブランドを確立している場合などは、それまでの生産部会としての取り決めの独自性や販売先との関係もあり、簡単に統一化するという方向には進まない。とはいえ、旧来のままでは何のために農協合併をしたのかという問題にもなりかねない。合併メリットとして、有利販売の実現や集出荷貯蔵施設の有効利用による施設利用料金等の引き下げは、組合員が最も期待するところである。しかし、出荷販売品の品質差が

---

10) 1996年から、現在数統計の総合農協の中に、「信用事業を行う専門農協」も含まれることとなっており、厳密には統計の連続性を有してはいない。
11) 生産部会の再編の実態に関しては、尾高恵美（2008）を参照。

旧農協の状態のままでの施設の相互利用や銘柄統一は決して容易ではなく、形式的な組織の大規模化は結集力の弱体化にもつながりかねない[12]。また、旧来の銘柄毎の販売では、合併農協としてできることは出荷先市場の調整程度であり、有利販売の実現にもつながらないとみられる。

　この点は、2つめの問題である農協の営農経済部門の事業体制の再編と強く関係している。営農経済部門の強化は農協合併を進めるための目標とされるが、農協の経営環境が厳しくなる中での合併であり、実際には事業の合理化は否めない。営農経済部門では、営農センター等への職員の集約化が図られるケースが多くみられる。そこでは、営農指導員が旧農協の管轄を超えて広域的に対応することにより、管内の技術水準の平準化につながるとの積極的意味も有していた。しかし、営農指導員は縮小的に集約化されるため、旧農協の生産部会の事務局体制などに変更がみられ、生産部会の組織体制や活動内容にも影響する。

　こうした系統農協組織再編（農協合併）の展開は、産地つまりは生産部会に少なからぬ影響を与えた。そして、その生産部会体制のあり方を巡って、農協が営農経済部門の組織と事業体制の再編に取り組むという相互展開が進んできたとみられる。その中で、農協がどのように産地体制を再構築してきたかという点にも注目し、われわれはマーケットイン型産地づくりとしての新しい農協共販のあり方を考察してきたのである。

（2）マーケットイン型産地づくりとJA

　系統農協組織再編なかんずく農協合併を経ながらも、流通・生産構造の変化に対応し、産地（JA）の側から主体的に農協共販体制を再構築する取り組みを、われわれはマーケットイン型産地づくりとして評価してきた。そのことは、理論編における歴史的および事業・組織的な分析、あるいは事例分析を通して明らかにしてきたとみている。しかし、そのためのJAの営農指

12）第5章参照。

導事業と販売事業の運営体制については必ずしも十分な検討はしていなかった。特に、昨今のJA経営を取り巻く環境が厳しくなる中で、その事業体制と事業運営のあり方は大きな課題である。そのことは本書における考察として残された課題であるが、それを考えるポイントを最後に指摘しておきたい。

　1つは、JAの営農経済事業の収益に関わる問題である。これまでは、信用事業と共済事業の高い収益性に依存して、その黒字分で営農経済事業の赤字分をカバーしてきた。しかし、農林中金からの奨励金の引き下げが示され、JAの信用事業の収益悪化が予想される中では、従来通りの営農経済事業の収益構造では、JA経営そのものが成り立たなくなることも懸念されている。そのため、営農経済事業の黒字化が課題となり、「事業モデル」の転換が提起されている[13]。その具体化がどうあるべきか、今後は真正面から検討しなければならない課題である。

　2つめは、そのこととも関連して、組合員の営農経済事業への関わりが課題となる。JA長野八ヶ岳の出荷組合の運営では、歴史的な経緯もあり、負担を伴った組合員の運営参加がみられた[14]。そういったJAの営農経済事業および生産部会運営面における組合員の参加と負担のあり方が課題となる。具体的には、事業面では施設の利用料、販売手数料、営農指導賦課金のあり方であり、運営面では役員や組合員の任務とその費用のあり方である。本書では、生産部会の細分化でJAへの結集力は強まっているという点は、事例JAの販売取扱高の推移などから確認できた。しかし、そのことがJAの営農経済事業と生産部会運営への参加にどういった変化をもたらしたかという点までは必ずしも十分な検討・分析はできていない。この点に関しては、むしろJAの販売担当者や営農指導員のマンパワーに頼った運営が注目された。JAの経営環境が厳しくなることが予想される中で、それで良いのかが検討されなければならない。

---

13) 増田佳昭（2020）を参照。
14) 戦前からの出荷組合の流れを受け継いだ果樹産地における共選組織は、同様に組合員の経済的負担を伴った参加がみられる。板橋衛（2020）を参照。

　3つめは連合会の機能についてである。JA長野八ヶ岳におけるJA全農長野県本部の機能、JAいぶすきにおけるくみあい食品の役割は連合会機能として明らかになった。他方、JAとぴあ浜松ではJAみずからが東京に駐在員を派遣して直接販売を強化しており、JA富里市ではJA単独によるサプライヤー機能がみられた。大消費地との立地条件による差も考えられるが、連合会組織は都道府県毎にユニークな展開が行われている点も見逃せない点である[15]。そういった点で、一般化するのはもとより難しいのであるが、JAの経営環境が厳しくなる中では、単協（JA）単独による営農経済事業展開の限界も考えられ、あらためて連合会機能のあり方が問われることになる。そこでは、集出荷選別施設などの投資やリスクをともなう実需者との直接的取引における契約面などでの連合会機能が重要になると考えられる。

　その他にも、今日的な社会全体の中での農産物流通のあり方にとってマーケットイン型産地づくりはどういった意味があるのか、また、農協共販や営農経済事業にとどまらずJA運動や協同組合運動における位置づけなども検討・考察すべき課題かもしれない。そういった点で、今後も、理論的・実証的な研究を継続していきたいと考えている。

引用・参考文献

全国農業協同組合中央会（2000）『JA教科書　販売事業』.
桂瑛一（1969）「わが国における農産物流通研究の現状」桑原正信監修・藤谷築次編『講座・現代農産物流通論　第1巻　農産物流通の基本問題』家の光協会.
近藤康男（1954）『続・貧しさからの解放』中央公論社.
美土路達雄（1959）「戦後の農産物市場」協同組合経営研究所編『戦後の農産物市場（下）農業協同組合中央会.
伊東勇夫（1960）『現代日本協同組合論』御茶の水書房
尾高恵美（2008）「農協生産部会に関する環境変化と再編方向」『農林金融』61（5）.
増田佳昭（2020）「総合農協の事業モデルをどう転換するか」『農業と経済』86（7）.
板橋衛（2020）『果樹産地の再編と農協』筑波書房.
JC総研（2016年）「「系統経済事業研究会」報告」.

15) JC総研（2016年）を参照。

マーケットイン型産地づくりを目指して
―対応方向とポイント―

マーケットインに対応したJA営農関連事業のあり方に関する研究会

　外部環境としての流通環境、内部環境としての農業構造が大きく変化している。その中で生産者の結集力（共販率）を高めるには、既存の事業・組織のあり方を見直す必要がある。本研究会では、結集力の強化に向けて先駆的に改革に取り組んできた事例、特に実需者を強く意識しながら改革に取り組んできた事例の調査を進めてきた。ここでは、それらの調査で得られた知見に基づいて、今後の産地づくりのあるべき姿を「マーケットイン型産地づくり」と定義し、その具体的なポイントを整理している[1]。なお、ここでの整理は青果物（野菜・果実）を念頭に置いていることに留意されたい。

　以下では、まず１．と２．において、マーケットイン型産地づくりとは何か、なぜそれが必要であるのかを論じる。次に３．では、マーケットイン型産地づくりがターゲットとする実需者ニーズ（三タイプ）と、それらに対応するための部会・共販の見直しの方向（三タイプ）について、タイプ別に特徴を示す。その上で４．では、実需者ニーズの各タイプに対して、部会・共販はどのタイプで対応するのが適しているかを説明する。また５．では、マーケットイン型産地づくりに向けた部会・共販の見直しのキーポイントと

---

[1] 本書冒頭の「はじめに」で述べたように、本付録は本書のベースの一つとなった平成30年度報告書（日本協同組合連携機構（2019）「『マーケットインに対応したJA営農関連事業のあり方に関する調査研究』報告書―マーケットイン型産地づくりを目指して―」）から転載したものである。本書では、当該報告書のとりまとめ以後の研究成果についても取り入れているため、例えばマーケットイン型産地づくりの定義など、本書の本編と本付録との間で内容がやや異なっている部分があることに留意されたい。

考えられる生産者の「小グループ化」について、生産者とJAそれぞれにとっての意義を整理する。最後に6．において、マーケットイン型産地づくりにおけるJAの対応のポイントを指摘する。

1．マーケットイン型産地づくりとは

　本研究会では、「既存の市場流通の強化を図る一方で、卸売市場より川下に位置する実需者を意識し、そのニーズに主体的に働きかけるために営農関連事業や生産部会の見直しを図ること」をマーケットイン型産地づくりと定義する。

　我が国において、市場流通が青果物流通のメインストリームであることは不変であろう。工業製品とは異なり、貯蔵性に欠ける農産物を安定的・効率的に川下につないでいく上で市場流通は不可欠であり、卸売業者との関係強化は今後も必須の課題である。ただし市場経由率は低下を続けている。それは、現在の市場流通では実需者のニーズが満たされていないことを意味している。産地は実需者との「契約的取引」についても検討すべきである。

　なお、「契約的取引」とは、実需者との価格・数量・品質などの直接的な交渉を産地側（JA・全農など）が行った上で実施する取引を意味し、市場を介さない直接取引だけでなく、代金回収リスクの回避や欠品対応などの観点から市場を介す場合も含むものとする。

2．目的と背景

（1）目的

　マーケットイン型産地づくりの目的は、生産者の農業所得の増大・安定化を通じた結集力の強化にある。結集力の強化によって、営農関連事業の収支改善に向けた取り組み、例えば販売手数料の見直しなども進めやすくなるだろう。

（2）背景

　今日、卸売市場より川下に位置する実需者の多様化が進んでいる。実需者のニーズは多様であり、既存の出荷規格を前提としている卸売市場からの調達だけでは、実需者ニーズは満たされなくなっている。また、卸売市場価格が変動するのは当然のことだが、近年の気象災害の多発などのなかで、その振れ幅が激しくなっている。実需者が自らの商品価格を、変動する農産物の市場価格に連動させるのは容易でない。

　こうしたことから、実需者は青果物の市場外からの調達を拡大させており、その少なからぬ部分を外国産が占めていることは周知の通りである。実需者のニーズに対応できなければ、外国産の一層の拡大を招き、国内産地の縮小に歯止めがかからなくなるだろう。

　他方、産地の内部に目を向ければ、農業構造の変化が進み、大規模層を中心として共販離れの声がよく聞かれるようになっている。その要因としては、市場流通では価格変動が発生するために農業経営の安定化を図りにくいこと、現在の市場流通における出荷規格、すなわち外観・形状に基づく等級や大きさに基づく階級などでは、生産者の品質面・栽培面におけるさまざまなこだわりを反映しにくいことなどが考えられる。

　また、無条件委託に対する不満も共販離れの要因として指摘できるだろう。自分が生産した農産物について、その売り先や価格などの決定に関与できない状況は生産者にとって好ましいとはいえない。後述の小グループ化を通じた実需者との契約的取引では、売り方に対する生産者の関与の度合いを高めることが可能となり、それが共販参加へのインセンティブになると考えられる。

　この他にも、インターネットを通じた販売、スーパーのインショップでの販売など、生産者にとって共販に頼らずとも販売を実践できる、多様な選択肢が増えていることも要因としてあげられるだろう。

３．実需者ニーズと産地の対応方向

（１）産地が意識すべき実需者ニーズ

　前述の通り、卸売市場より川下に位置する実需者は多様化しており、その
ニーズもまた多様化している。それを分類すれば限りなく細分化することが
可能であるが、敢えて大別するならば、「安定調達ニーズ」と「高級商品
ニーズ」に分けることができ、このうち「安定調達ニーズ」については、さ
らに「スーパー型」と「加工・業務用型」に分けられるだろう。**表付-1**は
それぞれのニーズの特徴などを整理したものである。

１）安定調達ニーズ（スーパー型）

　第一に、「安定調達ニーズ（スーパー型）」についてであるが、このニーズ
の主体はスーパーマーケットなどである。スーパーにとって青果物は、買い
物客を惹き付ける基本商材としてきわめて重要な位置づけにある。各店舗の

表付-1　タイプ別に見た実需者ニーズの特徴

		現状（市場流通）	安定調達ニーズ		高級商品ニーズ
			スーパー型	加工・業務用型	
相手先		卸売市場	スーパーマーケットなど	加工・外食・中食業者など	百貨店・高級スーパーなど
特徴	数量	大から小まですべて取り扱い	大	大	小
	価格	需給バランスに応じて変動	レギュラー並で安定	レギュラーとは異なる価格体系で固定	レギュラーより高価格で安定
	品質など	・外観・形状などの等級 ・大きさなどの階級	レギュラープラスαとして、 ・小分け、袋詰めニーズ ・特定資材の活用ニーズ ・顔の見える関係ニーズ ・地場産ニーズなど	・レギュラーとは異なる規格（特に重量）の重視 ・契約数量の確実な納品	・有機・無農薬などの高度な安全・安心ニーズ ・超高品質ニーズ（超高糖度など） ・希少品種ニーズなど

296

棚に並べられる商品を揃えるために、同一品質のものを大量に調達する志向が強い。価格については、高値は客離れに即つながるため安定価格を好む。

その一方で、スーパー間競争が熾烈を極めており、差別化を図るためにレギュラー商品（市場流通向けの通常の出荷規格商品）にプラス α の対応を求められる場合が少なくない。具体的なプラス α の中身としては、農薬の一定割合での削減などに基づくPB商品への対応、生産者の特定を通じた顔の見える商品への対応などがあげられる。また、スーパーにおいても人材や施設の確保が困難になっており、小分け・袋詰めなどもプラス α の対応としてあげられるだろう。

2）安定調達ニーズ（加工・業務用型）

第二に、安定調達ニーズ（加工・業務用型）についてであるが、このニーズの主体は加工・外食・中食業者などである。スーパーと同様に同一品質のものを大量に調達する志向が強い。それぞれの業者が提供する商品は、原料として仕入れた青果物に加工・調理などの手を加えたものであり、仕入れに当たってはレギュラー商品のような等級・階級ではなく重量を重視する。そのため、この取引を通じて生産者が手取りを高めるには、慣行栽培とは異なる省力的な技術体系の導入などが重要となる。各業者にとって、自らの商品価格を変動する原料価格に連動させることは容易でなく、シーズン固定価格での取引を産地側に求める場合が多い。また、欠品を回避するために産地側には契約数量の厳格な遵守が求められる。

3）高級商品ニーズ

第三に、高級商品ニーズについてであるが、このニーズの主体は百貨店・高級スーパーなどである。こうした店舗の利用客の中には、一般のスーパーでは手に入らない高級商品やこだわり商品を求める人が少なくない。例えば、有機・無農薬などの高度な安全・安心に対応した野菜、超高糖度の果実、希少品種の青果物といったものである。産地側に求められるニーズを端的に表

現すれば、量よりも質といえるだろう。質を重視した商品であるため、産地側との取引価格はレギュラー品よりも高価格となるが、このニーズに対応するには産地側は慣行栽培と異なる栽培技術などを導入する必要がある。

（2）部会・共販の対応方向

こうした実需者ニーズへの対応を、現行の市場流通を通じて行うことは容易ではなく、産地においては実需者との契約的取引を導入することが必要となるだろう。現在の生産部会は市場流通を基本として組織化が図られており、契約的取引を導入するならば、その組織や共計のあり方についても見直しが必要となる。具体的な方向としては、**図付-1**に示されるようないくつかのタイプが考えられる。

1）部会全体型
第一のタイプは部会全体型である。このタイプの場合、共計は1本である。慣行栽培に基づくレギュラー品を集荷し、市場流通を通じて出荷する一方で、レギュラー品の一部についてJAの選果場でスーパーなどの指定に基づく小分け・袋詰めなどを行い、それについては契約的取引を通じて販売する。契約的取引への対応を特定の生産者のみが行うのではなく、部会全体で対応する点で他のタイプと異なる。

2）部会内小グループ型
第二のタイプは部会内小グループ型である。このタイプの場合、共計は複数である。慣行栽培に基づくレギュラー品については市場流通を通じて出荷する一方で、実需者のニーズに基づく別商品に対応する生産者を特定してグループ化し、同グループの商品については契約的取引を通じて販売する。このタイプの場合、生産者にとっては、レギュラー品による出荷と小グループを通じた出荷という複数の選択肢ができることを意味する。

298

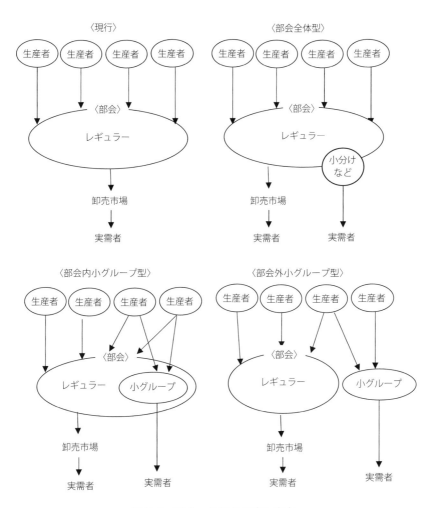

図付-1　部会・共販の見直し方向

3）部会外小グループ型

第三のタイプは部会外小グループ型である。このタイプの場合も共計は複数である。部会内小グループ型と異なるのは、既存の部会に参加していない生産者も小グループのメンバーに含まれ、小グループが既存の部会の外に設置されることである。

以上、（1）で実需者ニーズを三つにタイプ分けし、（2）で部会・共販の見直しの方向について同じく三つのタイプを示した。それでは、三つの実需者ニーズに対し、産地側はどの見直しのタイプによって対応していくのが適しているのだろうか。それを次節で見ていこう。

４．各ニーズへの対応のポイント

（1）安定調達ニーズ（スーパー型）への対応

1）ロットの確保状況

産地側が安定調達ニーズ（スーパー型）への対応を図る際にまず考えるべきは、現在のロットの確保状況であろう。十分なロットがない場合、市場での価格形成力は弱いと考えられ、その中でスーパーとの契約的な取引に臨んでも価格交渉力を発揮しにくいと想定される。したがって、十分なロットがない場合は、まずはJA全体での共計一本化、生産振興、系統外出荷者への働きかけなどを通じて、ロットの拡大を目指す必要がある。

2）価格安定志向の生産者の存在

スーパーとの契約的取引では、過去の市場価格を基準として一定幅での安定価格による取引になると想定される。生産者は規模拡大にともなって臨時雇用に加え常勤雇用を導入し、その賃金の安定的な支払いの観点から価格安定志向を強めるのが一般的であり、こうした価格安定志向の生産者が存在しているかについて考慮する必要がある。

また、市場で常に高価格を維持している産地については、こうした取引を導入する必要性は低いといえるだろう。ただし、国内供給力が低下するなかで、スーパーは安定調達のために外国での産地開発などを進めることも想定される。中長期的な観点から、売り先としてのスーパーの棚を押さえておくべきであると判断される場合は、契約的取引を検討すべきといえよう。

3）プラスαへの対応ができるか

スーパーとの契約的な取引では、レギュラー品にプラスαを加えた対応を産地側に求められる場合が少なくないと想定される。

そのプラスαの対応が、現行の共選体系でも可能である場合（例えば、スーパー指定の小分け・袋詰め）は、「部会全体型」での対応が望ましいといえるだろう。

一方、プラスαへの対応が現行の共選体系では困難な場合（例えば、特定資材の使用など栽培技術の見直しが必要となる場合や、生産者を特定した顔の見える関係を求められる場合）は、「部会内小グループ型」での対応が望ましいといえるだろう。

なお、「部会全体型」で対応できる場合においても、生産者を特定することで価格交渉力を強化できることは十分想定される。その場合は「部会内小グループ型」を目指すことも検討に値するだろう。

（2）安定調達ニーズ（加工・業務用型）への対応

1）新たな技術体系を導入できるか

安定調達ニーズ（加工・業務用型）においては、質よりも量を重視した取引価格の設定となる場合が多い。その中で手取りを高めるには、機械化一貫体系の導入など省力的な技術体系への転換が必要となる（もちろんすべての品目でこのような転換が求められるわけではない点に留意されたい）。こうした技術体系の導入を志向する生産者が存在するか、またJAが関係機関などと連携してサポートできるかが、このニーズに対応していく際の最初のポ

イントといえる。

2）規模拡大が可能か

　省力的な技術体系の導入が可能であったとしても、従来の経営規模のままでは手取りを高めることは難しい。現在の部会員の中に、新たな技術体系の導入とセットでの規模拡大を志向する生産者が存在するかが次のポイントである。また、規模拡大を実現するには、地域における農地の流動化の状況も考慮しなければならない。こうした条件が満たされるならば、「部会内小グループ型」を通じた対応が望ましいといえるだろう。

3）系統外出荷者の存在

　今日、園芸農家においても大規模層の法人化が進んでいる。こうした経営体が既存の共販から離れ、加工・業務用需要への対応を通じて経営成長を図っているケースは全国的によく散見されるところである。大規模化し法人化に至った経営体には、部会の組織活動などへの参加まで求めるのは難しいと考えられる。その一方で、法人であっても、すべての販路を自ら開拓しその顧客管理まで一手に担うことは容易でない。

　こうした経営体が地域に一定程度存在する産地では、安定調達ニーズ（加工・業務用型）への対応の取り組みを、JAの販売へ当該経営体を取り込む契機とすることが期待される。そのためには、既存の部会員とこうした法人などをメンバーとする小グループを部会の外につくる「部会外小グループ型」での対応を図るのが望ましいと考えられる。もちろんその場合も、小グループと既存の部会の交流活動などを企画し、将来的には「部会内小グループ型」への移行を目指すべきであろう。

4）契約数量遵守のために

　安定調達ニーズ（加工・業務用型）への対応においては、契約数量の遵守がとりわけ強く求められる。もし不作などにより産地側で数量が不足した場

合、欠品回避のため卸売市場から仕入れて納品するといった対応が必要となり、逆ざやなどの損失が発生することになる。

こうした事態をできる限り回避するため、取引に参加する生産者を特定し、数量遵守の必要性を説明して十分に理解してもらうことが重要である。また不作時でも確実に数量を揃えるため、各生産者には当該取引向けの作付を一定割合まで（作付面積の３割以下など）に抑えてもらうのが望ましい。取引に参加する生産者を小グループ化し、そこでメンバー同士が数量を融通し合う関係が築かれるのが理想である。取引を継続するなかで生産者に契約遵守意識が浸透してきたならば、生産者と契約書を交わすということも一考の価値があるだろう。

その一方でJAにおいても、販売担当者はもちろんのこと、取引に関わる営農指導員も数量遵守の意識を持って生育状況の把握などに努める必要がある。また、実需者との間に中間事業者を介して取引を行うことで、欠品対応に中間事業者の機能を活用することも一つの方策である。

（3）高級商品ニーズへの対応

1）現行の共選体系で対応できるか

まずは、高級商品ニーズの中身が現行の共選体系で対応できるものであるかについて検討する必要がある。例えば、百貨店からレギュラー品における最上位糖度区分よりもさらに高糖度の商品を求められ、それに既存の光センサーの機能を使って対応できるならば、「部会全体型」での対応が望ましいといえるだろう。

2）技術革新志向の生産者の存在

一方で、高級商品ニーズにおいては、有機・無農薬などへの対応をはじめ、栽培面での技術革新を必要とする場合が少なくないと考えられる。これらの商品は異なる技術体系で生産されたものであり、こうした技術には慣行栽培よりも手間やコストがかかると想定されることから、当然のこととして別商

303

品としての販売を展開すべきであろう。

　地域に技術革新を志向する生産者が存在し、さらにJAや関係機関が新た
な技術体系の導入をサポートできるならば、「部会内小グループ型」を通じ
てこのニーズへの積極的な対応を図ることが望まれる。

5．小グループ化の意義

　以上で見てきたように、マーケットイン型産地づくりにおいては、多くの
場合に小グループ化を通じた共計の複数化が必要となる。ここでその意義に
ついて整理しておこう。まず生産者にとっての意義として主に次の三点が指
摘できる。

　第一にあげられるのは、所得の安定化・増大である。安定調達ニーズへ対
応する場合は、スーパー型と加工・業務用型のいずれにおいても、価格の安
定化が図られるため収入が安定化する。農作業の省力化や出荷規格・荷姿の
簡素化により経営規模を拡大できれば、所得の増大も実現できるだろう。一
方、高級商品ニーズへ対応する場合は、技術などの要件を満たせば所得の増
大を実現できる。

　第二にあげられるのは、農業経営者としての成長が期待されることである。
小グループを通じた販売においては、多くの場合に実需者が特定されること
となり、実需者の動向・実情や自分の出荷物の評価が把握しやすくなる。ま
た、実需者の要望や栽培の要件を満たすための適応努力が必要となる。こう
したことが、生産者の学び（試行錯誤や創意工夫）を促進し、農業経営者と
しての成長をもたらすと考えられる。加えて、所得の増大に向けてどのよう
な対応をすべきかが明確となるため、経営発展の方針を立てやすくなるとい
う意義もあるだろう。

　第三にあげられるのは、共販に対する生産者の「納得感」を醸成すること
である。小グループへの参加は生産者にとって新たなチャレンジである。そ
のチャレンジに参加しない生産者と別販売されることは、「公平感」をもた

らすだろう。また、小グループを通じた販売は、生産者にとってレギュラー品以外の選択肢ができ、自ら販路や価格形成に一定の関与ができるようになることを意味する。それは「自律感」をもたらすだろう。こうした「公平感」「自律感」は共販に対する生産者の「納得感」を醸成し、収入の安定化・向上という具体的な成果と相まって、結集力を高めると考えられる。

　次に、小グループ化のJAにとっての意義として、次の三点が指摘できるだろう。第一に、前述のように生産者のJAへの結集力が高まることである。それにより、機能に応じた販売手数料の見直しなどを行いやすくなることや、他事業への波及効果が期待できる。第二に、生産者のJAへの参加・参画が促進されることである。小グループ化は生産者にとってもう一度仲間づくりを行う機会であり、目的や意識を同じくする仲間同士での小グループ活動はJAへの参加・参画の促進に寄与するものとなるだろう。第三に、職員の人材育成に結びつくことである。小グループの事務局として、高い意欲や技術を有する生産者と深く関わっていくことは、職員の専門性やコミュニケーション能力、モチベーションなどの向上を図る貴重な機会となるだろう。また、小グループ化を通じて実需者との契約的取引に取り組むことは、後述のようにビジネス感覚を備えた職員の育成にも資するものである。

　他方、小グループ化にともなう課題についても指摘しておく必要があるだろう。それはリスクとコストに大別でき、リスクについては契約的取引における欠品への対応、コストについては小グループを通じた販売に要する手間を意味する。これらの課題への対応方向については次節で検討する。

６．JAの対応方向―マーケットイン型産地づくりに向けて―

（１）営業体制の構築と人材育成

　実需者との契約的取引に取り組むためには、販売企画の提案や販路開拓、顧客管理、実需者ニーズの収集といった対応を産地側が行うことが求められ、こうした機能を担う営業体制をJAおよび全農・経済連で構築することが必

要となる。その際、JA単体で体制を構築する形や（JAとぴあ浜松・特販課、JA富里市）、全農・経済連がそうした機能の多くを代替する形（JAいぶすき）が考えられ、産地の状況を踏まえてそれぞれに適した形を検討することが望まれる。

　また、契約的取引、なかでも買取販売による取引には相応のリスクが伴う。担当者は、そのなかでトータルとして利益をあげるビジネス感覚を身に付けることが重要となる。本報告書で取り上げた事例においては、職員は主にOJTを通じてこうした感覚を磨いており、まずは手探りでも実際に取り組んでみることが大切である。その上で、マーケットイン型産地づくりを一層推し進めていくためには、系統全体でOJTの体系（人事交流や出向など）をつくる必要があるのではないだろうか。加えて、契約的取引に伴うリスク（欠品時の仕入れコストや買取販売における逆ざやなど）については、例えば損失金額の大きさに応じた決裁権限を定めるなど、責任の所在を明確化しておくことも必要となるだろう。

（2）実需者とのコミュニケーション強化

　実需者との関係強化は、価格などについて融通のきく関係のように、JAと実需者の双方に利益をもたらす可能性が高く、積極的に推し進めることが望まれる。また実需者との取引では、バイヤーの交代に伴って、取引関係が解消されたり、契約が履行されなくなるといったことも想定されるが、そうした事態を防止する上でも実需者に産地の特色や強みを十分に伝えておく（それにより後任のバイヤーに産地情報が引き継がれやすくなる）ことが重要となるだろう。

　さらに、実需者との商談や情報交換は、前述した職員のビジネス感覚を高めるためのOJTの一つとしても有効となる。生産者にとっても、実需者と直接交流することは学びを促進し意欲を高める良い機会になると考えられ、積極的な取り組みが期待される。

（3）営農関連事業体制の見直し

　生産者の実情を把握することなしに、契約的取引や小グループ化に取り組むことは困難である。契約的取引が生産者の収入拡大につながるかどうかの把握や、契約遵守に対する意識などの見極めを行うためにも、出向く活動の強化が必要となる。また出向く活動においては、契約的取引の取り組みを部会の外にいる大規模経営体を取り込む契機とする視点も欠かせないだろう。

　ただ、契約的取引に取り組むためには相応の労力が必要となる。加えて、実需者ニーズに関する情報を生産者へとつなぐ機能の強化も求められる。こうしたことから、生産部会の事務局は販売担当が担い、直接的には収益を生まない営農指導員については少数精鋭化、専門特化させるというのが（JA富里市）、マーケットインに対応した営農関連事業体制の形の一つといえるのではないだろうか。その上で営農指導員には出向く活動の強化に取り組むことが望まれる。都道府県の普及指導員などとの連携も一層重要となるだろう。その一方で、契約的取引にかかる販売面の機能の多くを全農や経済連などが補完・代替できる場合は、これまで通り営農指導員が部会事務局を担う形も十分にありうるだろう（JAいぶすき）。

　これらのほか、省力化の観点から、取引にかかる効率的な電算処理システムの構築についても、早急に取り組まれるべき課題である。

（4）手数料の見直し―営農関連事業の収支改善に向けて―

　実需者との契約的取引や生産者の小グループ化に取り組む上では、やはり職員に相応の業務負担が発生することは避けられない。そのため、まずは前述のような営農関連事業体制の見直しに取り組むことが必要と考えられるが、それと併せて、生産者のコスト負担の公平性という観点からも、手数料の見直しにより機能別手数料の徹底を図ることが求められるだろう。その際には、取り組みのコストに関する情報公開を行うなど、生産者に十分な説明を行い理解を求めていく必要がある。

（5）新商品づくりを目指した研究活動の促進

　実需者との取引を拡大し関係を強化していく上では、産地側から実需者へ積極的に販売企画の提案を行うことが有効である。そのためには、新商品づくりに絶えず取り組んでいくことが重要となる。将来の小グループ設立につながるような、生産者による主体的な研究活動をぜひ促進していきたい。生産者が未来を感じられる産地には、次世代の担い手もおのずと集まってくるはずである。

◆編著者紹介◆

板橋　衛（いたばし　まもる）　**編著，第１章，第８章，終章**
1966年 栃木県生まれ
愛媛大学大学院農学研究科　教授　　博士（農学）
主な著作：
『果樹産地の再編と農協』筑波書房、2020年
『協同組合としての農協』（共著）筑波書房、2009年
『地域づくりと農協改革』（共著）農山漁村文化協会、2000年

◆執筆者紹介◆（執筆順）
坂　知樹（さか　ともき）　**第２章**
1986年　広島県生まれ
一般社団法人長野県農協地域開発機構　主任研究員　　博士（学術）
主な著作：
『フードシステムの革新と業務・加工用野菜』大学教育出版、2014年

岸上　光克（きしがみ　みつよし）　**第３章，第11章**
1977年　兵庫県生まれ
和歌山大学　食農総合研究教育センター　教授　　博士（農学）
主な著作：
『現代の食料・農業・農村を考える』（編著）ミネルヴァ書房、2018年
『廃校利活用による農山村再生』（JC総研ブックレット№９）筑波書房、2015年
『地域再生と農協─変革期における農協共販の再編─』筑波書房、2012年

尾高　恵美（おだか　めぐみ）　**第４章（第１節〜第３節），第10章**
1972年　千葉県生まれ
株式会社農林中金総合研究所　主席研究員　　博士（農業経済学）
主な著作：
『地域農業の持続的発展とJA営農経済事業』（共著）全国共同出版、2020年
『JAグループ共同利用施設の運営改善事例集─農業者の所得増大に向けて─』（監
　修・共著）JA全中、2017年
「市場細分化戦略における農協生産部会と農協系統の機能高度化」『農林金融』
　2009年12月

西井　賢悟（にしい　けんご）　**第4章（第4節〜第7節），第5章，第7章**
1978年　東京都生まれ
一般社団法人日本協同組合連携機構（JCA）　主任研究員　　博士（農学）
主な著作：
『事例から学ぶ 組合員と進めるJA自己改革』（編著）、家の光協会、2018年
『支店協同活動で元気なJAづくり』（共著）家の光協会、2013年
『信頼型マネジメントによる農協生産部会の革新』大学教育出版、2006年

岩﨑　真之介（いわさき　しんのすけ）　**第6章，第9章，第12章**
1987年　長崎県生まれ
一般社団法人日本協同組合連携機構（JCA）　副主任研究員　　博士（農学）
主な著作：
『つながり志向のJA経営―組合員政策のすすめ―』（共著）家の光協会、2020年
『事例から学ぶ　組合員と進めるJA自己改革』（共著）家の光協会、2018年
「野菜パッケージセンターのしくみと機能―農協の販売力強化と農家の労働負担軽
　減―」『農業と経済』2018年11月臨時増刊号

マーケットイン型産地づくりとJA

農協共販の新段階への接近

2021年1月31日　第1版第1刷発行

編著者　　板橋　衛
発行者　　鶴見治彦
発行所　　筑波書房
　　　　　東京都新宿区神楽坂2−19 銀鈴会館
　　　　　〒162−0825
　　　　　電話03（3267）8599
　　　　　郵便振替00150−3−39715
　　　　　http://www.tsukuba-shobo.co.jp

定価はカバーに示してあります

印刷／製本　中央精版印刷株式会社
© 2021 Printed in Japan
ISBN978-4-8119-0586-0 C3061